KB099478

# 미르카, 수학에 빠지다

# 미르카, 수학에 빠지다

## 우연과 페르마의 정리

유키 히로시 지음 • 김소영 옮김

이지북
EZbook

## 차례

## ③ 서로소



## ④ 귀류법



## ⑤ 쪼개지는 소수

## 6 가환군의 눈물

## 7 헤어스타일을 법으로

## 무한강하법

## 9 가장 아름다운 수식



## 10 페르마의 마지막 정리

## 프롤로그 미르카와 함께 떠나는 경이로운 수학의 세계

신이 정수를 만들었고, 나머지는 인간이 만들었다.
_크로네커

정수의 세계.

우리는 수를 센다. 비둘기의 수를 세고 별을 헤아리며 휴가가 며칠 남았는지 손꼽아 기다린다. 어릴 적에는 뜨거운 목욕물에 어깨까지 푹 담그라는 어머니의 말씀에 따라 목욕탕 안에서 수를 세곤 했다.

도형의 세계.

우리는 그린다. 컴퍼스로 원을 그리고 삼각자로 선분을 그리다가 갑자기 튀어나온 정육각형에 놀란다. 운동장에서 우산으로 기나긴 직선을 그린다. 뒤돌아보면 둥근 석양. 삼각형은 안녕, 내일 또 보자.

수학의 세계.

크로네커는 신이 정수를 만들었다고 말했다. 정수와 직각삼각형을 연결한 피타고라스와 디오판토스. 그리고 그것을 한 번 더 비튼 페르마, 그의 장난기가 수학자들을 3세기 이상이나 괴롭혔다.

누구나 알지만 그 누구도 풀지 못하는 역사상 가장 큰 퍼즐. 그 퍼즐을 풀기 위해 온갖 수학 지식이 동원되어야 했다. 단순한 퍼즐로 얕잡아봤다간 큰코다친다.

우리의 세계.

우리는 '참된 모습'을 찾는 여행길을 떠난다. 잃어버린 것을 찾아내고 사라진 것을 밝히는 여정 속에서 우리는 소멸과 발견, 죽음과 부활을 체험한다.

성장이란 무엇인가, 발견이란 무엇인가를 생각한다.

고독이란 무엇인가, 말이란 무엇인가를 생각한다.

기억은 늘 갈피를 잡을 수 없는 아련한 길.

선명히 기억나는 것은 빛나는 은하수, 따뜻한 손, 희미하게 떨리는 목소리, 갈색 머리…….

그래서 나는 그 시점부터 이야기를 꺼내려 한다.

바로 그 토요일 오후부터.

# 무한의 우주를 손 안에

여러분, 강이라고 하거나
우유가 흘러간 자리 같다고 하는
이 뿌옇고 하얀 것이 무엇인지 알고 있나요?
_미야자와 겐지, 『은하철도의 밤』

## 1. 은하

"오빠, 정말 아름답다." 유리가 말했다.

"그렇지? 너무 많아서 셀 수 없을 정도야." 나는 대답했다.

유리는 중학교 2학년이고 나는 고등학교 2학년이다.

유리는 나를 '오빠'라고 부르지만 나는 유리의 친오빠가 아니다.

나의 어머니와 유리 어머니는 자매지간이다. 그러니까 나는 유리의 이종사촌 오빠가 된다.

이웃집에 사는 유리는 나보다 세 살 어리다. 우리는 어릴 때부터 같이 어울려 놀곤 했다. 유리는 나를 잘 따른다. 둘 다 외동이기 때문일까?

유리는 책이 많은 내 방을 좋아한다. 그래서 휴일이면 내 방에 와서 책을 읽는다. 그날도 우리는 별자리 도감을 보고 있었다. 큰 판형의 도감에는 수많은 별 관측 사진이 실려 있었다. 베가, 알타이르, 데네브. 프로키온, 시리우스, 베텔게우스……. 수많은 광점들을 모아 놓은 사진일 뿐이지만 우리는 규칙성이 있는 듯 없는 듯한 그 아름다움에 반해 넋을 잃고 들여다보았다.

"밤하늘을 관찰하는 사람은 '별을 세는 사람'과 '별자리를 그리는 사람'으로 나눌 수 있대. 오빠는 별을 세는 사람과 별자리를 그리는 사람 중에 어느 쪽이야?"

"세는 쪽인 것 같은데?"

## 2. 발견

"오빠, 고등학교 공부 어려워?"

유리는 갈색의 포니테일을 찰랑거리며 도감을 제자리에 꽂아 넣은 다음 물었다.

"공부? 그렇게 어렵지는 않아." 나는 안경알을 닦으며 대답했다.

"하지만 여기 있는 책은 다 어려워 보이는데?"

"그건 학교 공부가 아니라 내가 좋아서 읽는 책들이야."

"공부보다 어려운 책을 좋아하다니, 신기한 오빠야."

"그냥 내가 이해할 수 있는 책을 읽을 뿐이야."

"여전히 수학책이 많네."

유리는 순서대로 책장을 훑었다. 높은 곳에 꽂혀 있는 책의 제목을 확인하려고 까치발을 서기도 했다. 가녀린 체형이라 그런지 타이트한 청바지가 잘 어울린다.

"넌 수학이 싫어?"

유리가 뒤돌아봤다.

"수학? 글쎄, 좋지도 싫지도 않아. 오빠는 좋아하지?"

"응. 난 수학 좋아해. 학교 수업을 마치면 도서실에 가서 수학 공부를 하거든."

"우와!"

"도서실은 학교 구석에 있어서 여름엔 시원하고 겨울엔 따뜻해. 내가 정말 좋아하는 곳이야. 거기에 갈 때는 좋아하는 책을 가져가. 거의 수학책이지만. 노트랑 샤프도 가져가서 수식을 적으면서 생각을 하지."

"숙제도 아닌데 뭐 하러 수식을 적어?"

"숙제는 쉬는 시간에 해치우고 수업이 끝나면 주로 수식을 보면서 골똘히 탐구하는 거야."

"그게…… 재밌어?"

"가끔 도형도 그려. 그리고 아름다운 것을 발견할 때도 있지."

"응? 도형을 그리다가 아름다운 것을 발견한다고?"

"맞아. 참 신기해."

"나도 한번 배워 보고 싶다옹."

유리는 왜 부탁을 할 때 고양이 말투를 할까?

" 그럼 지금 해 볼까?"

## 3. 외톨이 수 찾기

나는 책상 위에 노트를 펼치고 유리에게 손짓을 했다. 유리가 의자를 가져와 내 왼쪽에 다소곳이 앉았다. 향긋한 샴푸 냄새가 풍겼다. 유리는 셔츠 윗주머니에서 뿔테 안경을 꺼내어 썼다.

"어머, 이거 오빠 글씨야?"

유리는 노트 속을 들여다보더니 물었다.

아, 이건 미르카가 적은 건데.

"이건 오빠 친구가 쓴 거야."

"우와, 글씨 예쁘다. 꼭 여자가 쓴 것 같아."

'여자가 썼으니까 당연하지.' 난 속으로 대답했다.

외톨이 숫자는 무엇인가?

| 101 | 321 | 681 |
|---|---|---|
| 991 | 450 | 811 |

"오빠, 이건 무슨 문제야?"

"이건 **외톨이 수를 찾는 문제**야. 여기에 6개 수가 있지? 101, 321, 681, 991, 450, 그리고 811. 이 중에 딱 하나 외톨이가 있어. 그걸 찾는 거야."

"간단하네. 450이잖아."

"정답. 외톨이는 450이야. 왜 그런지 알아?"

"450만 1로 끝나지 않았잖아. 다른 수들은 다 1로 끝났는데."

"맞아. 그럼 다음 문제도 풀어 볼래? 이것도 친구가 낸 문제야."

외톨이 수는 무엇인가?

| 11 | 31 | 41 |
|---|---|---|
| 51 | 61 | 71 |

"음…… 다 1로 끝났네."

"처음에 풀었던 문제와는 규칙이 달라. 문제마다 외톨이가 된 이유가 다르거든."

"모르겠어. 오빠는 알아?"

"그럼. 51이 외톨이야."

"왜?"

"51은 **소수**가 아니거든. 51은 $3 \times 17$로 소인수분해가 가능하니까 합성수에 해당돼. 나머지 수들은 다 소수야."

"그런 걸 어떻게 알아내지?"

"다음 문제도 풀어 보자."

외톨이 수는 무엇인가?

| 100 | 225 | 121 |
|---|---|---|
| 256 | 288 | 361 |

"여기에선 256이 외톨이 아닐까? 다른 수들은 같은 수가 두 개씩 나란히 있잖아. 100에서는 00, 225에서는 22, 288에서는 88. 맞췄지?"

"그럼 121은?"

"1이 두 개 들어 있잖아."

"그럼 361은?"

"음……."

"이 문제에서 외톨이는 288이야. 288만 **제곱수**가 아니거든. 무슨 뜻이냐면, 정수를 제곱했을 때 288이 나오지 않는다는 거지."

$$100=10^2 \qquad 225=15^2 \qquad 121=11^2$$
$$256=16^2 \qquad 288=17^2-1 \qquad 361=19^2$$

"오빠, 이걸 아는 게 더 이상한 것 같은데."

"그럼 이건? 이 문제는 푸는 데 꼬박 하루가 걸렸어."

외톨이 숫자는 무엇인가?

| 239 | 251 | 257 |
|---|---|---|
| 263 | 271 | 283 |

"한 문제를 가지고 하루 종일 풀었다는 게 더 놀랍다." 유리가 말했다.

그때 엄마가 코코아를 들고 방으로 들어오셨다.

"발은 괜찮니?" 엄마가 유리에게 물으셨다.

"네."

"발이 왜?" 내가 물었다.

"가끔 발뒤꿈치 쪽이 아플 때가 있거든." 유리가 말했다.

"성장통인가?"

"괜찮아요. 다음 주에 병원 갈 거예요."

"그래? 이 방에 유리가 좋아할 만한 책이 있을지 모르겠구나."

엄마는 내 책장을 휘휘 둘러보며 말하셨다.

"괜찮아요. 전 오빠가 읽는 책들을 좋아하거든요. 어머, 이 코코아 정말 맛있네요."

"맛있다니 다행이야. 저녁까지 먹고 가거라."

"네! 항상 감사합니다."

"뭐 먹고 싶은 거 있니?" 엄마는 우리를 번갈아 쳐다봤다.

"몸에 좋은 음식이 좋을 것 같아요." 유리가 말했다.

"거기에 강렬한 맛 추가요." 내가 말했다.

"거기에 이국적인 맛 추가요." 유리가 말하면서 큭큭 웃었다.

"거기에 전통적인 맛 추가요." 나도 따라 웃었다.

"이봐, 자네들은 이 엄마를 대체 어떻게 생각하는 거지? 좋아, 그 '구체적이고 일관성 있는 요청'을 내가 만족시켜 보도록 하지."

재치 있는 대답을 던지고 나가시는 엄마를 향해 우리는 박수를 보냈다.

## 4. 시계 순환

"문제는 이제 그만 풀래. 아까 말한 '아름다운 발견'이란 어떤 거야?"

"그럼 **순환** 이야기를 해 볼까?"

"응."

"이렇게 원을 하나 그리고 이것을 시계라고 생각해 보자. 12시에 출발해서 두 시간마다 선을 잇는 거야. 잘 봐, 먼저 12에서 2로 선을 그어. 그다음 2에서 4를 연결하고. 이어서 4와 6, 6과 8도 연결하는 거야. 알겠지?"

"알겠어."

"계속하면 어떻게 될까?"

"한 바퀴 돌아서 12시까지 돌아오면 육각형이 생기겠네."

"맞아. 한 바퀴 돌면 육각형이 만들어지지. 2, 4, 6, 8, 10, 12를 연결했으니까 1, 3, 5, 7, 9, 11은 건너뛴 셈이지."

"응, 이해했어. 짝수끼리 잇고 홀수를 건너뛴 거지."

유리가 고개를 끄덕였다.

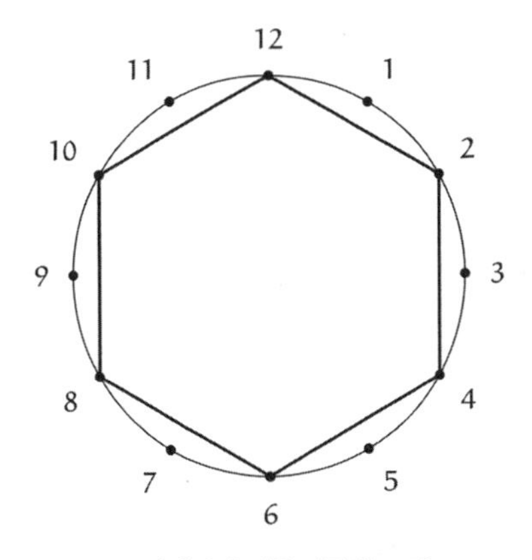


**2시간마다 선을 연결한 그림**

"맞아. 유리는 짝수 홀수도 아는구나."

"오빠! 아까부터 날 너무 무시하는 거 아니야?"

유리가 뾰로통해서 볼을 부풀렸다.

"아니야, 아니야. 그럼 이번에는 또 다른 시계를 그려 보자. 아까는 2시간마다 선을 연결했지? 이번에는 3시간마다 연결하는 거야. 그러면 3, 6, 9를 지나 12시로 돌아오지."

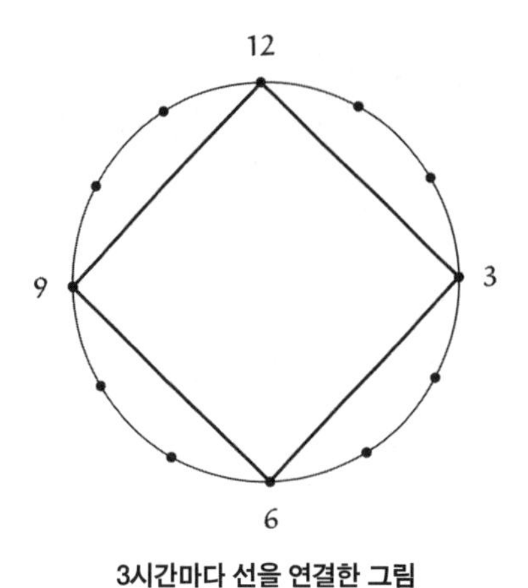

3시간마다 선을 연결한 그림

"이번에는 마름모가 생겼네."

"그럼 이번에는 **스텝 수**를 4로 해 보자."

"스텝 수?"

"이제부터 몇 시간마다 연결하는 것'을 '스텝 수'라고 부를 거야. 스텝 수가 4일 때는 4, 8, 12를 연결해야겠지?"

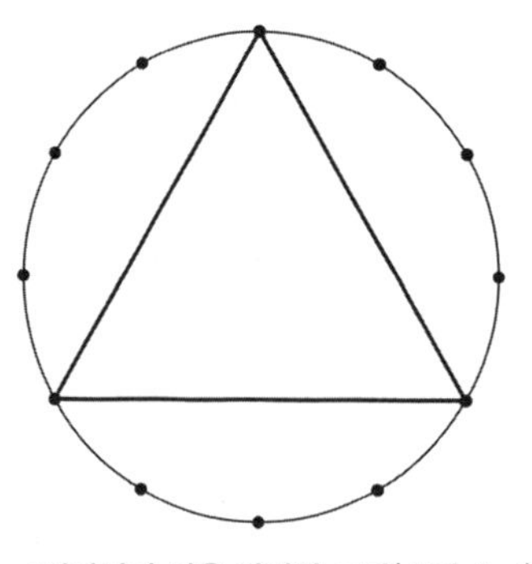
4시간마다 선을 연결한 그림(스텝 수 4)

"삼각형이 생겼네."

"그럼 이번에는 5시간마다 연결해 보자. 이건 바로……."

"스텝 수가 5라는 말이지?"

"맞아. 이번에는 재미있을 거야. 5, 10, 3, 8, 1, 6, 11, 4, 9, 2, 7, 그리고 12로 돌아오거든."

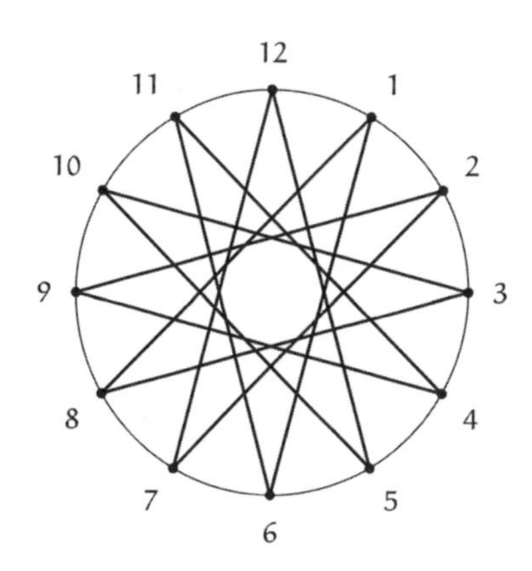


**5시간마다 선을 연결한 그림(스텝 수 5)**

"우와, 생각도 못 했어. 재미있다. 완벽하게 돌았네."

"재미있지? 근데 '완벽하게 돌았다'는 말은 '모든 수를 다 순환한다'라는 뜻이지?"

"응. 한 바퀴 돌았을 때는 정확히 12시에 도착하지 못하고 어긋나잖아. 계속 그렇게 어긋나다가 마지막에 12시에 도착하면서 결국 모든 수를 다 거쳤어."

"그래. 시계에 있는 모든 수를 다 거쳐 가는 것을 **완전 순환**이라고 하자. 스텝 수가 5일 때는 완전 순환을 할 수 있어."

"알겠어."

"이번에는 스텝 수를 6으로 해 봐."

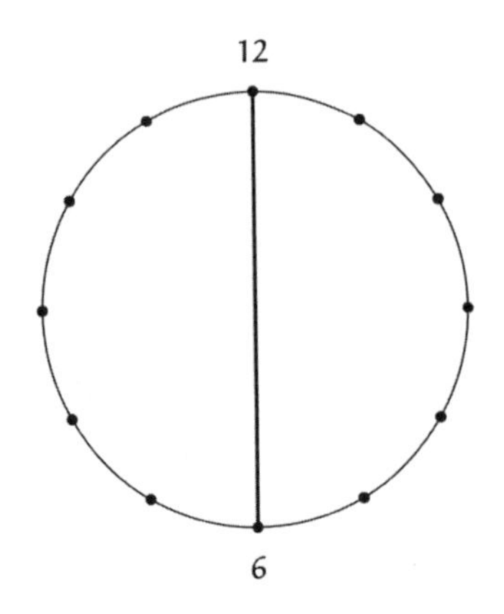


6시간마다 선을 연결한 그림(스텝 수 6)

"스텝 수가 6일 때는 재미가 없네. 6이랑 12밖에 안 지나가잖아."

"그럼 이번에는 네가 직접 그려 봐. 내가 보고 있을 테니까."

"응, 알겠어. 이번에는 스텝 수가 7이지? 12시에서 시작해서 일곱 칸씩 오른쪽으로 돌면…… 7, 다음에는 2인가? 2 다음은 9이고…… 9, 4, 11, 6, 1, 8, 3, 10, 5, 12. 우와, 완벽하게 모든 수를 다 돌았어. 완전 순환이다!"

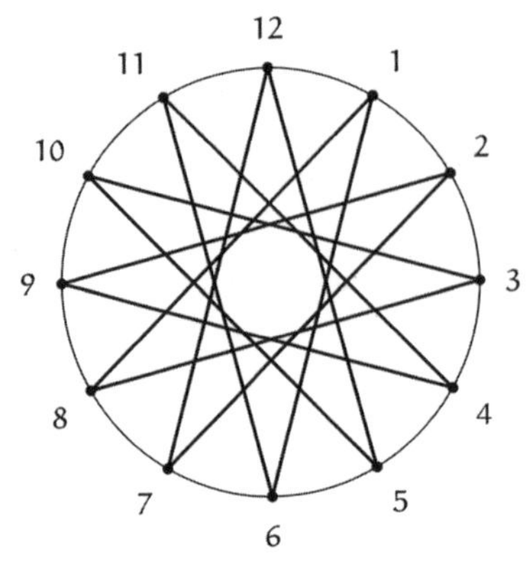


7시간마다 선을 연결한 그림(스텝 수 7)

"뭐 알아낸 거 없어?"

유리는 그림을 보며 생각에 잠겼다. 골똘히 생각하는 유리의 옆모습을 보니, 영락없이 포니테일 스타일에 안경이 잘 어울리는 중학교 2학년생이다.

"음, 모르겠어."

"아까 그렸던 스텝 수 5랑 7을 그림으로 비교해 보자."

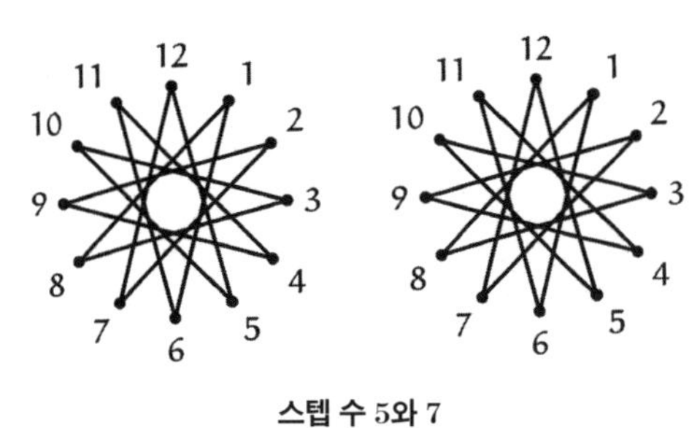


**스텝 수 5와 7**

"응? 반대로 돌아가네? 7만큼 오른쪽으로 간다는 건 5만큼 왼쪽으로 가는 것과 똑같아."

"맞아. 그럼 이번에는 스텝 수 8도 해 보자."

"아, 잠깐! 내가 할게. 이건 스텝 수 4의 반대가 될 거야."

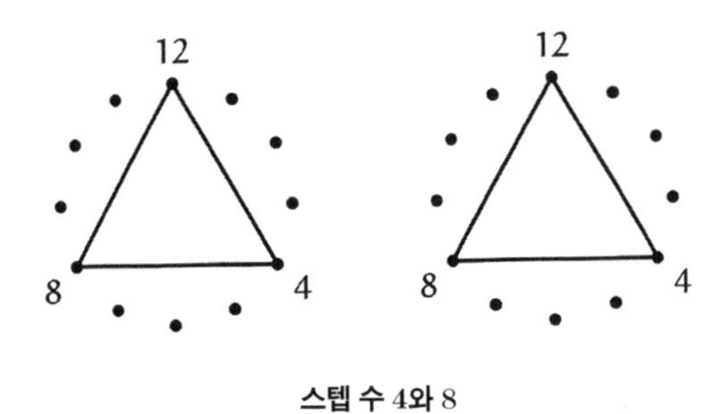


**스텝 수 4와 8**

"맞아."

"나머지도 다 내가 그려 볼게."

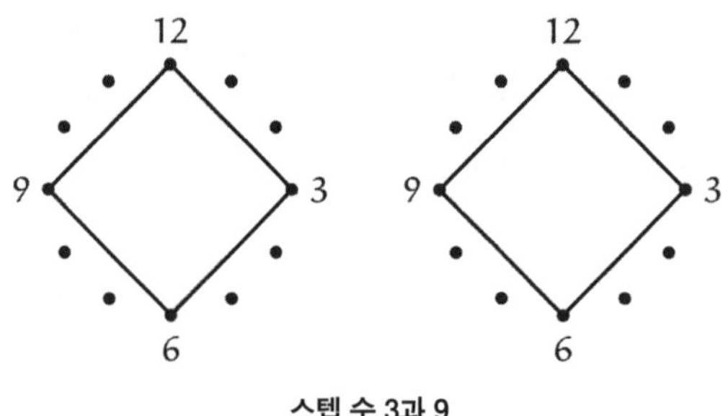

스텝 수 3과 9

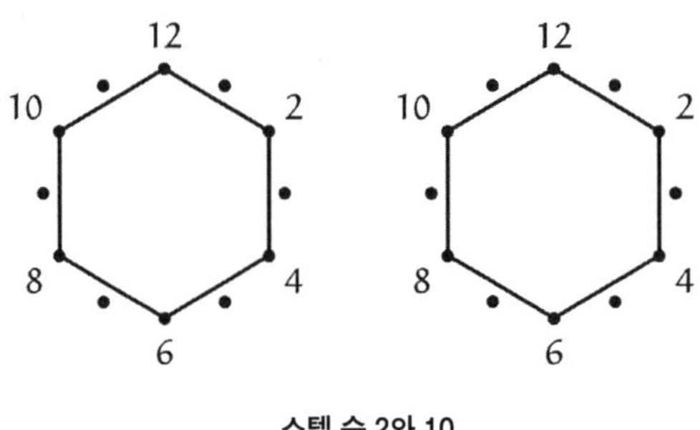

스텝 수 2와 10

"꽤 재미있는데?"

"스텝 수 1과 11도 그려 봐."

"아, 그렇구나. 스텝 수 1은 건너뛰지 말고 다 연결하면 되지? 그럼 이것도 완전 순환이네."

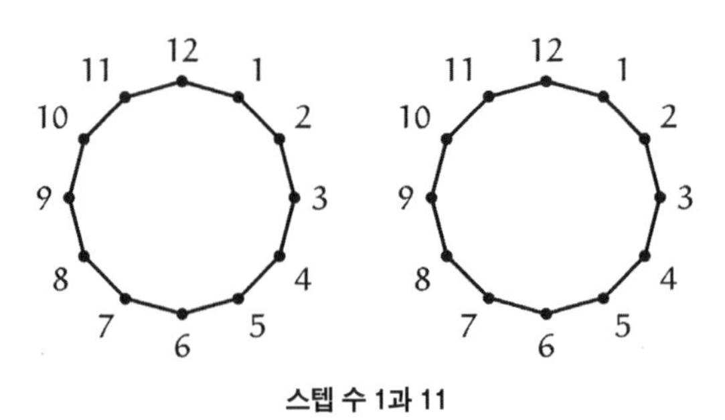

스텝 수 1과 11

"스텝 수가 6일 때는 스스로 짝이 되는 거야."

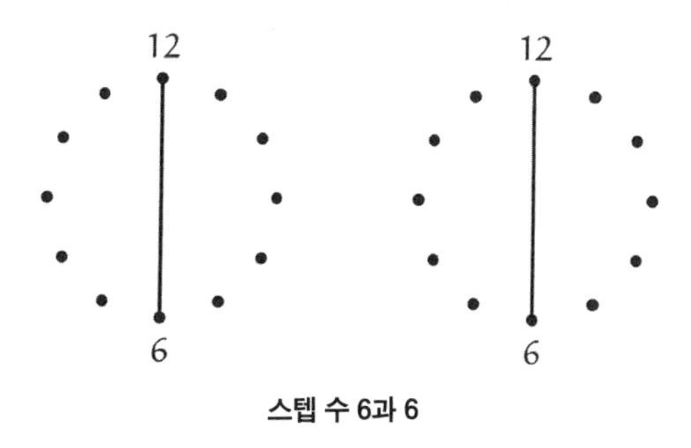


**스텝 수 6과 6**

"모든 수가 다 짝이 있구나. 내가 해도 발견을 할 수 있다니……."

유리가 말했다.

"스스로 해보았기 때문에 발견할 수 있는 거야."

## 5. 완전 순환의 조건

"오빠는 학교 도서실에서 이런 걸 하는 거야?"

"응. 오빠는 이런 놀이를 좋아해. 시계 순환은 중학생 때 자주 했어. 노트에 이런 도형을 많이 그렸지."

"오빠, 이 도형에 무슨 비밀이 있는 거야?"

"무슨 법칙이 있을 것 같지?"

"응, 있을 것 같아!"

"예를 들면 어떨 때 '완전 순환'을 할 수 있을까?"

"스텝 수가 1, 5, 7, 11일 때 아니야?"

"그렇긴 한데, 일단 정리해 보자."

완전 순환을 할 수 있는 스텝 수 정리

스텝 수가 1, 5, 7, 11일 때는 완전 순환을 한다.

스텝 수가 2, 3, 4, 6, 8, 9, 10일 때는 완전 순환을 하지 않는다.

"이런 건 다 아는 건데?"

"다 아는 사실이라도 깔끔하게 정리하는 것이 중요해. 어떤 스텝 수일 때 완전 순환을 하는지 구체적인 예를 들어서 정리하는 거야. 그런 다음 스텝 수에 담긴 법칙을 발견하는 거지. '구체적인 예에서 법칙을 끌어내는 것'을 **귀납**이라고 하는데, 귀납을 할 때는 생각할 게 있어. 완전 순환이 되는 법칙은 뭘까?"

문제 1-1 완전 순환의 법칙

스텝 수가 어떤 성질을 가질 때 완전 순환을 할까?

"잘 모르겠어. 근데 오빠랑 나랑 꼭 연구자 같아."

"유리야. 연구자 같은 게 아니라 연구를 하고 있는 거야. 어려운 문제는 아니지만 말이야."

## 6. 어디를 순환할까?

"스텝 수마다 어떤 수들을 순환했는지 표로 만들어 보자. 지나가는 순서는 상관없어."

| | | | | | | | | | | | | |
|---|---|---|---|---|---|---|---|---|---|---|---|---|
| 1 | 1 | 2 | 3 | 4 | 5 | 6 | 7 | 8 | 9 | 10 | 11 | 12 |
| 2 | 2 | 4 | 6 | 8 | 10 | 12 | | | | | | |

| | | | | | | | | | | | | |
|---|---|---|---|---|---|---|---|---|---|---|---|---|
| 3 | 3 | 6 | 9 | 12 | | | | | | | | |
| 4 | 4 | 8 | 12 | | | | | | | | | |
| 5 | 1 | 2 | 3 | 4 | 5 | 6 | 7 | 8 | 9 | 10 | 11 | 12 |
| 6 | 6 | 12 | | | | | | | | | | |
| 7 | 1 | 2 | 3 | 4 | 5 | 6 | 7 | 8 | 9 | 10 | 11 | 12 |
| 8 | 4 | 8 | 12 | | | | | | | | | |
| 9 | 3 | 6 | 9 | 12 | | | | | | | | |
| 10 | 2 | 4 | 6 | 8 | 10 | 12 | | | | | | |
| 11 | 1 | 2 | 3 | 4 | 5 | 6 | 7 | 8 | 9 | 10 | 11 | 12 |

"이 표는 어떻게 봐야 돼?"

"제일 왼쪽에 세로로 나열된 1부터 11까지는 스텝 수야. 오른쪽에 가로로 나열된 수는 그 스텝 수를 넣었을 때 순환하는 수를 작은 수부터 쓴 거야. 예를 들어 스텝 수가 3일 때는 3, 6, 9, 12라는 4개의 수를 지나간다는 뜻이야. 이 표를 보고 뭘 알 수 있을까?"

"배수 같은데?"

"왜?"

"음…… 모르겠어."

"그러면 안 돼. 생각을 말로 표현할 수 있어야지."

"순환하는 수라는 건 '순환하는 수 중에서 가장 작은 수'의 배수인 것 같아."

"오, 예를 들면?"

"예를 들면 위에서 두 번째 줄의 2, 4, 6, 8, 10, 12는 전부 2의 배수잖아. 그리고 아까 오빠가 말했던 세 번째 줄의 3, 6, 9, 12는 다 3의 배수고. 그래서 가장 왼쪽 수가 1일 때는 모든 수를 다 돌 수 있는 거야. 완전 순환이지. 예를 들면 스텝 수가 1, 5, 7, 11일 때 그 줄은 1부터 12까지 모든 수를 다 돌게 돼. 왜냐하면 자연수는 모두 1의 배수니까!"

"그렇구나! 맞는 말이야. 1, 5, 7, 11의 줄을 뽑아서 보자."

| | | | | | | | | | | | | |
|---|---|---|---|---|---|---|---|---|---|---|---|---|
| 1 | 1 | 2 | 3 | 4 | 5 | 6 | 7 | 8 | 9 | 10 | 11 | 12 |
| 5 | 1 | 2 | 3 | 4 | 5 | 6 | 7 | 8 | 9 | 10 | 11 | 12 |
| 7 | 1 | 2 | 3 | 4 | 5 | 6 | 7 | 8 | 9 | 10 | 11 | 12 |
| 11 | 1 | 2 | 3 | 4 | 5 | 6 | 7 | 8 | 9 | 10 | 11 | 12 |

"그거 봐, 맞지?"

"그러네. 완전 순환을 할 수 있는 스텝 수의 줄에는 반드시 1이 들어가 있어. 그리고 완전 순환을 하지 못하는 스텝 수의 줄에는 1이 없어."

"이렇게 하면 문제 1−1(완전 순환의 법칙)은 정답이 나온 거지?"

"아니. 문제는 스텝 수의 성질에 대해 묻고 있으니까 어떤 스텝 수를 적용했을 때 순환하는 수 중에 1이 포함되는지도 알아내야 해."

"그게 무슨 소리야, 오빠?"

"'순환하는 수 중에서 가장 작은 수'를 **순환 최소수**라고 하자. 방금 유리가 찾아낸 건 순환 최소수가 1인 경우에 완전 순환을 할 수 있다는 사실이지?"

"맞아."

"하지만 이 문제는 스텝 수로 순환 최소수를 계산할 수 있는지를 질문한 거야. 지금까지 알아낸 걸 바탕으로 스텝 수와 순환 최소수 사이에 어떤 관계가 있는지 써서 확인해 보자. 그러면 순환 최소수 계산 방법을 알 수 있지 않을까?"

| 스텝 수 | → | 순환 최소수 |
|---|---|---|
| 1 | → | 1 |

2 → 2

3 → 3

4 → 4

5 → 1

6 → 6

7 → 1

8 → 4

9 → 3

10 → 2

11 → 1

"음, 모르겠어. 처음에는 차례대로 1, 2, 3, 4가 나오더니 갑자기 1로 돌아가 버렸네."

"그럼 힌트를 줄게. 시계의 '문자판 수'는 1부터 12까지 총 12개가 있지? 이 12라는 수랑 같이 생각해 봐."

| 문자판의 수와 스텝 수 | → | 순환 최소수 |
|---|---|---|
| 12와 1 | → | 1 |
| 12와 2 | → | 2 |
| 12와 3 | → | 3 |
| 12와 4 | → | 4 |
| 12와 5 | → | 1 |
| 12와 6 | → | 6 |

12와 7 → 1

12와 8 → 4

12와 9 → 3

12와 10 → 2

12와 11 → 1

유리는 머리를 만지작거리며 생각에 잠겼다.

"음…… 배수? 왼쪽 수는 오른쪽 수의 배수인 것 같은데? 예를 들어 아래에서 네 번째 줄을 보면, 왼쪽에는 12와 8이 있고 오른쪽에는 4가 있잖아. 12와 8 모두 4의 배수잖아."

"오, 맞혔어."

"아, 이거 학교에서 배웠어. 공배수였나? 아니다, 공약수였어. 오른쪽의 '순환 최소수'는 왼쪽에 있는 두 수의 약수…… 두 수의 공통 약수니까 공약수야! 12와 스텝 수, 다시 말해 문자판의 수와 스텝 수의 공약수가 순환 최소수인 거야!"

"대단한데? 그런데 살짝 아깝다. 그냥 공약수가 아니거든."

"아, 그래? **최대공약수**인가?"

"맞아. 그럼 언제 시계를 완전 순환할 수 있을까?"

"최대공약수가 1일 때야. 문자판의 수와 스텝 수의 최대공약수가 1일 때 완전 순환을 하는 거야."

"네, 정답입니다!"

"야호!"

풀이 1-1 완전 순환의 법칙

문자판의 수와 스텝 수의 최대공약수가 1일 때 시계를 완전 순환할 수 있다.

"그러니까 '서로소'일 때 완전 순환을 할 수 있는 거야."
"서로…… 소? 그게 무슨 뜻이야?"
"최대공약수가 1이라는 뜻이야."

> 서로소
>
> 자연수 $a$와 $b$의 최대공약수가 1일 때, $a$와 $b$를 서로소라고 한다.

"예를 들어 12와 7의 최대공약수는 1이야. 그래서 12와 7은 서로소야. 그리고 12와 8의 최대공약수는 4야. 그래서 12와 8은 서로소가 아니야. 서로소라는 표현을 사용하면 완전 순환은 이렇게 표현할 수 있어. 문자판의 수와 스텝 수가 서로소일 때만 시계를 완전 순환할 수 있다."

풀이 1-1a 완전 순환의 법칙
문자판의 수와 스텝 수가 서로소일 때 시계를 완전 순환할 수 있다.

"흠, 서로소라고?"
"유리는 항상 무슨 뜻이냐고 질문하는구나. 아까 내가 표를 그렸을 때도 어떻게 봐야 하냐고 물었지? 무슨 뜻인지 잘 모를 때는 그렇게 확인하는 게 중요해. 넌 꼼꼼히 확인하는 사람이지."
"난 무식하잖아. 모르는 게 많은걸."
"유리는 무식한 게 아니야. 모르는 걸 모른다고 하는 게 잘못된 거야? 모르면서 아는 척하는 사람이 무식한 거지."
"아하하! 모른다는데 잘했다고 하는 사람은 오빠밖에 없어. 칭찬 받으니까 너무 좋은데?"

## 7. 인간의 한계를 뛰어넘어

"오빠, 이 시계 순환도 수학이야?"

"맞아. 엄연히 수학이라고 할 수 있지."

"그런데 뭐랄까…… 시계를 그리고 빙글빙글 돌리고 표를 만들고……. 마치 재미있는 게임을 하는 것 같아. 이게 수학이야? 수학이 대체 뭐야?"

"수학이란 무엇이다, 한마디로 설명할 수는 없어. 하지만 수의 성질을 연구하는 것은 수학의 중요한 활동이야. **수론**이라는 분야에 들어가지. 지금 우리가 했던 것처럼 그림을 그리고 표를 만들어서 수의 성질을 추측하거나 법칙을 발견하는 것은 게임처럼 보이지만 수학의 기본이라고 생각해. 이런 일반적인 법칙은 어느 날 갑자기 뚝딱 생긴 게 아니거든. 구체적이고 특별한 사실에서 일반적인 법칙을 찾아내는 과정이 필요해. 그걸 '귀납'이라고 해. **특별한 것에서 일반적인 것을 이끌어 내는 것**이 목적이지."

"흠, 그런가?"

"이런 이야기는 어떨까? 시계판의 수는 보통 12개잖아. 12개면 수가 적은 편이니까 모든 스텝 수를 적용해서 완전 순환을 할 수 있는지 직접 눈으로 확인할 수 있어. 그런데 그 수가 100개일 때는 어떨까? 이 경우는 시계라고 할 수도 없겠지. 그 수가 1000개일 때는? 1억 개일 때는? 스텝 수가 얼마일 때 완전 순환을 할 수 있을까?"

"그렇게 수가 많아지면 일일이 해볼 수 없어."

"맞아. 도형을 그려서 실제로 확인할 수는 없지. 하지만 문자판의 수와 스텝 수의 최대공약수만 알면 완전 순환을 하는지 알 수 있어. 직접 다 해 보지 않아도 알 수 있다는 것, 이게 바로 수학의 힘이야."

"……."

"문제에 숨어 있는 수의 법칙을 간파해 내면 갈 수 없는 미래나 이 세상 끝까지 내다볼 수 있어."

"법칙을 간파한다고?"

"수학은 **무한**을 다룰 수 있거든. 무한의 시간을 곱게 접어서 봉투에 넣을 수도 있지. 무한의 우주를 손바닥 위에 올려놓고 노래를 부르게 할 수도 있어. 이게 바로 수학의 묘미야. 정말 대단하지?"

"수학도 대단하지만, 그렇게 열정적으로 말하는 오빠가 더 대단해. 학교 선생님보다 훨씬 더 열정이 넘치는데? 깜짝 놀랐다옹."

유리가 생글생글 웃었다.

"오빠는 나중에 학교 선생님 하면 좋겠다. 정말 잘 가르치잖아. 오빠가 선생님이면 내 성적도 좋아질 것 같아."

"그런데 내가 선생님이 되었을 때면 넌 이미 졸업했을 텐데?"

"아, 그런가?"

유리는 안경을 벗더니 천천히 셔츠 윗주머니에 집어넣었다. 그러곤 꾸물대면서 머리카락을 만지작거리더니 갑자기 화제를 바꿨다.

"있잖아, 내가 오빠한테 너무 어린애같이 군다고 생각해?"

"별로. 편하게 대해도 돼."

"그래도 되겠지? 저기, 오빠."

"왜?"

"내가 지금 무슨 생각하게?"

유리는 나를 보더니 갑자기 손을 머리 뒤로 넘겨 포니테일을 잡고 이리저리 흔들었다. 정말 말 꼬리 같았다. 유리의 갈색 머리는 햇볕에 반사되어 금빛으로 빛날 때가 있다.

"무슨 생각하는데?" 내가 말했다.

"그게……. 아냐, 안 가르쳐 줄 거야."

유리는 그렇게 말하고 덧니를 보이며 웃었다.

## 8. 사실은 무엇인지 알고 있나요?

"그러고 보니 오빠가 외톨이 수를 찾는데 꼬박 하루가 걸렸다는 문제의 정답을 아직 안 알려 줬어." 유리가 말했다.

외톨이 수는 무엇인가?

| 239 | 251 | 257 |
|---|---|---|
| 263 | 271 | 283 |

"알고 나면 정말 쉬워. 여기서 239, 251, 257, 263, 271, 283은 모두 소수야. 물론 이 여섯 개의 수는 모두 홀수이기도 해. 다시 말해 2로 나눴을 때 나머지가 1이지."

"그건 당연하지."

"그럼 기준을 바꿔서 4로 나눴을 때의 나머지를 생각해 보자. 풀어 보면 이렇게 돼."

$$239 = 4 \times 59 + 3 \qquad 251 = 4 \times 62 + 3 \qquad 257 = 4 \times 64 + 1$$
$$263 = 4 \times 65 + 3 \qquad 271 = 4 \times 67 + 3 \qquad 283 = 4 \times 70 + 3$$

"응? 다른 점이 뭐지?"

"이 중에서 257만 4로 나눴을 때 나머지가 1이잖아. 다른 수들은 4로 나눴을 때 나머지가 3인데 말이야."

"아, 그러네. 그런데 오빠, 보통 이런 건 알아내기 어려워. 왠지 억지 같은데? 4로 나누는 게 그렇게 중요해?"

"우리는 자연수가 주어졌을 때 '홀수인가 짝수인가'를 바로 생각하잖아. 그건 2로 나눴을 때 나온 나머지에 따라 분류한 거야. 짝수일 때는 나머지가 0이고 홀수일 때는 나머지가 1이지. 4로 나눈 나머지로 분류하는 것도 마찬가지야. 홀수를 4로 나누면 나머지는 1이나 3 중에 하나가 나오니까. 난 '4로 나눴을 때의 나머지로 분류했다'라는 사실을 알아내는 데 하루가 걸렸어. 알고 나서는 좀 허탈했지만 말이야."

"오빠는 수학을 정말 좋아하는구나! 오빠 얘기는 왠지 재미있어. 내가 궁금한 것도 잘 가르쳐 주고, 시계 순환 같은 이야기도 알려 주고 말이야. 오빠한테 더 많이 배우고 싶다. 맞아! 학교 선생님 될 필요 없겠다. 내 전담 선생님이 되면 되잖아!"

"배우는 것도 중요하지만 스스로 생각하는 것도 중요해. 당연한 사실이라도 '확실한가?' 하고 확인해 보려는 마음 말이야."

"꼭 '고양이 선생님' 같네."

"고양이 선생님?"

"아빠가 보관하고 있는 옛날 애니메이션에 등장하는 인물이야. 고양이 선생님이 이런 말을 하더라."

그럼 여러분은, …… 이 뿌옇고 하얀 것이 사실은 무엇인지 알고 있나요?

"뿌옇고 하얀 것?" 내가 되물었다.

"은하수를 말하는 거야. 은하수의 '수'자는 '물 수(水)'자인데, 사실은 물이 아니야. 작은 별들이 모여 있는 모습을 표현한 거지. 고양이 선생님은 진짜 모습을 보라고 말하고 싶었던 거야. 선생님이 은하수의 진짜 모습을 물었을 때 조반니는 대답하지 못 했어. 그런데 사실 고양이 선생님도 은하수의 숨겨진 진짜 모습은 몰랐어. 그 후에 조반니는 은하철도를 타고 은하수를 직접 보러 떠나지."

"혹시 미야자와 겐지의 작품을 말하는 거야?"

"아, 맞아. 『은하철도의 밤』이야."

"'사실은 무엇인지 알고 있나요?'란 정말 좋은 질문이야. '진짜 모습'을 묻는 자세잖아."

뿌옇고 하얀 것의 '진짜 모습'
수라는 것의 '진짜 모습'
우리들의 '진짜 모습'
……

그때 부엌에서 엄마의 목소리가 들렸다.

"얘들아, 밥 먹자! 몸에 좋고 강렬하고 이국적이면서 전통적인 '가지가 들어간 매운 카레'야!"

가우스가 나아간 길은 곧 수학이 나아가는 길이다.
그 길은 귀납적이다.
특별한 것에서 일반적인 것을 이끌어 내라! 그것이 슬로건이다.
_다카기 데이지

# 피타고라스의 정리

카파넬라는 둥근 판으로 된 지도를
빙글빙글 돌리고 또 돌리며 보고 있었습니다.
정확히 그 속에서 하얗게 나타난 은하수의 왼쪽 꼬리를 타고
한 줄기의 철도 선로가 남쪽으로, 남쪽으로 향해 가는 것이었습니다.
_미야자와 겐지, 『은하철도의 밤』

## 1. 테트라

"선배!"

"헉!"

"아…… 놀라셨나 봐요. 죄송해요."

이곳은 고등학교 건물 옥상. 나는 테트라와 함께 점심을 먹고 있다. 바람이 사늘했지만 하늘이 맑아 기분이 상쾌하다. 테트라는 도시락을 싸 왔고 나는 빵이다.

"아니야, 괜찮아. 딴 생각을 하고 있었어."

"그래요?"

테트라는 싱긋 웃으며 다시 젓가락질을 했다.

테트라는 고등학교 1학년. 나보다 한 학년 후배다. 짧은 머리에 큰 눈, 늘 생글생글 웃고 있는 이 자그마한 친구와 나는 수학 공부를 같이 하는 사이다. 평소 내가 가르쳐 주는 입장인데, 그녀도 가끔 번뜩이는 아이디어로 나를 놀라게 한다.

"참, 무라키 선생님이 주신 카드는?"

"아, 깜박했다."

테트라가 꺼낸 카드에는 단 하나의 문장이 적혀 있었다.

문제 2-1 원시 피타고라스 수는 무수히 존재하는가.

"달랑 한 줄이네."

"정말 짧죠." 테트라가 계란말이를 먹으면서 말했다.

"테트라, 원시 피타고라스 수라는 게 뭔지 알아?"

"당연하죠. 직각삼각형에서 빗면의 제곱은 다른 두 변의 제곱을 합한 값과 같다는 거잖아요. 빗면이란 직각과 마주 보는 변이죠!"

테트라는 젓가락으로 허공에 커다란 직각삼각형을 그렸다.

"……."

"제가 틀렸나요?"

"그건 피타고라스의 정리인데……."

피타고라스의 정리

직각삼각형에서 빗면의 제곱은 다른 두 변의 제곱을 합한 값과 같다.

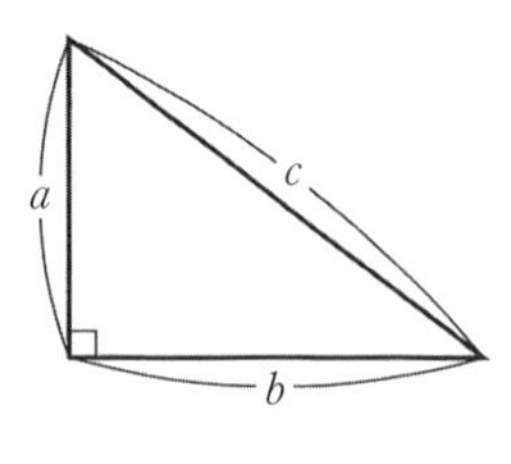


$$a^2+b^2=c^2$$

"피타고라스 수는 피타고라스의 정리와는 다른 거예요?"

"관계는 있어. 피타고라스 수라는 건 직각삼각형에서 각 변의 길이인 자연수 세 개를 통틀어서 말하는 거야."

나는 피타고라스 수의 정의를 적어서 보여줬다.

피타고라스 수

자연수 $a, b, c$ 사이에 다음 관계식이 성립한다.

$$a^2+b^2=c^2$$

이때 $(a, b, c)$라는 세 수의 조합을 **피타고라스 수**라고 한다.

"그리고 원시 피타고라스 수의 정의는 이거야."

원시 피타고라스 수

자연수 $a, b, c$ 사이에서 다음과 같은 관계식이 성립하고,

$$a^2+b^2=c^2$$

$a, b, c$의 최대공약수가 1일 때
$(a, b, c)$라는 세 수의 조합을 **원시 피타고라스 수**라고 한다.

"다시 말해 직각삼각형의 세 변이 자연수일 때, 그 세 수의 조합은 피타고라스 수야. 거기에 최대공약수가 1이라는 조건까지 더해지면, 세 수는 원시 피타고라스 수이기도 하지. 무라키 선생님의 문제는 그런 원시 피타고라스 수가 무수히 존재하냐는 질문이야."

"네……. 그런데 '최대공약수가 1'이라는 뜻을 잘 모르겠어요."

"그럼 예를 한번 들어 보자. 만약 $(a, b, c)=(3, 4, 5)$는 피타고라스 수라 할 수 있지. 왜냐하면 $3^2+4^2=5^2$가 성립하니까 계산을 해 보면 $9+16=25$가 된다는 걸 금방 알 수 있을 거야. 그런데 $(3, 4, 5)$는 피타고라스 수이면서 원시 피타고라스 수이기도 해. 3, 4, 5의 최대공약수, 즉 이 세 수를 나누어떨어지게 할 수 있는 가장 큰 수는 1이잖아."

"제가 좀 더뎌서 죄송한데, 피타고라스 수와 원시 피타고라스 수의 차이를 잘 모르겠어요."

"괜찮아, 모르는 건 잘못이 아니니까. 다른 예를 더 들어보자. $(3, 4, 5)$는 피타고라스 수이기도 하고 원시 피타고라스 수이기도 해. 그러면 이 세 수에 각각 2를 곱한 $(6, 8, 10)$은 어떨까? 이건 피타고라스 수이기는 하지만 원시 피타고라스 수는 아니야."

"음, $6^2$은 36, $8^2$은 64, $10^2$은 100이네요. 그럼 $36+64=100$이니까…… $6^2+8^2=10^2$은 성립해요. 즉 $(6, 8, 10)$은 피타고라스 수라고 할 수 있죠. 네, 여기까지는 이해했어요. 그런데 6, 8, 10의 최대공약수는 2니까 $(6, 8, 10)$은 원시 피타고라스 수가 아니다……. 그럼 원시 피타고라스 수는 세 수를 나누어떨어지게 하는 수가 1밖에 없다는 뜻이군요."

"맞아. 무라키 선생님은 그런 원시 피타고라스 수가 무수히 존재하느냐고 물어보신 거야."

테트라는 골똘히 생각에 잠겼다. 표정이 제법 진지하다. 그런 표정으로 젓가락을 입에 물고 있으니까 어쩐지 우스꽝스럽기도 하다. 이윽고 미심쩍은 표정으로 말을 꺼냈다.

"선배, 이상해요. 직각삼각형의 세 변 $a, b, c$는 항상 $a^2+b^2=c^2$라는 관계가 있잖아요. 변의 길이를 바꾸면 직각삼각형을 끝없이 만들 수 있으니까 원시 피타고라스 수도 당연히 무수히 있는 것 아닌가요?"

"다시 차근차근 원시 피타고라스 수의 조건을 생각해 보자."

"응? ……아, 아냐, 아냐, 아냐, 아냐, 아냐, 아냐, 아냐!"

테트라가 젓가락을 휘휘 저었다.

"지금 '아냐'라고 일곱 번 말했지? 7은 소수야."

조건을 자주 깜빡하는 걸 보면 테트라의 덜렁거리는 성격은 여전하다. 오히려 유리가 더 침착한 것 같다.

"깜빡했어요! 자연수라는 조건! 세 변 중에서 두 변은 자유롭게 고를 수 있으니까 자연수가 가능하죠. 그런데 그때 나머지 한 변도 반드시 자연수가 된다는 법은 없어요."

"맞아. 이 문제를 풀기 위해 $(3, 4, 5)$와 같은 원시 피타고라스 수의 예를 더 찾아보는 것부터 시작해 보면 어떨까?"

"그렇게 할게요. 선배가 항상 말했죠, '예시는 이해를 돕는 시금석'이라고. 확실히 이해하려면 사례를 많이 만들어야 한다고요."

테트라는 정말 순수하고 밝은 아이이다. 하지만…….

"저기, 위험하니까 젓가락은 그만 휘두르는 게 어때?"

"아…… 죄송해요."

테트라는 서둘러 손을 내리고 얼굴을 붉혔다.

## 2. 미르카

"어디 갔었어?"

내가 교실로 돌아오자 미르카가 잽싸게 다가왔다.

미르카는 우리 반 천재 소녀다. 수학 분야에서는 그 누구도 미르카를 뛰어넘을 수 없다. 검은색 긴 머리에 메탈 안경을 쓴 미르카는 키가 커서 서 있는 자태도 아름답다. 미르카가 곁에 다가오기만 해도 긴장감이 감돈다.

"옥상에……."

"옥상에서 점심 먹었어?"

미르카는 얼굴을 가까이 대고 내 눈을 깊이 들여다봤다. 그러자 진한 시트러스 향이 풍겼다. 날카로운 눈빛이 내 마음속을 파고들었다. 이런, 심기가 불편한 것 같아.

"응……."

"흠, 나한테 말도 없이?"

미르카는 눈을 가늘게 떴다.

"그게 말이야……. 점심시간에 넌 교실에 없었잖아. 그래서 예예한테 갔나 했지."

난 왜 변명을 하고 있는 걸까. 미르카 앞에서는 작아지는 나.

"교무실에 갔었어."

미르카의 표정이 누그러졌다.

"얼마 전에 받은 숙제를 무라키 선생님께 보여드리려고. 그리고 늘 그랬듯이 새 카드를 받았어. 묘한 문제야."

무라키 선생님은 수학을 가르치신다. 특이한 분이지만 우리를 위해 특별히 흥미로운 수학 문제를 내주신다. 수업이나 시험과 전혀 상관 없는 문제라서 오히려 더 재밌다. 나와 테트라와 미르카는 즐거운 마음으로 무라키 선생님의 문제를 기다리곤 한다. 미르카는 나에게 카드를 건넸다.

**문제 2-2** 원점이 중심인 단위원 위에 유리수 점은 무수히 존재하는가.

"**유리수 점**이란…… $x$ 좌표와 $y$ 좌표가 모두 유리수인 점을 말하는 거지?"

내가 말했다. 유리수는 $\frac{1}{2}$이나 $-\frac{2}{5}$ 같은 정수비로 나타낼 수 있는 수다. 여기서 유리수를 좌표로 하는 점을 유리수 점이라고 한다.

"맞아." 미르카가 고개를 끄덕였다.

"원점을 중심으로 한 단위원 위에는 $(1, 0)$, $(0, 1)$, $(-1, 0)$, $(0, -1)$이라는 명백한 유리수 점이 네 개 있어. 그것 말고도 유리수 점이 '무수히' 있는지를 묻는 문제야."

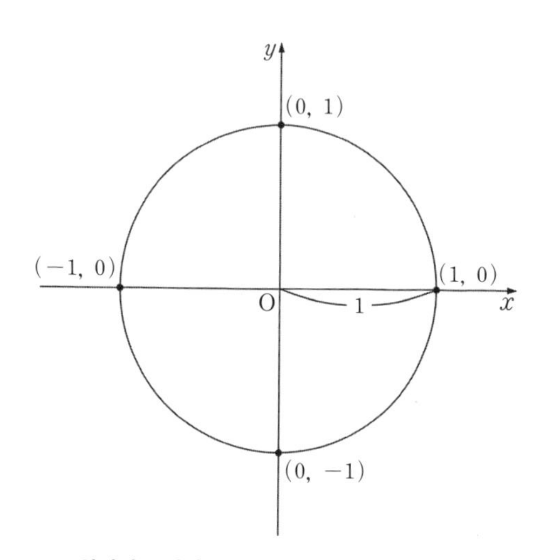


**원점이 중심인 단위원과 명백한 유리수 점 4개**

원점이 중심인 **단위원**(반지름이 1인 원)이 좌표축과 만나는 점은 확실히 유리수 점이다. 0, 1, −1이라는 정수도 유리수이기 때문이다.

"단위원 위에 유리수 점은 무수히 많을 것 같은데." 나는 혼잣말처럼 중얼거렸다.

"왜?" 미르카의 안경이 번뜩였다.

"생각해 봐, 꽉 찬 유리수 점들 사이를 빠져나가는 원을 어떻게 그리겠어?"

"그건 수학이 아니잖아?"

미르카는 나를 향해 검지를 곧게 내밀면서 말했다.

"우리의 손이나 컴퍼스도 진짜 원은 그릴 수 없어. 현실 세계에서 아무리 정확하게 원을 그린다 해도 유리수 점이 통과하는지는 알 수 없잖아?"

"그야 그렇지."

나는 인정했다. 진짜 원의 모습이라…….

"하지만 우리는 현실 세계에 둘도 없이 뛰어난 도구, 바로 수학을 갖고 있어. 아니야?"

"알았어, 미르카. 내 생각이 짧았어. 아무튼 $a, b, c, d$가 정수라고 했을 때 $(\frac{a}{b}, \frac{c}{d})$처럼 점의 좌표를 나타낸 다음, 단위원 위에 있다는 조건을 가지고 열심히 계산하면 알 수 있지 않을까?"

"흠, 그것도 나쁘지는 않네." 미르카는 노래를 부르듯 선언했다. "정수의 구조는 소인수가 나타낸다. 유리수의 구조는 정수비가 나타낸다!"

그리고 짓궂은 표정으로 입꼬리를 올리며 말했다.

"난 다른 생각을 했지만 말이야."

"다른 생각이라니?"

"네가 점심때 혼자 밥을 먹었나? 뭐 그런 거."

"응?"

뜻하지 않은 공격이다.

"아니면 원둘레 위에 있는 유리수 점을 '무수한 무언가'와 대응시킬 수 없을까? 뭐 이런 것도." 미르카는 은근슬쩍 수학 이야기로 돌아왔다.

"옥상에서 테트라랑 같이 밥 먹었어."

"정직한 자여, 그대에게 기사의 칭호와 검을 내리겠노라."
미르카는 이렇게 말하며 내 눈앞에 초콜릿 바를 내밀었다.
나는 공손하게 초콜릿을 받아들었다.
오후 수업을 알리는 종이 울렸다.
뭐가 뭔지, 원.

## 3. 유리

"어? 오빠 왔네! 와 줘서 고마워!"
"몸은 좀 어때?"
수업이 끝난 후, 나는 버스를 타고 중앙병원으로 향했다.
병실에 들어서자 유리는 뿔테 안경을 벗으며 나를 맞아 주었다. 침대에 기대어 앉아 책을 읽고 있었던 모양이다. 묶은 머리에는 노란색 리본이 달려 있다.
"어쩌다 보니 일이 커지고 말았네." 유리가 말했다.
며칠 전, 그러니까 가지 카레를 같이 먹은 날로부터 이틀 후 유리는 병원에 가서 발 뒤꿈치를 검사받았다. 그리고 뼈에 이상이 생겼다는 진단을 받고 곧바로 입원하게 되었다.
"안녕, 유리. 만나서 반가워."
테트라가 내 등 뒤에서 얼굴을 내밀었다.
"오빠, 이분은 누구?"
"후배인 테트라야. 같이 병문안 왔어."
"이거 받아, 유리."
테트라는 오는 길에 꽃집에서 산 작은 꽃다발을 건넸다.
유리는 꽃을 받아들고 말없이 꾸벅 인사를 했다.
"선배, 오빠라니요?" 테트라가 물었다.
"유리는 내 이종사촌 동생이야."
나는 침대 옆에 있는 철제 의자에 앉았다. 테트라도 앉아서 병실을 두리번

거리고 있다.

"얼마 전에 같이 공부한 시계 순환, 정말 재미있었어!" 유리가 갑자기 말을 꺼냈다. "문자판 수와 스텝 수가 서로소일 때는 완전 순환이 성립했지? 난 오빠한테 수학 이야기 듣는 게 너무 좋아! 내 전담 선생님이니까."

"선배는 정말 잘 가르쳐 주시지? 나도 선배한테……."

"오빠!" 유리가 테트라의 말을 끊었다. "그날 밤에 같이 먹었던 카레 있잖아, 진짜 매웠지? 그래서 물을 그렇게 많이 마셨나 봐. 그리고 밥 먹고 나서 오빠가 알려 준 페르마의 마지막 정리도 재미있었어. 피타고라스의 방정식을 살짝만 비틀어도 자연수의 해가 없어진다는 게 정말 신기해……."

유리가 쉴 새 없이 말을 내뱉자 테트라는 입을 다물고 말았고, 병실 분위기는 어색해지고 말았다. 그때 마침 유리의 어머니가 들어오셨다.

"어머, 학교 끝나고 오는 길이니? 교복이 예쁘구나. 여기는 여자 친구? 어머, 이런 걸 다……. 사실은 말이야……."

우리는 유리 어머니의 수다를 한참 듣고 나서 병실을 나왔다.

곧이어 유리 어머니가 뒤따라 나왔다.

"잠깐. 유리가 여자 친구에게 할 말이 있다는데, 잠깐 들어와 줄래?"

"네? 저……요?"

나는 엘리베이터 앞에서 테트라를 기다렸다. 1분 정도 지나자 테트라는 무언가 골똘히 생각하는 표정으로 걸어왔다.

## 4. 피타고라 주스 메이커

우리는 카페 '빈즈'에 들어갔다.

"유리가 뭐라고 해?" 내가 물었다.

"그게…… 별것 아니에요." 테트라는 말끝을 흐리며 가게 카운터 안쪽을 가리켰다. "선배, 저게 뭘까요?"

새로운 주스 메이커가 눈에 띄었다. 기계 위에 나선 모양으로 휘어진 금속

레일 같은 것이 있고, 위에 오렌지를 얹으면 데굴데굴 굴러 기계 안으로 들어가는 식이다. '피타고라 주스 메이커'라고 쓰여 있다. 피타고라?

"아, 저거 주문할래요!"

오렌지가 데굴데굴 굴러 기계 안으로 통 하고 들어가더니 자동으로 조각조각 잘려서 주스로 만들어지는 과정이 훤히 들여다보인다. 테트라는 그런 기계를 보고 있고, 나는 그런 그녀를 보고 있다. 테트라는 정말 호기심 넘치는 소녀다.

"정말 맛있어요, 선배." 신선한 주스를 마시면서 테트라가 말했다. "참, 그후로 원시 피타고라스 수를 몇 개 찾아냈어요."

테트라는 노트를 펼쳤다.

$$
\begin{array}{ll}
(3,\ 4,\ 5) & 3^2+4^2=5^2 \\
(5, 12, 13) & 5^2+12^2=13^2 \\
(7, 24, 25) & 7^2+24^2=25^2 \\
(8, 15, 17) & 8^2+15^2=17^2 \\
(9, 40, 41) & 9^2+40^2=41^2
\end{array}
$$

"어떻게 찾았어?"

"$a^2+b^2=c^2$ 중에서 $a$를 한 단계씩 늘렸어요. 그리고 $b$와 $c$에 적당한 자연수를 넣어 봤죠. 그랬더니 $(a, b, c)=(3, 4, 5)$에서는 $c-b=5-4=1$이 성립한다는 걸 알아냈어요. 원시 피타고라스 수 5개 중에서 4개까지가 $c-b=1$이 돼요. 이거 무슨 단서 아닌가요?"

"그건 찾는 방법이 한쪽으로 치우쳤기 때문 아닐까? $a$가 작다는 건 한 변만 짧은 직각삼각형이 나온다는 뜻이잖아. 예를 들어 $(9, 40, 41)$은 가늘고 기다란 삼각형이 돼. 길쭉하기 때문에 대각선과 다른 한 변의 길이가 비슷해지는 건 당연하지."

"그런가요?"

잠시 후 테트라가 말했다.

"피타고라 주스 메이커처럼 오렌지를 넣으면 원시 피타고라스 수가 나오는 기계가 있으면 좋겠어요."

"크기가 다른 오렌지를 넣을 때마다 또 다른 원시 피타고라스 수가 나온다면 좋겠다. 애초에 말도 안 되지만."

우리는 웃었다.

## 5. 집

밤이 되었다. 가족들은 모두 잠든 이 시간, 나는 혼자서 책상 앞에 앉아 수학을 생각하고 있다. 곁에는 아무도 없다. 아무도 말을 걸지 않는 나만의 소중한 시간이다.

수업을 들으면 자극을 받는다. 독서 역시 뼈가 되고 살이 된다. 그러나 스스로 머리와 손을 써서 풀어 보는 노력이 충분하지 않으면 수업이나 독서는 소용이 없다.

오늘은 테트라가 낸 문제를 차근차근 생각해 보자.

'원시 피타고라스 수는 무수히 존재하는가.'

우선 원시 피타고라스 수를 표로 정리해 보자. 뭔가 발견할 수 있을까?

| $a$ | $b$ | $c$ |
|---|---|---|
| 3 | 4 | 5 |
| 5 | 12 | 13 |
| 7 | 24 | 25 |
| 8 | 15 | 17 |
| 9 | 40 | 41 |

홀짝 알아보기

나는 $c$가 반드시 홀수라는 사실을 발견했다. 그래서 표에서 홀수들에만 동그라미를 쳤다.

| $\alpha$ | $\beta$ | $c$ |
|---|---|---|
| ③ | 4 | ⑤ |
| ⑤ | 12 | ⑬ |
| ⑦ | 24 | ㉕ |
| 8 | ⑮ | ⑰ |
| ⑨ | 40 | ㊶ |

**홀수에 동그라미**

$a$와 $b$ 중 하나는 홀수인 것 같다. 이건 우연일까? 아니면 일반적인 사실일까? 궁금한 내용을 메모했다.

**문제 2-3** $a$와 $b$가 짝수인 원시 피타고라스 수$(a, b, c)$는 존재하는가.

그래, 이 문제는 어렵지 않다. $a, b$ 모두 짝수일 가능성은 전혀 없다. 그 이유는…… 일단 $a, b$ 모두 짝수라고 생각해 보자.

$$a^2+b^2=c^2$$

그러면 위의 관계식으로 봤을 때 $c$도 짝수여야 한다. $a$와 $b$가 모두 짝수라면 $a^2$과 $b^2$도 짝수가 될 테고 두 짝수를 더한 $a^2+b^2$ 역시 짝수다. 따라서 $c^2$도 짝수다. 제곱해서 짝수가 나오는 수는 짝수밖에 없기 때문에 $c$는 짝수다.

다시 말해 $a, b$가 모두 짝수라면 $c$는 틀림없이 짝수다. 그러나 이는 $a, b, c$의 최대공약수가 1이라는 원시 피타고라스 수의 정의에 어긋난다. $a, b, c$가 모두 짝수라면 $a, b, c$의 최대공약수는 2 이상이 되기 때문이다.

따라서 '$a$와 $b$가 모두 짝수가 될 수는 없다'라고 할 수 있다. 이 사실이 테트라의 카드 문제를 푸는 단서가 될지는 아직 모르겠다. 그래도 중요한 사실이라는 것은 틀림없다.

수식의 숲을 걸을 때 이런 중요한 사실들은 길잡이 리본 같은 것이다. '$a$와 $b$가 모두 짝수가 될 수는 없다'라는 사실 또한 그런 길잡이 기본이다. 혹시 모르니 나뭇가지에 리본을 달아 두도록 하자. 나중에 숲의 출구를 찾을 때 도움이 될지도 모르니.

풀이 2-3 $a$와 $b$가 짝수인 원시 피타고라스 수$(a, b, c)$는 존재하지 않는다.

### 수식 사용하기

흠, 원시 피타고라스 수에서는 $a$와 $b$가 모두 짝수가 될 수 없다. 그럼 '둘 다 홀수'일 수는 있을까?

문제 2-4 $a$와 $b$가 홀수인 원시 피타고라스 수$(a, b, c)$는 존재할까?

이제 $a, b$가 모두 홀수라고 가정하자. 그리고 아까 했던 것처럼 홀짝을 알아보자. $a$가 홀수면 $a^2$도 홀수, $b$가 홀수면 $b^2$도 홀수다. $a^2+b^2$은 홀수+홀수이므로 짝수가 된다. $a^2+b^2=c^2$이기 때문에 $c^2$은 짝수다. $c^2$이 짝수면 $c$도 짝수다. 즉 2의 배수인 셈이다. 정리하자면 '$c^2$은 4의 배수'라고 할 수 있다. 2의 배수의 제곱은 4의 배수이기 때문이다. 좋아, 잘하고 있어. 또 어떤 사실이 있을까? ……좋아, 수식을 써 보자. '$a, b$가 모두 홀수다'라고 **가정**해 보는 것이다. 그러면 자연수 J, K를 대입해서 $a, b$는 다음과 같이 쓸 수 있다.

$$\begin{cases} a=2\mathrm{J}-1 \\ b=2\mathrm{K}-1 \end{cases}$$

이 식을 피타고라스의 정리에 대입해 보자.

| | |
|---|---|
| $a^2+b^2=c^2$ | 피타고라스의 정리 |
| $(2J-1)^2+(2K-1)^2=c^2$ | $a=2J-1, b=2K-1$을 대입 |
| $(4J^2-4J+1)+(4K^2-4K+1)=c^2$ | 전개 |
| $4J^2-4J+4K^2-4K+2=c^2$ | 정리 |
| $4(J^2-J+K^2-K)+2=c^2$ | 4로 묶음 |

이 식의 좌변인 $4(J^2-J+K^2-K)+2$에서는 4로 묶을 수 없는 '$+2$'가 남는다. 즉 '4로 나누어떨어지지 않는다'는 것이다. 한편 우변인 $c^2$은 4의 배수이기 때문에 4로 나누어떨어진다. 좌변은 4로 나누어떨어지지 않지만 우변은 4로 나누어떨어진다?

이것은 **모순**이다. 따라서 **귀류법**을 통해 가정 '$a, b$가 모두 홀수다'는 거짓임을 알 수 있다. 이제 $a, b$ 모두 홀수가 될 수 없다는 사실이 증명되었다.

풀이 2-4 $a$와 $b$가 홀수인 원시 피타고라스 수$(a, b, c)$는 존재하지 않는다.

결국 $a$와 $b$ 중 하나는 홀수이고 다른 하나는 짝수라는 사실이 드러났다. 바꿔 말해서 $a$와 $b$가 모두 짝수일 수는 없다. 따라서 '$a$가 홀수, $b$가 짝수'가 되거나 '$a$가 짝수, $b$가 홀수'가 되어야 한다.

여기서는 '$a$가 홀수, $b$가 짝수'라고 가정해 보겠다. $a$와 $b$는 대칭이므로 '$a$가 짝수, $b$가 홀수'로 가정을 했을 때는 $a$와 $b$라는 문자를 바꾸기만 하면 된다.

자, 진도를 나가 볼까! ……왠지 출출하군.

### 곱의 꼴

부엌으로 갔다. 엄마가 고이 모셔 놓은 고디바 초콜릿을 하나 집어 들었다.

초콜릿을 보니까 낮에 미르카에게 초콜릿 바를 받은 것이 떠오르더니 그 때 들었던 말도 기억났다.

'정수의 구조는 소인수가 나타낸다.'

확실히 소인수분해를 하면 정수의 구조가 명확해진다. 그러나 $a^2+b^2=c^2$

의 소인수분해를 어떻게 할 수 있을까? 음, 소인수의 곱이 아니라 '곱셈의 꼴'로만 나타내도 괜찮을까?

$a^2+b^2=c^2$ 피타고라스의 정리

$b^2=c^2-a^2$ $a^2$을 이항해서 '제곱의 차'를 만든다

$b^2=(c+a)(c-a)$ '합과 차의 곱은 제곱의 차'

흠, 이렇게 해서 $(c+a)(c-a)$라는 '곱셈의 꼴'이 만들어졌다. 하지만 $c+a$도 $c-a$도 모두 소수라는 법은 없다. 그러면 소인수분해라고 말할 수 없다. 이게 아닌가?

아…… 이 바보. 지금 $a$가 홀수고 $b$가 짝수라는 조건을 완전히 잊고 있었잖아. $a$가 홀수고 $b$가 짝수니까 $c$는 홀수가 된다. 그러면 $c$와 $a$는 모두 홀수니까 $c+a$는 짝수, $c-a$도 짝수가 된다. 왜냐하면 일반적으로 다음과 같은 관계가 성립하기 때문이다.

$$\text{홀수}+\text{홀수}=\text{짝수}$$
$$\text{홀수}-\text{홀수}=\text{짝수}$$

$c$와 $a$는 둘 다 홀수니까 다음과 같은 식이 성립한다.

$$c+a=\text{짝수}$$
$$c-a=\text{짝수}$$

$c+a$와 $c-a$가 짝수다. 따라서 $b$도 짝수다. 좋아, 이걸 수식으로 표현해 보자. A, B, C를 자연수라고 했을 때 다음처럼 쓸 수 있다.

$$\begin{cases} c-a=2\mathrm{A} \\ b=2\mathrm{B} \\ c+a=2\mathrm{C} \end{cases}$$

헉, 이러면 A가 0 이하가 되어 버리나? ……아니야, 그렇지 않다. $a, b, c$는 직각삼각형의 세 변이니까 빗변 $c$는 다른 변 $a$보다 길다. 따라서 $c>a$가 된다. 그러면 $c-a>0$이 되고, $2\mathrm{A}>0$이다. 그럼 A, B, C에 대해 알아보자.

| | |
|---|---|
| $a^2+b^2=c^2$ | 피타고라스의 정리 |
| $b^2=c^2-a^2$ | $a^2$을 이항해서 '제곱의 차'를 만든다 |
| $b^2=(c+a)(c-a)$ | '합과 차의 곱은 제곱의 차' |
| $(2\mathrm{B})^2=(2\mathrm{C})(2\mathrm{A})$ | A, B, C를 써서 표현 |
| $4\mathrm{B}^2=4\mathrm{AC}$ | 계산 |
| $\mathrm{B}^2=\mathrm{AC}$ | 양변을 4로 나눔 |

이렇게 해서 피타고라스의 정리…… 자연수 $a, b, c$로 이루어진 '덧셈의 꼴'을 자연수 A, B, C로 이루어진 '곱셈의 꼴'로 변환했다. $a, b, c$가 홀수인지 짝수인지 알아본 것만으로도 상당한 진전이다. 하지만 길을 제대로 찾은 건지는 아직 모르겠다.

$\mathrm{B}^2=\mathrm{AC}$의 좌변은 제곱수, 우변은 곱셈의 꼴. 곱셈의 꼴로 만들기는 했지만…… 이제 어느 방향으로 가야 할까?

서로소

$\mathrm{B}^2=\mathrm{AC}$라는 식에서 과연 어떤 사실을 말할 수 있을까?

나는 방 안을 돌아다니면서 생각하다가 책장 앞에 섰다. 문득 까치발을 하던 유리의 뒷모습이 떠오르더니 그날 내가 해 준 말이 떠올랐다.

'이미 알고 있는 사실이라도 깔끔하게 정리하는 것이 중요해.'

그럼 이미 알고 있는 사실을 정리해 보자.

- $c-a=2\mathrm{A}$이다.
- $b=2\mathrm{B}$이다.
- $c+a=2\mathrm{C}$이다.
- $\mathrm{B}^2=\mathrm{AC}$이다.
- $a$와 $c$는 서로소다.

잠깐! $a$와 $c$는 서로소인가? 원시 피타고라스 수의 정의를 보면 '$a$, $b$, $c$의 최대공약수가 1'이라는 사실은 알 수 있다. 하지만 세 수의 최대공약수가 1이라고 해서 그중 두 수의 최대공약수도 반드시 1이라고는 할 수는 없다. 예를 들어 3, 6, 7이라는 세 수의 최대공약수는 1이지만, 3과 6의 최대공약수는 3이다.

……아니야, 틀렸다. 원시 피타고라스 수의 경우 '$a$와 $c$의 최대공약수는 1'이라고 할 수 있다. 왜냐하면 $a^2+b^2=c^2$이라는 관계식이 있으니까.

$a$와 $c$의 최대공약수 $g$가 1보다 크다고 가정해 보자. 그러면 $a=g\mathrm{J}$, $c=g\mathrm{K}$와 같은 자연수 J, K가 존재한다. 그리고……

$$
\begin{aligned}
a^2+b^2&=c^2\\
b^2&=c^2-a^2\\
b^2&=(g\mathrm{K})^2-(g\mathrm{J})^2\\
b^2&=g^2(\mathrm{K}^2-\mathrm{J}^2)
\end{aligned}
$$

이처럼 $b^2$은 $g^2$의 배수가 된다. 그래서 $b$는 $g$의 배수가 된다. 즉 $a$, $b$, $c$는 $g$의 배수라는 뜻이다. 하지만 이것은 $a$, $b$, $c$가 서로소라는 조건에 맞지 않는다. 따라서 $a$와 $c$의 최대공약수 $g$가 1보다 크다는 가정은 잘못되었다. 그렇다면 $a$와 $c$의 최대공약수는 1이고, $a$와 $c$는 서로소다.

마찬가지로 $a$와 $b$, $b$와 $c$도 서로소라는 사실을 증명할 수 있다.

$a$와 $c$는 서로소라는 사실이 밝혀졌다. 다시 돌아가 보자. 이때 A와 C는? A와 C도 서로소가 될까?

**문제 2-5** $a$와 $c$가 서로소이고 $c-a=2\mathrm{A}$, $c+a=2\mathrm{C}$일 때, A와 C는 서로소라고 할 수 있을까?

A와 C는 서로소라고 할 수 있을 것 같다. 하지만 아직은 예상에 지나지 않으니, 증명을 해야 된다.

이 명제는 귀류법으로 간단히 증명할 수 있지 않을까?

귀류법은 증명해야 할 명제의 부정을 가정해서 모순을 이끌어 내는 방법이다. 증명하고 싶은 명제는 'A와 C는 서로소다'이기 때문에, 그 부정인 'A와 C는 서로소가 아니다'를 가정하는 것이다. 그때 A와 C의 최대공약수는 1이 아니다. 다시 말해 2 이상이다. A와 C의 최대공약수를 $d$라고 하자($d \geqq 2$). $d$는 A와 C의 최대공약수니까 A의 약수이면서 C의 약수이기도 하다. 반대로 말하면 A와 C는 둘 다 $d$의 배수라는 뜻이다. 정리해 보면 이렇다.

$$\begin{cases} \mathrm{A}=d\mathrm{A}' \\ \mathrm{C}=d\mathrm{C}' \end{cases}$$

이런 식으로 자연수 A′, C′이 존재하게 된다. 한편 다음 식이 성립되었다.

$$\begin{cases} c-a=2\mathrm{A} \\ c+a=2\mathrm{C} \end{cases}$$

그럼 $a$와 $c$를 A′과 C′로 나타내 보자.

| | |
|---|---|
| $(c+a)+(c-a)=2\mathrm{C}+2\mathrm{A}$ | $a$가 없어지도록 더함 |
| $2c=2(\mathrm{C}+\mathrm{A})$ | 양변을 정리 |
| $c=\mathrm{C}+\mathrm{A}$ | 양변을 2로 나눔 |
| $c=d\mathrm{C}'+d\mathrm{A}'$ | A, C를 A′, C′로 나타냄 |
| $c=d(\mathrm{C}'+\mathrm{A}')$ | $d$로 묶음 |

$c=d(C'+A')$라는 수식은 '$c$는 $d$의 배수'라고 읽을 수 있다.

이번에는 $c$를 지워 보자.

| | |
|---|---|
| $(c+a)-(c-a)=2C-2A$ | $c$가 없어지도록 뺄셈 |
| $2a=2(C-A)$ | 양변을 정리 |
| $a=C-A$ | 양변을 2로 나눔 |
| $a=dC'-dA'$ | A, C를 A', C'로 나타냄 |
| $a=d(C'-A')$ | $d$로 묶음 |

$a=d(C'-A')$라는 수식은 '$a$는 $d$의 배수'라고 읽을 수 있다.

$a$와 $c$는 둘 다 $d$의 배수가 되기 때문에 $d \geqq 2$는 $a$와 $c$의 공약수가 된다. 바꿔 말하면 '$a$와 $c$의 최대공약수는 2 이상'이라는 뜻이다. 하지만 주어진 문제에서 $a$와 $c$는 서로소라고 했으니까 '$a$와 $c$의 최대공약수는 1'이 되어야 한다. 좋아, **모순**을 밝혀냈다.

모순이 생긴 이유는 처음에 'A와 C는 서로소가 아니다'라고 가정했기 때문이다. 귀류법으로 이 가정이 부정되어 'A와 C는 서로소다'라는 사실이 증명되었다.

풀이 2-5 $a$와 $c$가 서로소이고 $c-a=2A$, $c+a=2C$일 때, A와 C는 서로소라고 할 수 있다.

'A와 C는 서로소'라는 사실이 밝혀졌다. 이 또한 중요한 사실은 아닌 걸까? 두 번째 길잡이 리본이다.

나는 두 번째 리본을 나뭇가지에 묶고 심호흡을 했다. 조금 지쳤지만 아직 숲속을 걸을 힘은 남아 있다. 다음엔 어느 쪽으로 가 볼까?

아까 생각했던 식 $B^2=AC$는 '제곱수'가 '서로소인 정수의 곱'과 같다는 형태인가. 이게 바로 길잡이인가?

### 소인수분해

이미 무대는 $a, b, c$에서 A, B, C로 옮겨졌다.

문제 2-6 • A, B, C는 자연수다. • $B^2 = AC$가 성립한다. • A와 C는 서로소다.
여기에 재미있는 사실이 있을까?

'재미있는 사실'이 뭐지? 나는 스스로 트집을 잡았다. '원시 피타고라스 수는 무수히 존재하는가'라는 원래 문제에서 상당히 동떨어진 기분이 드는데……. 나는 미르카가 부른 노래를 다시 한 번 떠올렸다.

'정수의 구조는 소인수가 나타낸다.'

그렇구나. A, B, C를 소인수분해하면 어떤 형태가 나올까? 이런 모습일까?

$$A = a_1 a_2 \cdots a_s \qquad a_1 \sim a_s \text{는 소수}$$
$$B = b_1 b_2 \cdots b_t \qquad b_1 \sim b_t \text{는 소수}$$
$$C = c_1 c_2 \cdots c_u \qquad c_1 \sim c_u \text{는 소수}$$

$B^2 = AC$라는 관계식에 이걸 대입해서 관찰해 보자.

$$B^2 = AC \qquad \text{A, B, C 사이의 관계식}$$
$$(b_1 b_2 \cdots b_t)^2 = (a_1 a_2 \cdots a_s)(c_1 c_2 \cdots c_u) \qquad \text{A, B, C를 소인수분해}$$
$$b_1^2 b_2^2 \cdots b_t^2 = (a_1 a_2 \cdots a_s)(c_1 c_2 \cdots c_u) \qquad \text{좌변을 전개}$$

아하! $B^2$를 소인수분해하니까 소인수 $b_k$는 모두 $b_k^2$라는 제곱 형태가 되었다. 그렇구나. **제곱수를 소인수분해하면 각 소인수는 짝수 개씩 포함**된다. 예를 들어 $18^2$이라는 제곱수에 대해 생각해 보자. $18^2 = (2 \times 3 \times 3)^2 = 2^2 \times 3^4$에서 소인수 2, 3은 둘 다 짝수 개씩 포함되어 있다. 생각해 보면 당연한 일이다.

**소인수분해의 유일성**, 즉 소인수분해 방법은 오로지 한 가지이기 때문에 $B^2 = AC$의 좌변과 우변에서 소인수는 완전히 일치한다. 좌변에 등장하는 소인수는 모두 우변에서도 어딘가에 등장해야만 한다. 그렇다면…….

알았다! 여기서 'A, C는 서로소'라는 조건(두 번째 리본)이 효력을 발휘한다. A, C는 서로소. 다시 말해 A, C의 최대공약수는 1……. 바꿔 말해 A와 C에는 공통 소인수가 없다. B가 있는 소인수 $b_k$를 생각하면, 그 소인수는 반드시 '한 덩어리'가 되어서 A나 C에 포함되어야 한다!

앞서 나왔던 $2^2 \times 3^4$을 예로 들어 보면…… 이 수가 서로소인 자연수 A, C의 곱으로 나타낼 수 있었다고 치자. 소인수 2가 A의 소인수분해에 하나라도 들어 있다면, $2^2$이 전부 A의 소인수분해에 들어 있을 것이다. 소인수 3이 A의 소인수분해에 하나라도 들어 있다면, $3^4$이 전부 A의 소인수분해에 들어 있을 것이다. 어떠한 소인수의 집단이 A와 C로 갈라지는 일은 없는 것이다. $2^2 \times 3^4$일 때는 다음과 같이 네 종류밖에 없다.

| A | C |
|---|---|
| 1 | $2^2 \times 3^4$ |
| $2^2$ | $3^4$ |
| $3^4$ | $2^2$ |
| $2^2 \times 3^4$ | 1 |

소인수는 반드시 한 덩어리가 되어 A나 C 중 하나에 포함된다. 그리고 소인수는 짝수 개이기 때문에…… 결국 A와 C는 둘 다 제곱수라는 말이 된다.

풀이 2-6 • A, B, C는 자연수다. • $B^2 = AC$가 성립한다. • A와 C는 서로소다.
이때 A와 C는 제곱수가 된다.

대단한걸? A와 C는 제곱수니까 자연수 $m$, $n$을 사용해서 아래와 같이 표현할 수 있다.

$$\begin{cases} C = m^2 \\ A = n^2 \end{cases}$$

변수가 꽤 많아져서 점점 힘들어지고 있지만, 아직 좀 더 갈 수 있다. 길을 잃으면 적어 놓은 걸 다시 보면 된다.

A, C에는 공통 소인수가 없으니까 당연히 $m, n$도 서로소가 된다. 결국 $a, b, c$는 서로소인 $m$과 $n$으로 나타낼 수 있다!

먼저 $a = C - A$이니까 다음 식으로 말할 수 있다.

$$a = C - A = m^2 - n^2$$

여기서 $a > 0$이므로 $m > n$이 된다. 또한 $a$가 홀수가 되려면 $m$과 $n$은 동시에 홀수이거나 짝수일 수 없다.

다음으로 $c = C + A$이니까 다음 식이 성립한다.

$$c = C + A = m^2 + n^2$$

그리고 $b = 2B$이니까…… 이건 살짝 계산이 필요하겠구나.

| | |
|---|---|
| $B^2 = AC$ | |
| $B^2 = (n^2)(m^2)$ | $A = n^2, C = m^2$에서 |
| $B^2 = (mn)^2$ | 정리 |
| $B = mn$ | $B > 0, mn > 0$이므로 제곱근을 계산할 수 있음 |

따라서 다음 식이 성립한다.

$$b = 2B = 2mn$$

결국 $a, b, c$는 서로소인 $m$과 $n$으로 나타낼 수 있다는 사실이 밝혀졌다.

$$(a, b, c)=(m^2-n^2, 2mn, m^2+n^2)$$

반대로 $m$과 $n$을 위와 같이 구성한 $(a, b, c)$는 반드시 원시 피타고라스 수가 된다. 계산해 보면 확인할 수 있다.

| | |
|---|---|
| $a^2+b^2=(m^2-n^2)^2+b^2$ | $a=m^2-n^2$에서 |
| $=(m^2-n^2)^2+(2mn)^2$ | $b=2mn$에서 |
| $=m^4-2m^2n^2+n^4+4m^2n^2$ | 전개 |
| $=m^4+2m^2n^2+n^4$ | $m^2n^2$ 항을 정리 |
| $=(m^2+n^2)^2$ | 인수분해 |
| $=c^2$ | $c=m^2+n^2$을 사용 |

$a, b, c$가 서로소가 되는 것도 간단한 계산으로 나타낼 수 있다.

홀수인지 짝수인지 알아보고 서로소라는 조건에 주의하면서 소인수분해를 한 결과 나는 **원시 피타고라스 수의 일반형**을 얻었다.

원시 피타고라스 수의 일반형

$$a^2+b^2=c^2$$

위의 관계식을 만족하고 서로소인 자연수 $(a, b, c)$는 모두 다음 형식으로 쓸 수 있다($a$와 $b$를 바꿔도 좋다).

$$\begin{cases} a=m^2-n^2 \\ b=2mn \\ c=m^2+n^2 \end{cases}$$

- $m, n$은 서로소다.
- $m>n$을 만족한다.
- $m, n$ 중 하나는 짝수고 다른 하나는 홀수다.

이렇게 해서 원시 피타고라스 수 안에 숨겨진 구조가 나타났다. 이렇게까지 명백해졌으니까 테트라의 문제도 자연스럽게 풀릴 것이다.

다른 소수끼리는 서로소니까 소수의 열을 사용하면 무수히 많은 원시 피타고라스 수를 만들어 낼 수 있다. 예를 들면 $n=2$로 놓고 $m$을 3 이상의 소수로 놓는 것이다. $m$을 3, 5, 7, 11, 13…… 이런 식으로 바꾸면 $m, n$이라는 짝으로 다른 $(a, b, c)$를 만들 수 있다. 무수히 많은 소수에서 무수히 많은 원시 피타고라스 수를 만들어 낼 수 있다는 뜻이다.

긴 여정이었지만 난 틀리지 않았다.

(풀이 2-1) 원시 피타고라스 수는 무수히 존재한다.

## 6. 테트라에게 설명하기

"난 상상도 할 수 없는 풀이에요!" 테트라가 두 손을 번쩍 들며 말했다.

"쉿!"

이튿날 수업이 끝난 후 도서실. 나는 지난밤에 알아낸 해법을 테트라에게 설명했다. $m, n$이라는 과일 두 개를 넣어서 원시 피타고라스 수라는 혼합 주스를 만들어 내는 방법을 말이다.

"죄송해요. ……선배, 그 방법은 정말 대단하지만 나는 풀어 볼 엄두가 안 나요. 그러니까…… 엄청나긴 하지만 너무 엄청나서 도움이 안 된다고나 할까? 어떻게 그런 생각이 불쑥 떠오르겠어요."

"나도 불쑥 떠오른 건 아니야. 문제에 대해 생각하는 건 숲에서 길을 찾는 것과 같아. 그럼 이번 문제의 본질에 대해 같이 생각해 보자."

"네……."

◆◆◆

'정수다'라는 조건은 정말 강력해. 원시 피타고라스 수는 수의 범위가 실수가 아닌 정수라는 큰 특징을 갖고 있거든. 엄밀히 따지면 자연수라 해야 맞겠지만 말이야. 실수라면 값이 연속적이야. 값에 막힘이 없지. 하지만 정수는 달라. 정수의 값은 이산적이야. 그래서 값이 띄엄띄엄 존재해.

'홀짝 알아보기'는 정수에 대해 생각할 때 효과적인 방식이야. 짝수인지 홀수인지 묻는 것이거든. 실수에는 짝수가 없지만 정수에는 짝수가 있지. 정수=정수라는 식이 있을 때, 양변의 홀짝은 일치해. 그리고 홀수+홀수=짝수, 짝수×정수=짝수라는 계산도 성립하지.

**'정수의 구조는 소인수가 나타낸다'**도 효과적이야. 정수를 소인수분해하면 정수의 구조가 밝혀지니까. 소인수분해 방법은 오로지 한 가지이기 때문에 정수=정수라는 식이 있을 때 좌변의 소인수분해와 우변의 소인수분해는 완전히 일치해. 그것을 사용하는 거야.

어떻게 사용하냐고? **곱의 꼴**에 적용시키는 거야. 곱을 구성하는 수를 **인수**라고 하거든. 예를 들어 아까의 경우 AC라는 곱셈을 했지? 이때 A와 C가 인수야. 하나의 소수는 두 개의 인수를 걸칠 수 없다는 건 알겠지? 소수는 더 이상 소인수분해를 할 수 없으니까. 두 인수의 곱이 있다면, 한 소인수는 둘 중 한 인수에 통째로 포함되는 거야. 한 소인수가 두 인수로 분해되는 일은 일어날 수 없어. 그래서 나는 '합과 차의 곱은 제곱의 차'를 사용해서 두 정수의 곱에 반영했어.

물론 실제로 문제를 알아볼 때는 내용을 **문자로 나타내기** 기술도 필요해. 이를테면 '짝수'는 $2k$라고 쓰고 '홀수'는 $2k-1$이라고 쓰지. 그리고 '제곱수'는 $k^2$이라고 써. 이렇게 문제 내용을 문자로 나타내는 연습이 중요해. 전에 테트라도 '영작문이 아닌 수작문이네'라고 말한 적 있었지? '홀수'를 $2k-1$이라고 쓰는 것은 수작문의 관용어쯤 해당되려나?

**서로소**도 중요해. 두 숫자가 서로소라는 것, 다시 말해 공통의 소인수가 없다는 사실에서 '소인수 덩어리가 제각각 떨어지지 않는다'라는 정보를 얻을 수 있기 때문이야.

이렇게 조금씩 길을 개척해 나가면서 하나씩 길잡이 리본을 찾아야 해. 그러다 보면 곧 숲의 출구가 보일 거야.

◆◆◆

"후……." 테트라가 한숨을 내쉬었다.

"지쳤구나?"

"아니, 괜찮아요. 그런데 '문자로 나타내기' 말인데요, 선배는 변수를 거침없이 도입하시네요. 짝수나 제곱수를 수식으로 나타낼 때도 그렇고요. 전 그게 좀 꺼려져요. 변수를 도입하면 괜히 더 어려워질 것 같아서."

"그렇구나."

"정수가 나왔을 때는 짝수를 알아보고, 소인수분해를 해서 곱의 꼴로 바꾼 다음, 최대공약수로 나눠서 서로소로 만들고……."

"그런데 그렇게 해도 안 될 때가 있어."

"네, 그건 알고 있어요. 논리적으로 생각하기 위한 실마리라는 거. 길을 잘못 들 수도 있다는 거죠?"

"그야 길을 잘못 들면 다시 돌아가면 되지. 무라키 선생님이 내주신 이 문제를 자세히 들여다보면 '정수의 진짜 모습'을 볼 수 있을 것 같아. 문제를 깊게 파고들면 수의 본질에 다가갈 수 있지 않을까?"

## 7. 감사합니다

테트라가 갑자기 낮은 목소리로 말했다.

"선배, 제가 지금 무슨 생각 하는지 아세요?"

"응? 모르겠는데."

그러고 보니 얼마 전에 유리도 비슷한 질문을 했다.

'내가 지금 무슨 생각하게?'

"그게 말이에요. 새삼스레 말하기도 좀 부끄럽지만…… 선배한테 '감사합니다' 하고 인사드리고 싶어요. '원시 피타고라스 수는 무수히 존재하는가'라는 문제는 저도 정말 열심히 생각했는데, 오늘 선배의 설명을 들으면서 배운 게 있어요. 바로 '정수'는 독특한 점이 있다는 거예요. 홀짝, 소인수분해, 곱의 꼴, 제곱수와 서로소. 정말이지 정수들이 요란스럽게 떠들어 대는 것만 같아요. 정수는 이차방정식이나 미적분보다 쉽다고 생각했는데, 아니었네요. 쉬워 보이지만 무시할 수 없죠. 정수에 대한 태도를 바꿔야겠어요. 그게 다 선배가 진득하게 풀이해 주신 덕분이에요. 선배 이야기를 들을 때면 저는 수업이나 책에서 배우는 것과 다른 '무언가'를 배워요. 잘 아는 건데도 무언가를 깨닫게 하죠."

이야기하는 테트라의 얼굴이 점점 발그레해졌다.

"전 지금까지 많은 걸 '알고 있다'고 단정 짓고 있었어요. 피타고라스의 정리, 알아! 정수, 알아! ……그런데 그건 혼자만의 생각이었던 것 같아요. 제가 정수에 대해 잘 모른다는 걸 깨닫게 됐어요. 그래도…… 선배가 있으니까 포기하지 않을 거예요. 지금은 숲속에서 헤매고 있지만 언젠가 빠져나갈 수 있을 것만 같아서……. 이건 수학 이야기지만 수학 이야기가 아니라……."

테트라는 귀까지 빨개진 채 허리를 깊이 숙여 인사를 했다.

"선배, 멋진 여행 시켜 주셔서 감사합니다."

## 8. 단위원 위의 유리수 점

이튿날 수업을 마친 후, 나와 미르카는 교실에 남았다.

"'무수한 무언가'를 발견했더니 그렇게 어렵지 않았어."

미르카는 칠판 앞에 섰다. '단위원 위에 무수한 유리수 점이 있다'라는 사실을 즐거운 방법으로 증명해 보겠다고 한다.

미르카는 분필을 들어 천천히 커다란 원을 그렸다. 나는 아름다운 원의 궤적을 눈으로 좇았다.

"먼저 문제를 다시 확인해 보자." 미르카가 말했다.

◆◆◆

먼저 문제를 다시 확인해 보자. $(x, y)$를 좌표평면의 점으로 하는 거야. 중심이 원점, 반지름이 1인 원을 나타내는 방정식은 $x^2+y^2=1$이 돼. 이 원 위에 '유리수 점이 무수히 존재한다'라는 명제는 방정식 $x^2+y^2=1$이 '무수히 많은 유리수 해를 가진다'라는 명제와 같아. 지금 원 위의 점 P$(-1, 0)$를 지나 기울기가 $t$인 직선 $l$을 그렸어.

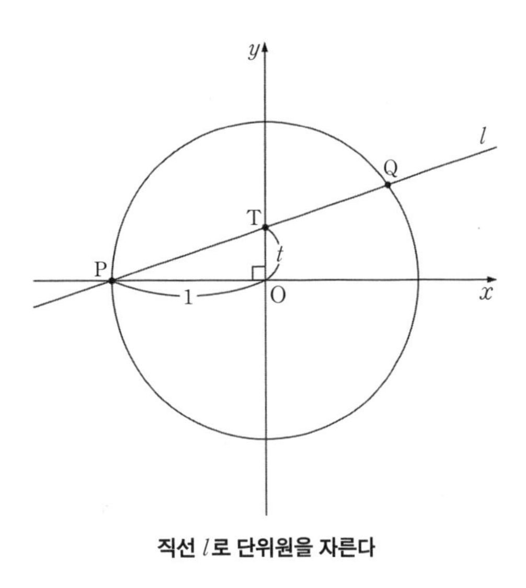


**직선 $l$로 단위원을 자른다**

직선 $l$은 기울기 $t$로 점 T$(0, t)$를 지나기 때문에 방정식은 이렇게 돼.

$$y=tx+t$$

직선 $l$이 원과 점 P에서 만나는 경우를 제외하면, 직선 $l$과 원은 점 P 이외의 또 다른 점에서도 반드시 만나게 돼. 그 교점을 Q라고 하자. 점 Q의 좌표를 $t$를 써서 나타내려면 다음 연립방정식을 풀면 돼. 연립방정식의 해는 방정식이 나타내는 도형의 교점에 대응하기 때문이지.

$$\begin{cases} x^2+y^2=1 & \text{원의 방정식} \\ y=tx+t & \text{직선의 방정식} \end{cases}$$

이 연립방정식을 푸는 거야.

| | |
|---|---|
| $x^2+y^2=1$ | 원의 방정식 |
| $x^2+(tx+t)^2=1$ | $y=tx+t$를 대입 |
| $x^2+t^2x^2+2t^2x+t^2=1$ | 전개 |
| $x^2+t^2x^2+2t^2x+t^2-1=0$ | 1을 이항 |
| $(t^2+1)x^2+2t^2x+t^2-1=0$ | $x^2$으로 묶음 |

$t^2+1\neq0$이니까 이 식은 $x$에 대한 이차방정식이야. 이차방정식의 해의 공식을 써서 풀어도 좋지만, 점 $\mathrm{P}(-1,0)$의 $x$좌표에서 $x=-1$이 하나의 해가 된다는 사실을 이미 알 수 있잖아. 그러니까 다음과 같이 $x+1$이라는 인수를 묶어 낼 수 있어.

$$(x+1)\cdot((t^2+1)x+(t^2-1))=0$$

즉 이렇게 되는 거지.

$$x+1=0 \text{ 또는 } (t^2+1)x+(t^2-1)=0$$

따라서 다음과 같이 $x$를 $t$로 나타낼 수 있어.

$$x=-1,\ x=\frac{1-t^2}{1+t^2}$$

직선의 방정식 $y=tx+t$를 사용하면 $y$도 $t$로 나타낼 수 있어.
$(x,y)=(-1,0)$은 점 Q가 아니기 때문에 $x=\dfrac{1-t^2}{1+t^2}$을 먼저 따라가 보자.

$$\begin{aligned} y&=tx+t \\ &=t\left(\frac{1-t^2}{1+t^2}\right)+t \\ &=\frac{t(1-t^2)}{1+t^2}+t \end{aligned}$$

$$
\begin{aligned}
&=\frac{t(1-t^2)}{1+t^2}+\frac{t(1+t^2)}{1+t^2}\\
&=\frac{t(1-t^2)+t(1+t^2)}{1+t^2}\\
&=\frac{2t}{1+t^2}
\end{aligned}
$$

이렇게 해서 $x=\frac{1-t^2}{1+t^2}$, $y=\frac{2t}{1+t^2}$를 얻었어. 이것이 점 Q의 좌표야.

$$\left(\frac{1-t^2}{1+t^2}, \frac{2t}{1+t^2}\right)$$

그런데 난 처음부터 원 위의 유리수 점을 '무수한 무엇인가'와 일대일로 대응할 수 없을까 생각했어. 이제 $y$축 위의 점 T에 주목해 보자. 점 Q의 좌표는 점 T의 $y$좌표($t$)를 사용하고 사칙연산만으로 이루어져 있어. 다시 말해 **점 T가 $y$축 위의 유리수 점이라면 점 Q도 유리수 점이 된다**는 말이지. 유리수를 사칙연산하여 생기는 수는 역시 유리수가 되니까. 점 T는 $y$축 위의 무수한 유리수 점을 자유롭게 움직일 수 있고, 점 T가 다르면 교점 Q도 달라져. 이러

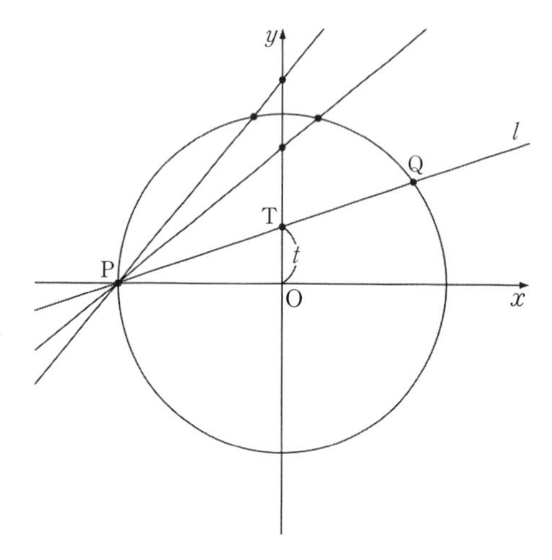


**점 T를 움직여서 점 Q를 움직인다**

한 사실로 미루어 보아 이 단위원 위에는 무수히 많은 유리수 점이 존재한다는 사실을 알 수 있어.

풀이 2-2 원점 중심의 단위원 위에 유리수 점은 무수히 존재한다.

◆◆◆

"그렇구나……." 내가 말했다.

"아직 눈치 채지 못한 거야?" 미르카가 말했다.

"뭘?"

"너 오늘 상당히 둔하다. 테트라 말이야."

"오늘은 점심 같이 안 먹었는데?"

왜 갑자기 테트라 얘기를 꺼낼까?

"내가 언제 그거 물어봤니? 너 테트라의 카드 안 봤어? $a, b, c$를 자연수라고 했을 때, 피타고라스의 정리 $a^2+b^2=c^2$을 생각한 다음 양변을 $c^2$으로 나눠 봐. 뭐가 나와?"

$$\left(\frac{a}{c}\right)^2+\left(\frac{b}{c}\right)^2=1$$

"아하! $(x, y)=\left(\frac{a}{c}, \frac{b}{c}\right)$는 $x^2+y^2=1$ 식의 해야! 피타고라스의 정리에서 단위원이 나오는구나!"

"단위원 위의 유리수 점이 나온다고 말해 줄래? 다른 원시 피타고라스 수에는 다른 유리수 점 $\left(\frac{a}{c}, \frac{b}{c}\right)$이 대응해. '원시 피타고라스 수가 무수히 있다'와 '단위원 위에 유리수 점이 무수히 있다'는 값이 같아. 카드 두 장에 담긴 문제는 본질적으로 같은 문제였던 거야."

나는 입이 떡 벌어지고 말았다.

"네가 그렇게 깜짝 놀라다니, 지금까지 몰랐던 거야?" 미르카가 말했다.

몰랐다……. 테트라의 카드에는 정수의 관계가 쓰여 있었고, 미르카의 카드에는 유리수의 관계가 쓰여 있었다. 두 카드를 다 봤는데도 같은 문제라는

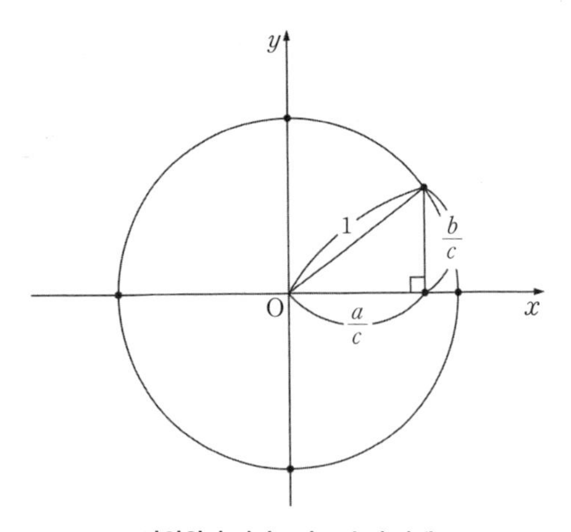


**단위원과 피타고라스 수의 관계**

사실을 알아차리지 못했다.

"멍청하긴." 내가 말했다.

"어머, 그런 걸로 기가 죽으면 어떡해. 카드 두 장을 연결해서 문제 내는 방식은 무라키 선생님이 자주 하시는 거잖아. 선생님은 두 장의 카드로 수수께끼를 암시했어. '방정식의 해 찾기'는 대수의 테마야. '사물을 도형적으로 인식하기'는 기하의 테마고. 대수와 기하. 무라키 선생님은 이 두 개의 세계를 보여주고 싶으셨나 봐."

"두 개의 세계……."

'별을 세는 사람과 별자리를 그리는 사람, 오빠는 어느 쪽이야?'

> 그곳에 다니야마―시무라의 예상이 등장해서,
> 완전히 별개인 두 세계에 다리가 연결되어 있다는
> 장대한 추측을 한 것이다.
> 그렇다, 수학자라는 사람들은 다리 건너기를 무척 좋아한다.
> _『페르마의 마지막 정리』

# 서로소

아, 진정 어디까지나, 어디까지나
나와 같이 갈 사람은 없는 것인가.
_미야자와 겐지, 『은하철도의 밤』

## 1. 유리

"안녕?"

유리가 목발을 짚으며 들어왔다.

오늘은 토요일, 여기는 내 방이다. 오전 10시가 지났다.

창문으로 밝은 햇살이 비껴들고 있다.

"발은 어때?" 내가 물었다.

"음, 그럭저럭. 수술도 금방 끝나고 마취 덕분에 아프지도 않았어. 엑스레이 사진도 봤는데 대단한 수술은 아니더라. 발꿈치뼈를 조금 깎아 냈을 뿐이야. 뼈를 깎을 때 느껴지는 진동은 끔찍했어. 아직도 몸속에서 울리는 것 같아."

유리는 목발을 세워 두고 의자에 앉았다.

"퇴원한 지 얼마 되지도 않았는데 집에서 좀 쉬지."

"괜찮아. 그것보다 오빠한테 부탁이 있어. 수학 좀 가르쳐 줘."

"갑자기 왜?"

"얼마 전에 오빠가 '완전 순환하는 스텝 수의 성질은?'이라고 물었을 때, 바로 최대공약수라고 답하지 못했잖아. 최대공약수는 학교에서 배웠기 때문에 그 정도는 안다고 생각했는데 오빠 얘기를 들으니까 잘 모르고 있었구나 하는 생각이 들더라고."

"……."

"수학을 제대로 공부하고 싶어. 뭐 이상한 거 있냐옹?"

"아니, 아니. 이상하지 않아. 오히려 대단한걸? 스스로 '모른다'고 생각했다니 말야. 내가 놀란 이유는 테트라…… 얼마 전에 같이 병문안 왔던 후배 말이야, 그 친구도 비슷한 얘기를 했거든. 자기가 잘 모르고 있었다고……."

"아……."

"지금 유리가 한 말도 이해가 돼. 배수를 예로 들면 자연수에서 2의 배수는 2, 4, 6, 8, 10……이라고 말할 수 있어. 12의 약수도 조금만 생각하면 1, 2, 3, 4, 6, 12라고 답할 수 있지. 여기까지는 간단한데, 사실 그 안에 훨씬 많은 게 담겨 있어. 배수나 약수의 '진짜 모습'을 알고 있는지 스스로 의심해 보는 건 좋은 자세야."

"흠……."

"약수, 배수, 그리고 소수……. 이들의 정의는 간단해. 하지만 거기서 생겨나는 세계는 정말 심오하고 풍부하지. 실제로 최신 수론에서는 아직도 '소수'를 연구하고 있거든."

"소수에 대해서는 이미 다 밝혀진 거 아닌가? 수학자들이 아직도 연구를 하고 있다고?"

"응. 유리가 소수에 대해 파고들기 시작해서 끝까지 나아가면 현대의 최신 수학과 만나게 될 거야. 물론 거기까지 가려면 머나먼 길을 더 가야 하지만."

## 2. 분수

내가 노트를 펼치자 유리는 평소처럼 주머니에서 안경을 꺼내 쓰고 옆으로 다가왔다. 순간 햇살 때문인지 유리의 포니테일이 금빛으로 빛났다.

"유리는 분수 계산 잘해?"

"그럭저럭."

"분수끼리 덧셈은 어떻게 했지? 이거 한번 해 봐."

$$\frac{1}{6}+\frac{1}{10}$$

"간단하지. 분모를 통일한 다음에 더하면 되잖아. 음, 6에는 5를 곱하고 10에는 3을 곱해서 둘 다 30으로 맞추는 거야. 그리고……."

| | |
|---|---|
| $\frac{1}{6}+\frac{1}{10}=\frac{1\times5}{6\times5}+\frac{1\times3}{10\times3}$ | 분자와 분모에 똑같은 수를 곱함 |
| $=\frac{5}{30}+\frac{3}{30}$ | 통분 |
| $=\frac{5+3}{30}$ | 분자와 분자를 더함 |
| $=\frac{8}{30}$ | 계산 |
| $=\frac{\overset{4}{\cancel{8}}}{\underset{15}{\cancel{30}}}$ | 약분 |
| $=\frac{4}{15}$ | 계산 |

"이렇게 하는 거 맞지? 오빠."

"맞아. **통분**한 다음에 분자끼리 더하는 거야. 마지막에는 **약분**을 하지. 통분할 때는 최소공배수를 쓰고 약분할 때는 최대공약수를 써."

"응? ……아, 그러고 보니 그런가."

"자연수에서 6의 배수와 10의 배수를 쭉 늘어놨을 때, 처음에 나오는 공통인 수, 그게 6과 10의 최소공배수인 30이잖아."

| 6의 배수 | 6 | 12 | 18 | 24 | (30) | 36 | … |
|---|---|---|---|---|---|---|---|
| 10의 배수 | 10 | 20 | (30) | 40 | 50 | 60 | … |

"약분할 때는 분자 8과 분모 30의 최대공약수인 2로 분자와 분모를 나눈 거야. 8의 약수와 30의 약수를 늘어놨을 때 공통인 수 가운데 가장 큰 수, 그

게 바로 **최대공약수**인 2야."

| 8의 약수 | 1 | ② | 4 | 8 | | | | |
|---|---|---|---|---|---|---|---|---|
| 30의 약수 | 1 | ② | 3 | 5 | 6 | 10 | 15 | 30 |

$$\frac{1}{6}+\frac{1}{10}=\frac{5}{30}+\frac{3}{30}$$ 통분: 6과 10의 최소공배수인 30을 분모로 통일

$$=\frac{8}{30}$$

$$=\frac{\overset{4}{\cancel{8}}}{\underset{15}{\cancel{30}}}$$ 약분: 8과 30의 최대공약수인 2로 분자와 분모를 나눔

$$=\frac{4}{15}$$

"그러면 여기서 퀴즈. 분수 $\frac{4}{15}$에서 분자 4와 분모 15의 관계는?"

"모르겠어."

"벌써? 너무 빨리 포기하는 거 아니야?"

"4와 15의 관계는 안 배웠어."

"아니, 유리의 전담 선생님이 얘기했을걸."

"응? 오빠 말이야? 배운 적이 있나?"

"정답은…… '서로소'야. 4와 15는 서로소 관계야. 아까 8과 30을 최대공약수 2로 나눴잖아. 그렇게 해서 생긴 수가 4와 15야. 최대공약수로 이미 나눴으니까 4와 15의 최대공약수는 1이야. 최대공약수가 1인 수의 관계를 서로소라고 한다고 얘기했잖아."

"그럼 약분은 분자와 분모를 서로소로 만드는 걸 말하는 거야?"

"맞아. 분자와 분모가 서로소가 된 분수를 **기약분수**라고 해. 이미 약분이 끝난 분수라는 뜻이지. 이렇게 두 개의 수를 **최대공약수로 나눠서 서로소로 만드는 계산**은 기본이니까 머리에 꼭 넣어 둬."

"네!"

## 3. 최대공약수와 최소공배수

"최대공약수와 최소공배수 연습을 해 보자."

나는 문제를 적었다.

**문제 3-1** 자연수 $a$, $b$의 최대공약수를 M, 최소공배수를 L로 나타낸다. 이때 $a \times b$를 M과 L을 써서 표현하라.

"모르겠어, 오빠."

"또? 포기가 너무 빠르다니까."

"이런 공식은 배운 적이 없는걸." 유리는 입을 삐죽거렸다.

"공식을 배우지 않아도 생각하면 알 수 있잖아. ……알겠어. 그럼 같이 해 보자."

"응!"

"먼저 문제를 최대한 구체적으로 생각해 봐야 해. 특히 $a$, $b$, M, L처럼 변수가 많이 나왔을 때는 구체적인 수를 넣어서 생각하는 것이 중요해."

"구체적인 수를 말하면 돼? 그럼 $a=1$과 $b=1$로 해 보자! $a \times b = 1 \times 1 = 1$이야. 그러니까 $a$, $b$의 최대공약수는 1이네. 즉 M$=1$이야. 그리고 최소공배수는? 음, L$=1$이야. ……그런데 1이 너무 많이 나와서 헷갈린다."

"유리야, 머릿속으로만 생각하면 뒤죽박죽이 될 거야. 표로 정리해 봐."

| $a$ | $b$ | $a \times b$ | M | L |
|---|---|---|---|---|
| 1 | 1 | 1 | 1 | 1 |

"귀찮은걸."

"유리야, $a=1$, $b=1$이면 둘 다 가장 작은 자연수인데다가 같은 수잖아. 이건 상당히 특수한 예지. 그러니까 $a \neq b$이고 좀 큰 수로 생각해 보자. 예를 들어 $a=18$, $b=24$로 해 보면 어떨까?"

"알았어, 해 볼게. $a=18$, $b=24$이면……."

$$a=18=2\times3\times3$$
$$b=24=2\times2\times2\times3$$

"소인수분해를 했네." 내가 말했다.

"응. 최대공약수를 구하려면 양쪽에 모두 들어 있는 수를 모아야 하니까…… 2가 한 개, 3이 한 개 있네. 그러면 최대공약수는 $2\times3=6$이야."

"맞아, 최대공약수 $\mathrm{M}=6$이야. 그럼 최소공배수는?"

"최소공배수는 최소한 둘 중 한쪽에 들어 있는 수를 모아야 하니까…… 2가 세 개, 3이 두 개 있네. 그래서 최소공배수는 $2\times2\times2\times3\times3=72$야."

"최소공배수 $\mathrm{L}=72$네. 그럼 표에 추가해 봐."

| $a$ | $b$ | $a\times b$ | M | L |
|---|---|---|---|---|
| 1 | 1 | 1 | 1 | 1 |
| 18 | 24 | 432 | 6 | 72 |

"6과 72로 432를 만들려면 어떻게 해야 해?" 내가 물었다.

"……곱하는 거 아니야? $a\times b$는 $\mathrm{M}\times\mathrm{L}$이라는 건가?"

"확인해 봐."

$$a\times b=18\times24=432$$
$$\mathrm{M}\times\mathrm{L}=6\times72=432$$

"그거 봐, 역시! 둘 다 432가 됐잖아."

"그래. $a\times b=\mathrm{M}\times\mathrm{L}$이 성립됐어. 그러면 이제 새로운 방법으로 설명해 볼게."

"응?"

"$a=18$, $b=24$의 소인수분해를 한 번 더 쓸게. 이번에는 위아래로 자리를 맞춰서."

$$\begin{aligned} a &= \phantom{2 \times 2 \times {}} 2 \times 3 \times 3 \\ b &= 2 \times 2 \times 2 \times 3 \end{aligned}$$

"마찬가지로 $\mathrm{M}=6$, $\mathrm{L}=72$도 써 볼게."

$$\begin{aligned} \mathrm{M} &= \phantom{2 \times 2 \times {}} 2 \times 3 \\ \mathrm{L} &= 2 \times 2 \times 2 \times 3 \times 3 \end{aligned}$$

"이 표를 비교해 보면 $a \times b=\mathrm{M} \times \mathrm{L}$인 이유를 알겠지?"

"전혀 모르겠는데!"

"그래? 유리가 아까 이런 말을 했지."

'최대공약수는 양쪽에 모두 들어 있는 수를 모은다.'

'최소공배수는 최소한 한쪽에 들어 있는 수를 모은다.'

"유리가 말했던 '양쪽에 모두 들어 있는 수'나 '한쪽에 들어 있는 수'에서 나온 이 '수'라는 건 뭘 가리키지?"

"2나 3이지."

"맞아. 소인수분해를 했을 때 소수 하나하나를 **소인수**라고 하는데……."

"소인수? 그게 뭐야?"

"새로운 용어가 나왔을 때는 소리 내서 말해 보는 게 좋아. 그러면 마음에 새겨지거든. 자리를 맞춰서 쓰면 $a \times b$와 $\mathrm{M} \times \mathrm{L}$은 묶는 방법만 다를 뿐 나타나는 소인수는 같다는 사실을 알게 돼."

$$\begin{array}{rcl} a & = & \phantom{2 \times 2 \times{}} 2 \times 3 \times 3 \\ b & = & 2 \times 2 \times 2 \times 3 \\ \hline a \times b & = & 2 \times 2 \times 2^2 \times 3^2 \times 3 \end{array}$$

$$\begin{array}{rcl} \mathrm{M} & = & \phantom{2 \times 2 \times{}} 2 \times 3 \\ \mathrm{L} & = & 2 \times 2 \times 2 \times 3 \times 3 \\ \hline \mathrm{M} \times \mathrm{L} & = & 2 \times 2 \times 2^2 \times 3^2 \times 3 \end{array}$$

"$a \times b = \mathrm{M} \times \mathrm{L}$이 되는 건 당연하구나. 곱셈을 하는 수들이 같은걸."

"수들?"

"아…… 곱셈을 하는 소인수가 같다고."

"맞아. 소인수분해란 자연수를 소인수의 곱으로 분해하는 것을 말해. 소인수분해는 아주 중요해. 자연수의 구조가 보이거든."

"소인수분해가 그렇게 중요하구나."

"여기까지 생각하면 $a \times b = \mathrm{M} \times \mathrm{L}$의 관계를 이해할 수 있지. $a \times b$는 '$a$의 모든 소인수'와 '$b$의 모든 소인수'를 곱한 거잖아. $\mathrm{M} \times \mathrm{L}$도 결과적으로 같아. 최대공약수인 M은 '$a$와 $b$에서 겹친 모든 소인수', 최소공배수인 L은 '$a$와 $b$에서 겹친 것을 제외한 모든 소인수'를 곱한 것이니까."

풀이 3-1 두 자연수 $a$, $b$의 최대공약수를 M으로, 최소공배수를 L로 나타낸다.
이때 다음과 같은 식이 성립한다.

$$a \times b = \mathrm{M} \times \mathrm{L}$$

"그러면 여기서 퀴즈. $a$와 $b$를 소인수분해했더니 다음과 같은 식이 나왔어. 이때 $a$와 $b$는 무슨 관계일까?"

$$\begin{array}{rcl} a & = & 2 \times 3^4 \phantom{{}\times 5^2 \times 7^2} \times 11 \\ b & = & \phantom{2 \times 3^4 \times{}} 5^2 \times 7^2 \end{array}$$

"아하, 공통인 수가 없구나."

"공통인 수가 뭐더라?"

"참, 소인수라고! $a$와 $b$의 공통 소인수가 없다는 말이야."

"그걸 나타내는 전문 용어가 있는데?"

"알았다, 알았다, 알았다, 알았다, 알았다!"

"'알았다'를 다섯 번 말했어. 5는 소수야."

"$a$와 $b$는 서로소 관계에 있는 거야!"

"네, 정답입니다."

"오빠! ……나 서로소가 이제 익숙해졌나 봐!"

"그것 참 다행이네."

## 4. 꼼꼼히 확인하는 사람

"머리를 썼더니 배가 고프다. 저거 먹고 싶어!"

유리는 사탕이 들어 있는 병을 가리켰다.

"박하 맛은 싫어. 레몬이 좋아. 고마워. 얼마 전에 오빠가 나한테 '꼼꼼히 확인하는 사람'이라고 했잖아. 근데 오빠야말로 '꼼꼼히 확인하는 사람'이야. 학교 선생님은 우리가 이해했는지 못했는지 확인하지 않거든. 물론 '여러분, 알겠죠?' 하고 묻기는 하지. 하지만 그건 누가 봐도 빨리 다음 진도를 나가고 싶어 하는 거잖아. 그럴 때 '모르겠어요' 하고 대답하는 학생은 없고 교실은 쥐 죽은 듯 조용하지. 그러면 선생님은 다음 장으로 넘어가. 왜 그렇게 서두르실까? 천천히 생각한 다음에 물어보고 싶을 때도 있는데 말이야."

"……."

"있잖아, 오빠랑 얘기할 때면 어떤 말이든 마음 편하게 주고받을 수 있어서 오빠한테 배우고 싶었던 거야. 모르겠다고 해도 혼나지 않으니까. 일단 '알겠어'라고 했다가 나중에 '모르겠어'라고 해도 괜찮고, 몇 번을 되물어도 이해할 때까지 봐 주고. 그런 점이 말이야……. 응응."

유리는 팔짱을 낀 채 혼자 고개를 끄덕이면서 한마디 덧붙였다.
"아무튼 좋아. 난 더 배우고 싶어."
"그럼, 다음 문제를 내 볼까?"
"미안, 그 전에 나 화장실 다녀와도 돼?"
그런데 유리는 일어나지 않고 나를 흘끔 쳐다본다.
"신경 쓰지 말고 다녀 와."
"아니, 한 발로 서는 게 힘들어서 말야."
아, 다리가 불편하지. 나는 유리의 손을 잡아 주었다.
"고마워. 오빠 참 친절하다. 빌려 준 김에 어깨도 좀 쓸게."
"키 차이가 있어서 어려울 텐데…… 으읏, 생각보다 무겁다!"
"실례 되는 말이야! 숙녀한테."
나는 '자칭 숙녀'를 부축해서 화장실까지 데려다줬다. 유리에게서는 왠지 따사로운 햇살의 향이 난다.
그때 미르카가 나타났다.

## 5. 미르카

어? 미르카가 왜 우리 집에 있지?
"이인삼각? 재미있어 보이네." 미르카가 태연한 얼굴로 말했다.
"아니…… 네가 여길 어떻게?" 나는 혼란스러웠다.
"오빠, 이제 손 놔도 돼." 유리가 속삭였다.
그때 미르카 뒤로 엄마가 얼굴을 내밀며 말하셨다.
"같은 반 친구 미르카가 널 찾아왔단다. 방으로 차를 가져다줄게."
미르카가 내 방에…… 기분이 묘하다.
잠시 후 엄마가 차와 쿠키를 가지고 오셨다.
"천천히 놀다 가렴."
"네." 미르카는 우아하게 고개를 끄덕였다.

"아, 무슨 일로 우리 집에?" 내가 말했다.

"네 진로 조사 인쇄물이 내 가방에 들어 있었어."

"고마워."

이것 때문에 일부러 전철까지 타고 왔단 말인가?

방으로 돌아온 유리가 팔꿈치로 쿡쿡 찔렀다.

"이쪽은 이종사촌 유리. 중학교 2학년이야."

"알아." 미르카가 말했다.

응? 유리를 어떻게 알지?

"이쪽은 우리 반 미르카. 나랑 같은 학년이야."

"같은 반이니까 당연히 같은 학년이겠지." 유리가 말했다.

아, 그건 그렇지.

미르카는 유리를 뚫어져라 쳐다봤다. 유리도 한참 동안 미르카를 보다가 고개를 떨궜다. 눈싸움에서 진 모양이다.

"너랑 유리랑 닮았다." 미르카가 말했다.

"그런가? 지금 유리한테 수학을 가르쳐 주고 있었어."

"'$a$와 $b$의 최대공약수를 M이라 하고 최소공배수를 L이라 했을 때, $a \times b$를 M과 L로 나타내라'는 문제였지?" 유리가 나를 바라보며 확인하듯 말했다.

"M 곱하기 L." 미르카가 곧바로 답했다.

침묵.

미르카는 눈을 감고 검지를 세워 빙글 돌리더니 눈을 떴다.

"그럼 난 소수 지수 표현에 대한 이야기를 해 볼게."

## 6. 소수 지수 표현

### 사례

우선 자연수를 소인수분해한 다음 소인수의 지수에 주목해 봐. 이를테면 $n = 280$을 다음과 같이 소인수분해하는 거야.

| | |
|---|---|
| $280 = 2 \cdot 2 \cdot 2 \cdot 5 \cdot 7$ | 280을 소인수분해 |
| $= 2^3 \cdot 3^0 \cdot 5^1 \cdot 7^1 \cdot 11^0 \cdots$ | 소인수의 지수에 주목 |
| $= \langle 3, 0, 1, 1, 0, \cdots \rangle$ | 지수만 모음 |

이 $\langle 3, 0, 1, 1, 0, \cdots \rangle$이라는 결과를 **소수 지수 표현**이라 하고, 각각의 3, 0, 1, 1, 0, …을 **성분**이라고 하자. 성분의 열은 무한 수열이 되는데, 마지막에는 0이 무한으로 이어지기 때문에 실질적으로는 유한 수열이야.

$3^0$이란 소인수에 3이 0개 포함되어 있어. 즉 포함되어 있지 않다는 뜻이지. $3^0$은 1과 같기 때문에 그냥 1을 곱했다고 생각하면 돼.

자연수 $n$의 소수 지수 표현을 일반적으로 쓰면 다음과 같아.

$$n = 2^{n_2} \cdot 3^{n_2} \cdot 5^{n_5} \cdot 7^{n_7} \cdot 11^{n_{11}} \cdots$$
$$= \langle n_2, n_3, n_5, n_7, n_{11}, \cdots \rangle$$

여기서 $n_p$는 자연수 $n$을 소인수분해했을 때 소수 $p$가 몇 개 나타나는지를 나타내. 예를 들면 $n = 280$일 때는 $n_2 = 3$, $n_3 = 0$, $n_5 = 1$, $n_7 = 1$, $n_{11} = 0$, …이 되지.

소인수분해의 유일성 때문에 이 소수 지수 표현은 자연수와 일대일로 대응해. 다시 말해 어떤 자연수라도 소수 지수 표현으로 나타낼 수 있고, 반대로 소수 지수 표현에는 대응하는 자연수가 존재하는 거야.

◆◆◆

"그럼 유리한테 문제를 내 볼게. 다음 소수 지수 표현은 어떤 자연수를 나타낸 걸까?"

미르카가 노트에 문제를 적었다.

$$\langle 1, 0, 0, 0, 0, \cdots \rangle$$

"2……인 것 같은데요." 유리가 말했다.

"맞아, 이건 2와 같아." 미르카가 문제 옆에 풀이를 적어 보여줬다.

$$\begin{aligned}\langle 1, 0, 0, 0, 0, \cdots\rangle &= 2^1 \cdot 3^0 \cdot 7^0 \cdot 11^0 \cdots \\ &= 2\end{aligned}$$

유리는 고개를 끄덕였다. 왠지 평소와 자세가 다르다.

"그럼 다음 문제."

미르카가 다른 문제를 적었다.

$$\langle 0, 1, 0, 0, 0, \cdots\rangle$$

"3인가?" 기어드는 목소리로 유리가 말했다.

"맞아, 잘했어."

미르카가 풀이를 적었다.

$$\begin{aligned}\langle 0, 1, 0, 0, 0, \cdots\rangle &= 2^0 \cdot 3^1 \cdot 5^0 \cdot 7^0 \cdot 11^0 \cdots \\ &= 3\end{aligned}$$

"이건 알겠어?"

미르카가 이어서 문제를 냈다.

$$\langle 1, 0, 2, 0, 0, \cdots\rangle$$

"모르겠어요." 유리가 바로 대답했다.

"그럼 안 돼." 미르카의 눈매가 날카로워졌다.

"그렇게 빨리 대답한다는 건 생각을 깊이 하지 않았다는 증거야. 좀 더 끈기 있게 생각해 봐, 유리."

단호한 미르카의 말에 유리의 표정이 굳었다.

"모르는 걸 어떻게 하라고." 유리는 웅얼거렸다.
"유리는 대답할 수 있어. 틀리는 게 두려울 뿐이야."
미르카는 유리 앞으로 얼굴을 들이밀었다.
"무서우니까 틀리느니 모르는 게 낫다고 생각하는 거지?"
유리는 대답이 없었다.
"겁쟁이."
"27이에요!"
유리는 울먹이는 목소리로 말했다.
"틀렸어." 미르카는 바로 응수했다. "마지막에는 덧셈이 아니지."
"아, 곱해야 하는구나. 그럼 50이에요." 유리가 아무렇지 않은 듯 대답했다.
"그래. 그게 맞아."

$$\begin{aligned}\langle 1, 0, 2, 0, 0, \cdots\rangle &= 2^1 \cdot 3^0 \cdot 5^2 \cdot 7^0 \cdot 11^0 \cdots \\ &= 2 \cdot 25 \\ &= 50\end{aligned}$$

"미르카 언니, 이제 나 소수 지수 표현이 뭔지 알 것 같아요."
"그래? 그럼 이건?"
미르카가 다시 적었다.

$$\langle 0, 0, 0, 0, 0, \cdots\rangle$$

"모르겠어요." 유리가 말했다.
"유리!" 미르카가 경고하듯 유리의 이름을 불렀다.
"0인가?" 유리가 말했다.
"틀렸어. 어떻게 계산했니?"
"전부 0이니까……." 유리가 말했다.
"어떻게 계산했냐니까?" 미르카가 되물었다.

"그러니까…… $2^0 \cdot 3^0 \cdot 5^0 \cdot 7^0 \cdot 11^0 \cdots$ 그래서 답은 1이에요."

$$\begin{aligned}\langle 0, 0, 0, 0, 0, \cdots \rangle &= 2^0 \cdot 3^0 \cdot 5^0 \cdot 7^0 \cdot 11^0 \cdots \\ &= 1 \cdot 1 \cdot 1 \cdot 1 \cdot 1 \cdots \\ &= 1\end{aligned}$$

"유리, 잘했어." 미르카는 미소 지었다.

### 단계 올리기

미르카는 차를 한 모금 마시고 나서 검지를 세워 메트로놈처럼 좌우로 흔들면서 박자에 맞춰 유리에게 물었다.

"소수 지수 표현 $\langle n_2, n_3, n_5, n_7, n_{11}, \cdots \rangle$에서, 어느 한 성분만 1이고, 나머지는 0과 같은 수 $n$을 뭐라고 할까?"

"……소수?" 유리가 대답했다.

"좋아, 그럼 모든 성분이 짝수인 수를 뭐라고 할까?"

"모르겠…… 아니, 생각해 볼게요."

유리는 미르카에게 샤프를 받아 메모하면서 곰곰이 생각했다.

완전히 기선을 제압하다니. 대단하다, 미르카. 확실히 유리는 '모르겠어'라고 바로 포기하는 버릇이 있다.

"틀릴지도 모르지만…… $\sqrt{\ }$를 씌웠을 때 자연수가 되는 수?"

"예를 들면 어떤 수일까?"

"4나 9나 16이나……."

"좋아, 올바르게 이해한 거야. 그걸 제곱수라고 불러."

"제곱수." 유리가 따라 말했다.

"그런데 1은 제곱수일까?"

"네."

"1을 소수 지수 표현으로 나타냈을 때도 모든 성분은 짝수?"

"$1 = \langle 0, 0, 0, 0, 0, \cdots \rangle$이니까…… 네, 확실히 짝수예요!"

### 곱셈

미르카는 물 흐르듯 '강의'를 이어 나갔다.

"그럼 이번에는 소수 지수 표현으로 곱셈을 해 보자. 두 자연수의 소수 지수 표현이 다음과 같다고 할게."

$$a = \langle a_2, a_3, a_5, a_7, \cdots \rangle$$
$$b = \langle b_2, b_3, b_5, b_7, \cdots \rangle$$

"이때 두 수의 곱셈 $a \cdot b$는 다음과 같이 나타낼 수 있어."

$$a \cdot b = \langle a_2 + b_2, a_3 + b_3, a_5 + b_5, a_7 + b_7, \cdots \rangle$$

"이건 지수 법칙의 일종인데, 상당히 흥미로워. 원래는 곱셈이 덧셈보다 더 복잡해야 하는데, 성분끼리 더하면 순식간에 계산할 수 있거든. 왜 그럴까? 평소에 자주 쓰는 위치 기수법으로 나열해 보자."

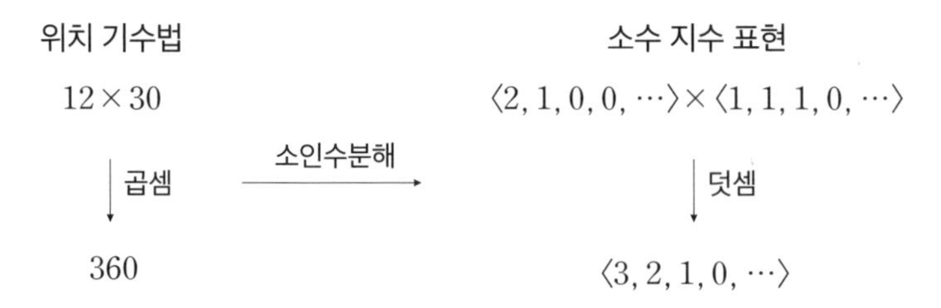


**위치 기수법과 소수 지수 표현**

"어려운 곱셈을 쉬운 덧셈으로 나타낼 수 있는 이유는 소수 지수 표현이 소인수분해라는 귀찮은 계산을 이미 끝마친 상태이기 때문이야. 소수 지수 표현은 수의 구조를 뚜렷이 드러내지."

미르카는 붕대에 감긴 유리의 발을 보며 말했다.

"소수 지수 표현은 수의 뼈대를 보여주는 엑스레이나 마찬가지야."

### 최대공약수

"이번에는 최대공약수야." 미르카가 말했다.

"두 자연수 $a$, $b$의 최대공약수도 소수 지수 표현으로 나타낼 수 있을까? 유리, 한번 생각해 볼래?"

$$a = \langle a_2, a_3, a_5, a_7, \cdots \rangle$$
$$b = \langle b_2, b_3, b_5, b_7, \cdots \rangle$$

"네, 생각할게요."

유리는 말을 마치고 생각에 잠기는가 싶더니 바로 고개를 들었다.

"미르카 언니, 꼭 수식으로 써야 돼요? 제가 아는 수식으로는 쓸 수 없어요."

"그럼 말로 설명해 봐."

"'두 수 중에 작은 쪽'이라고 쓰고 싶어요."

"작은 쪽? 아니면 크지 않은 쪽?"

"아! 크지 않은 쪽!"

"쓰고 싶은 게 있으면 새로 함수를 정의하면 돼. 예를 들면 $\min(x, y)$이라는 함수를 이렇게 정의하자."

$$\min(x, y) = (x\text{와 } y \text{ 중에서 크지 않은 수})$$

"정의한다고요?"

"필요한 함수를 규정하는 거야."

"직접 정의해도 돼요?"

"물론이지. 정의를 하지 않으면 쓰질 못하겠지? 이렇게 정의해도 돼."

$$\min(x, y) = \begin{cases} x & (x < y\text{일 때}) \\ y & (x \geqq \text{일 때}) \end{cases}$$

"최대공약수는 $\min(x, y)$으로 나타낼 수 있구나."

유리가 식을 적었다.

$$a\text{와 } b\text{의 최대공약수} \\ = \langle \min(a_2, b_2), \min(a_3, b_3), \min(a_5, b_5), \min(a_7, b_7), \cdots \rangle$$

"잘했어, 유리." 미르카가 고개를 끄덕였다.

"그렇군요. 직접 정의하면 되는군요." 유리가 말했다.

그때 미르카가 갑자기 목소리를 낮췄다.

"그럼 벡타랑 같이 무한 차원 공간으로 나가 보자."

미르카는 벡터를 항상 '벡타'라고 발음한다.

### 무한 차원 공간으로

소수 지수 표현 $\langle n_2, n_3, n_5, n_7, \cdots \rangle$을 무한 차원의 벡터로 간주할게. 무한 차원이니 좌표축은 무수히 존재해. 각 좌표축은 소수에 대응하고 $n_2, n_3, n_5, n_7, \cdots$가 각 좌표의 성분이 돼.

어떤 자연수는 그 무한 차원 공간의 한 점에 대응하지. 그리고 어떤 자연수를 소인수분해한다는 것은 그 점이 좌표축에 드리운 그림자를 발견하는 것에 대응해. 그렇다면 두 자연수가 서로소라는 것은 기하적으로 어떤 것에 대응하는 걸까?

두 수가 서로소라면 두 수의 최대공약수는 1이고, 1을 소수 지수 표현으로 나타내면 $\langle 0, 0, 0, 0, \cdots \rangle$이야. 최대공약수를 구하는 것은 소수 지수 표현의 성분마다 $\min(a_p, b_p)$을 구하는 것이기 때문에 '$a$와 $b$가 서로소'라면 '모든 소수 $p$에 대해 $\min(a_p, b_p) = 0$이다'에 대응하지.

$$a\text{와 } b\text{가 서로소} \Leftrightarrow \text{모든 소수 } p\text{에 대해 } \min(a_p, b_p) = 0$$

바꿔 말하면 모든 소수 $p$에 대해 $a_p$ 또는 $b_p$ 중 하나는 반드시 0과 같다는 뜻이야. 이것은 두 개의 벡타가 같은 좌표축에 그림자를 드리우는 일은 없다고 말할 수 있어. 한마디로 이는 두 개의 벡타가 '직교한다'는 뜻이야. 그런 이유로 $a$, $b$가 서로소라는 것을 $a \perp b$라고 쓰는 수학자도 있어. ⊥는 직교를 연상케 하거든.

$$a\text{와 } b\text{가 서로소} \Leftrightarrow a \perp b$$

서로소는 대수적인 표현이고 '직교'는 기하적인 표현이야.

기하는 우리에게 풍부한 표현을 선사하지.

◆◆◆

미르카가 말을 마치자 유리는 완전히 압도당한 듯 입을 꾹 다물고 말았다.

나 역시 마찬가지였다. 무슨 말을 할 수 있겠는가.

## 7. 미르카 님

미르카를 역까지 데려다주고 집으로 돌아오자 유리는 나를 붙잡고 말했다.

"있잖아, '외톨이 수 찾기 퀴즈'를 낸 사람이 저 선배지?"

"응. 어떻게 알았어?"

"글씨 보고 알았지! ……아, 머리를 더 길러야 할까? 난 머리카락이 갈색인데…… 길고 탐스러운 검은 머리라니, 이건 반칙이라니까. 미르카 님 정말 대단해."

미르카 님?

"어쩜 그렇게 똑! 부러지게 설명할 수 있을까? 정말 멋있어. 바래다주면서 테트라 언니에 대한 얘기도 했지? 테트라 언니도 그렇게 대단한 사람인가……."

"테트라 얘기가 나와서 말인데." 내가 말했다. "병원에서 테트라를 불렀잖아? 그때 무슨 얘기를 한 거야?"

유리는 머리카락을 만지작거리며 멍한 표정으로 대답했다.

"난 촌수로 따지면 사촌이라고 말했을 뿐이야."

전 세계의 수학자들이여, 더 이상 기다릴 수 없네.
새로운 기법을 도입하면
많은 공식을 더 명확히 적을 수가 있네.
$m$과 $n$이 서로소일 때는 $m \perp n$이라고 쓰고
$m$은 $n$에 대해 '소'라고 읽기로 하면 어떨까?

_그레이엄·커누스·파타슈닉
『구체 수학: 컴퓨터과학의 기초를 다지는 단단한 수학』

## 나의 노트

소수 지수 표현의 벡터를 실제로 그려 보자. 하지만 무한 차원은 그릴 수 없기 때문에 2차원으로 대신한다. 이른바 소수가 2개만 있는 세계다. 그 세계에서 소수 지수 표현의 성분은 2개다.

$$\langle n_2, n_3 \rangle = 2^{n_2} \cdot 3^{n_3}$$

## 나의 노트

직교하지 않는 예(서로소가 아닌 예)

$$\begin{cases} a = \langle 1,\ 2 \rangle = 2^1 \cdot 3^2 = 18 \\ b = \langle 3,\ 1 \rangle = 2^3 \cdot 3^1 = 24 \end{cases}$$

$$\begin{aligned} (a\text{와 } b\text{의 최대공약수}) &= \langle min(1, 3), min(2, 1) \rangle \\ &= \langle 1, 1 \rangle \\ &= 2^1 \cdot 3^1 \\ &= 6 \end{aligned}$$

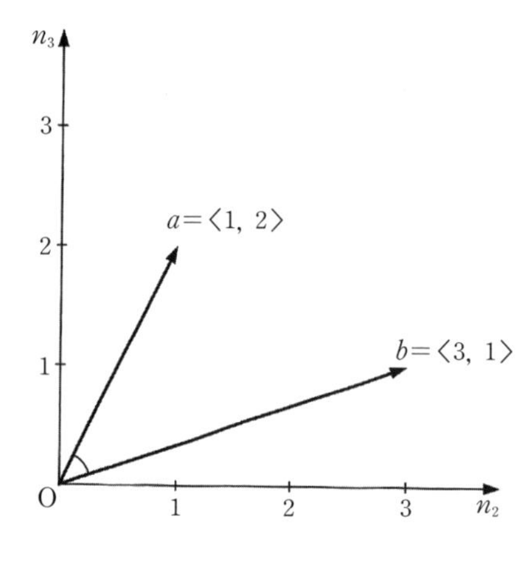

## 나의 노트

직교하는 예(서로소인 예)

$$\begin{cases} a=\langle 0,\ 2\rangle = 2^0\cdot 3^2 = 9 \\ b=\langle 3,\ 0\rangle = 2^3\cdot 3^0 = 8 \end{cases}$$

$$\begin{aligned}(a\text{와 } b\text{의 최대공약수}) &= \langle min(0, 3), min(2, 0)\rangle \\ &= \langle 0, 0\rangle \\ &= 2^0\cdot 3^0 \\ &= 1\end{aligned}$$

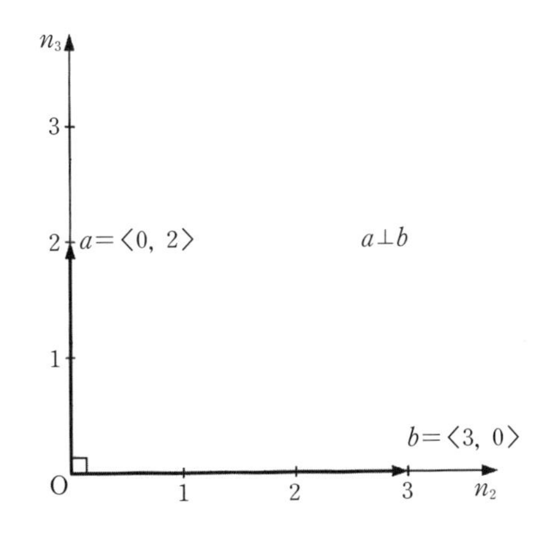

# 귀류법

그런데 아무리 보아도
그 하늘은 낮에 선생님이 말하신 것처럼
텅 빈 차가운 곳으로 여겨지지 않았습니다.
오히려 보면 볼수록 아늑한 숲과 목장이
펼쳐진 들판 같았습니다.
_미야자와 겐지, 『은하철도의 밤』

## 1. 집

### 정의

"오빠, 오빠, 오빠야!"

여기는 나의 방. 오늘은 토요일. 뒹굴거리면서 책을 읽고 있던 유리가 갑자기 발을 동동 구르며 외쳤다. 이제 유리의 발이 다 나은 모양이다.

"갑자기 왜 그래? 책 읽고 있었던 거 아니야?"

"심심해. 문제 내 줘."

"알았어. 그럼 유명한 증명 문제를 내 볼게."

**문제 4-1** $\sqrt{2}$가 유리수가 아니라는 사실을 증명하라.

"이런 문제는 모르겠…… 앗! 이거 학교에서 배운 적 있어. 선생님이 복잡하게 설명했던 것 같아. $\sqrt{2}$가 유리수라고 할 수 있다면, $\sqrt{2}$는 유리수니까…… 미안, 안 되겠어."

"괜찮아. 같이 생각해 보자."

"응! 같이 생각하는 거 좋아."

"수학 문제를 풀 때는 문제를 꼼꼼하게 읽는 게 중요해."

"그런 건 당연한 거 아니야? 읽어야 풀지."

"그런데 문제도 읽지 않고 풀려는 사람이 꽤 많아."

"그런 사람이 있다고?"

"아니, 설명이 좀 부족했네. 문제의 뜻을 제대로 이해하지 않은 채 풀려는 사람을 말하는 거야."

"문제의 뜻은…… 읽으면 알 수 있는 거 아니야?"

"문제를 읽는 '깊이'는 사람에 따라 다르거든."

"깊이 읽는다는 건 어떤 거야?"

"우선 문제를 읽을 때 **정의**를 확인할 필요가 있어."

"정의가 뭐더라?"

"지금 '정의의 정의'를 확인하는 거야?" 내가 미소 지었다. "정의란 말의 엄밀한 의미를 말해. '$\sqrt{2}$가 유리수가 아니라는 사실을 증명하라'는 문제에서는 다음 질문에 답할 줄 알아야 해."

- $\sqrt{2}$란 무엇인가?
- 유리수란 무엇인가?

"귀찮다옹. 일일이 대답해야 돼?"

유리가 고개를 절레절레 흔들자 묶은 머리가 찰랑거렸다.

"해야 돼. 정의를 모르면 문제를 못 푸니까."

"흠, $\sqrt{2}$는 알아."

"그럼 설명을 들어 볼까? $\sqrt{2}$란 뭐지?"

"간단하지. 제곱하면 2가 되잖아? 아, 양수구나. 음수인 $-\sqrt{2}$도 제곱해서 2가 되니까."

유리는 자신만만하게 설명하며 고개를 크게 끄덕였다.

"음…… 유리가 이해하고 있는 것 같긴 한데, 그런 대답은 좋지 않아. 다음 두 가지 설명을 비교해 봐."

- “제곱하면 2가 되잖아? 아, 양수구나.”
- “$\sqrt{2}$란 제곱하면 2가 되는 양수를 말해요.”

“알았어요, 선생님. ‘$\sqrt{2}$란 제곱하면 2가 되는 양수를 말해요.’ 이제 됐지?”

“응, 됐어. 그럼 다음에는 유리수의 정의야. 이건 알려나?”

“음, 유리수란 분수로 나타낼 수 있는 수를 말한다?”

“아깝다.”

“틀렸다고? 유리수는 $\frac{1}{2}$이나 $-\frac{2}{3}$ 같은 분수잖아!”

“그럼 $\frac{\sqrt{2}}{2}$도 유리수야?”

“아, 그럼 $\frac{\text{정수}}{\text{정수}}$로 나타내는 수라고 하면 되겠지?”

“거의 맞았어. 그런데 분모가 0이 되어서는 안 돼. 그러니까 유리수란 $\frac{\text{정수}}{\text{0 이외의 정수}}$로 나타내는 수라고 해야 맞겠지.”

“정수란 $-3, -2, -1, 0, 1, 2, 3, \cdots$이라는 수를 말하는 거지?”

“맞아. 정리하면 이런 거야.”

- 정수란 $-3, -2, -1, 0, 1, 2, 3, \cdots$인 수.
- 유리수란 $\frac{\text{정수}}{\text{0 이외의 정수}}$로 나타내는 수.

“후, 문제만 읽었는데 피곤하다옹.”

“익숙해질 때까지 정의를 확인하는 습관을 들이는 게 중요해.”

“문제를 설렁설렁 읽지 말고 진득진득 읽어야 한다는 거지?”

“진득진득?”

“천천히 마음을 가다듬고 읽으라는 거잖아. 진득진득 읽어야진득!”

“그런 건 마음대로 해. 어쨌든 지금 정수와 유리수의 정의를 확인했듯이 수학책을 볼 때는 ‘정의가 무엇일까?’ 하고 질문하면서 읽어야 해.”

“만약 모르는 말이 나오면 어떻게 해야 돼?”

"그 책의 **색인**을 봐."

"색인이라니, 책 앞쪽에 있는 거?"

"아니, 아니. 그건 목차야. 색인은 책 뒷부분에 있는데, 어떤 용어가 몇 페이지에 실려 있는지 알려 주는 거야. 용어 설명을 찾을 때는 색인이 도움이 되지. 교과서나 참고서 등 용어를 확인할 필요가 있는 책에는 반드시 색인이 있을 거야."

"그걸 색인이라고 하는구나. 그런데 오빠 선생님, 이제 지쳤어요. 아직 문제는 하나도 안 풀었지만 간식 먹어요."

"얘들아, 팬케이크를 구웠단다!"

부엌에서 엄마가 우리를 부르셨다.

"타이밍이 기가 막힌데? 텔레파시가 통했나?" 유리가 말했다.

"식욕의 힘이겠지." 내가 말했다.

## 명제

식탁 위에 따끈따끈한 팬케이크가 놓여 있다.

"$\sqrt{2}$가 유리수가 아니라는 사실을 증명하자." 내가 말했다.

"먹을 때는 맛있게 먹자." 엄마가 핀잔을 주셨다.

"이거 메이플 시럽이에요?" 유리가 시럽이 든 병을 쳐다보며 물었다.

"맞아, 본고장인 캐나다 산이야. 100% 천연이지."

"맛있네요." 유리는 팬케이크를 한 입 먹으며 말했다.

"유리는 정말 착하구나. 조금만 기다려. 홍차도 내줄게."

엄마는 생글생글 웃으며 프라이팬을 씻기 시작했다.

"오빠, 계속 얘기해 봐." 유리가 나에게 말했다.

"지금부터 증명할 명제를 말해 볼까?"

"명제가 뭐야?"

"그렇지, 그런 식으로 정의를 확인하는 태도는 아주 좋아. **명제**란 참인지 거짓인지 결정되는 수학적 주장을 말해. 이를테면 '$\sqrt{2}$는 유리수가 아니다'나 '소수는 무수히 존재한다'는 명제야. 더 단순하게 '1+1은 2이다'도 명제야."

"그런 걸 명제라고 하는구나."

"그럼 문제 낼게. '1+1은 3이다'는 명제일까?"

"아니야. 1+1=2잖아."

"아니, '1+1은 3이다'라는 문장도 명제야. 이건 거짓 명제. 다시 말해 틀린 명제지. 명제는 참과 거짓이 결정되는 수학적 주장이니까 참인 명제도 있고 거짓인 명제도 있어."

"맞는지 틀리는지 판단할 수 없는 주장도 있어?"

"예를 들면 '메이플 시럽은 맛있다'는 유리의 주장이지만, 명제는 아니야. 메이플 시럽이 맛있는지 없는지는 사람에 따라 다르니까. 이건 수학적으로 참과 거짓을 판단할 수 없지. 그럼 우리가 증명할 명제는 뭐였더라?"

"우리가 증명할 명제는…… '$\sqrt{2}$는 유리수가 아니다'였어."

"맞아. 증명 문제를 풀 때는 먼저 증명할 명제를 정확히 확인해야 해. 무작정 출발하면 안 돼."

"알겠어."

"확인했으면 수식으로 써서 검토해 보자."

나는 남은 팬케이크를 입 안 가득 욱여넣었다.

"아이고! 천천히 맛을 음미하면서 먹어야지!"

홍차를 따르려던 엄마가 야단을 치셨다.

### 수식

나는 식탁에 종이를 펼쳐 놓고 본격적인 대화를 시작했다.

"**수식**을 사용해서 나타낼 줄 아는 게 아주 중요해. 문제를 수식의 세계로 끌어들이는 거지. 수식이란 수학자들이 만든 편리한 도구야. 그러니까 이걸 써먹지 않을 이유는 없어."

"수식으로 '$\sqrt{2}$는 유리수가 아니다'를 어떻게 써? 전혀 모르겠는데."

"유리수란 $\frac{\text{정수}}{\text{0 이외의 정수}}$로 나타낼 수 있는 수였지? 그러니까 모든 유리수는 '$\frac{b}{a}$'라는 분수로 표현할 수 있어."

"알았어."

"아니지. '$a$, $b$는 뭐야?'라고 질문해야지. 문자가 나오면 즉각 확인해야 해. 여기서 $a$, $b$는 정수야. 단, 분모인 $a$는 0이 아니야. 따라서 '$\sqrt{2}$는 유리수가 아니다'라는 명제는 이렇게 표현할 수 있어."

$$\sqrt{2}=\frac{b}{a}\text{를 만족하는 정수 } a, b\text{는 존재하지 않는다.}$$

"이게 증명하고 싶은 명제가 되는 거야."

"흠, 알았어."

"그러면 이렇게 가정해 보자."

$$\sqrt{2}=\frac{b}{a}\text{를 만족하는 정수 } a, b\text{는 존재한다.}$$

"응? 그건 증명하고 싶은 명제와 반대되는 거잖아?"

"맞아. 하지만 '반대'는 논리 용어가 아니야. 논리 용어로 말하면 **부정**이라고 해. 지금 증명하고 싶은 명제의 부정을 가정한 거야."

"부정이라고 하는구나."

"물론 $\frac{1}{2}$과 $\frac{2}{4}$와 $\frac{3}{6}$과 $\frac{100}{200}$처럼 분자 분모에 0 이외의 같은 수를 곱한 분수는 모두 값이 같으니까 $a$, $b$의 짝은 무수히 존재할 수 있어. 여기서는 분수 $\frac{b}{a}$에서 약분이 끝난 분모를 $a$, 분자를 $b$라고 하자. 그러니까 '$\sqrt{2}=\frac{b}{a}$를 만족하는 정수 $a$, $b$는 존재한다'라는 가정에 따르면 다음 식이 성립해."

$$\sqrt{2}=\frac{b}{a}$$

"음, $a$랑 $b$는 정수지?"

"맞아. 그리고 분수 $\frac{b}{a}$는 기약분수. 이때 $a$와 $b$의 관계는?"

"서로소 아니야?"

"오, 대답이 빠른데."

"유리는 서로소 도사니까."

"그럼 좌변의 $\sqrt{2}$를 제곱해서 식을 정리해 보자."

| | |
|---|---|
| $\sqrt{2}=\frac{b}{a}$ | 가정: 증명하고 싶은 명제의 부정 |
| $2=(\frac{b}{a})^2$ | 양변을 제곱 |
| $2=\frac{b^2}{a^2}$ | 우변을 전개 |
| $2a^2=b^2$ | 양변에 $a^2$을 곱함 |

"잠깐 기다려 봐! 왜 양변을 제곱한 거야?"

"여기서 문제를 내겠다!"

"얼마든지……."

"$\sqrt{2}$의 정의는 무엇인가?"

"$\sqrt{2}$란 제곱하면 2가 되는 양수입니다."

"맞아. '제곱하면 2가 된다'는 것이 $\sqrt{2}$의 중요한 성질이야. 그래서 양변을 제곱해 본 거야. 그랬더니 다음 식을 얻게 됐어."

$$2a^2=b^2$$

"여기서 $a, b$는 뭐였지?"

"$a, b$는 서로소인 정수!"

"맞아. $a \neq 0$이라는 것도 잊지 말도록. 변수가 무엇인지 가끔 확인하는 것도 중요해."

"흠, 수학이란 왠지 확인의 학문 같네."

"정수에 주목하고 있으니까 '홀짝 알아보기'를 시험해 보자. 홀짝 알아보기, 즉 짝수인지 홀수인지를 알아보는 건 아주 편리한 도구야. 좌변의 $2a^2$은 짝수일까, 홀수일까?"

"모르겠어. 아니야, 알겠어. 짝수야."

"맞아, $2a^2$이란 $2 \times a \times a$를 말하니까. 2를 곱했으니 짝수지. 그리고 식 $2a^2$

$=b^2$의 좌변이 짝수니까 우변도 짝수겠지? 다시 말해 이렇게 나타낼 수 있어."

$2a^2$은 짝수, $b^2$은 짝수

"제곱하면 짝수가 되는 정수는 뭘까?"

"……짝수?"

"그래. 즉 $b$는 짝수라고도 할 수 있지. 그렇다는 건, $b$는 2B라고 할 수 있어."

"그렇지…… 잠깐! 여기서 B라는 게 뭐야?"

"잘했어, 잘했어. 지금 아주 자연스러웠어. B는 정수야. $b$는 짝수니까 $b=2B$를 만족하는 정수 B가 존재한다는 뜻이지."

"그럼 왜 그런 대문자를 쓰는 거야? '$b=2B$를 만족하는 정수 B가 존재한다'보다 '$b$는 짝수'라고 하는 게 더 간단하지 않아?"

"수식으로 생각하고 싶으니까. 그래서 짝수라는 말도 수식으로 나타낸 거고."

"수식이 그렇게 좋아?"

"수식은 편리한 자동차라고 생각하면 돼. 멀리 가고 싶으면 되도록 수식을 써야지 조급하게 뛰어가선 안 돼. 자, 그럼 $b=2B$로 쓸 수 있으니까 $2a^2=b^2$은 아래와 같은 식으로 변형할 수 있어."

| | |
|---|---|
| $2a^2=b^2$ | |
| $2a^2=(2B)^2$ | $b=2B$를 대입 |
| $2a^2=2B\times 2B$ | 우변을 전개 |
| $2a^2=4B^2$ | 우변을 계산 |
| $a^2=2B^2$ | 양변을 2로 나눔 |

"이렇게 해서 이런 수식을 얻었어."

$$a^2 = 2B^2$$

"여기서 $a$나 B는 뭐였지?"

"정수잖아. 대체 몇 번을 확인해야 직성이 풀리는 거야!"

"몇 번이든 해야지. 지겹도록 자문자답을 해야 돼. 참고로 $a \neq 0$이야. 자, 그럼 정수에 주목할 때는 뭘 시험하더라?"

"뭐였지……. 아, 짝수 홀수?"

"맞아. '홀짝 알아보기'야. 식 $a^2 = 2B^2$의 우변은 짝수야. 즉 좌변인 $a^2$도 짝수라는 사실을 알 수 있지. 제곱하면 짝수가 되는 정수는……."

"짝수라고! ……대체 몇 번째야."

"맞아, $a^2$이 짝수니까 $a$도 짝수야. 그럼 $a$는 이렇게 쓸 수 있어."

$$a = 2A$$

"A는 임의의 정수야."

"오빠, 이거 조금 전이랑 비슷한데?"

"그래, 그렇지? 그런데 이상하지 않아?"

"뭐가?" 유리가 고개를 갸웃거렸다.

"식을 변형하니까 $a$나 $b$에 대해 알게 된 사실이 있거든."

"그런 게 있었나? 아, $a$는 짝수라고?"

"맞아, $a$도 $b$도 짝수지."

"그래서?"

"$a$, $b$가 짝수라는 건 둘 다 2의 배수라는 말이지."

"어라? $a$랑 $b$는 서로소 아니었나?"

"맞아, 맞아."

나는 히죽 웃었다. 유리는 조건에 민감하구나.

"$a$와 $b$가 서로소라면 최대공약수가 1이어야 해. 그래서 $a$와 $b$가 2의 배수일 수는 없어."

"유리야, 그 이유가 뭐지?"

"둘 다 2의 배수라면 $b$의 최대공약수가 2 이상이 될 테니까."

"맞아, 그게 핵심이야. 그러니까 다음 두 가지 명제가 성립한다는 게 밝혀졌어."

- '$a$와 $b$는 서로소다' ← 가정한 명제
- '$a$와 $b$는 서로소가 아니다' ← 수식 변형으로 얻은 명제

"우와……."

"이렇게 '○○이다'와 '○○가 아니다'라는 말이 둘 다 성립하는 걸 **모순**이라고 해."

"모순이라는 건 뒤죽박죽이라는 뜻……?"

"아니야, 수학적인 사고에서 벗어나 갑자기 다른 식으로 생각하면 안 돼. 수학은 망가지거나 뒤죽박죽이 되는 게 아니야. 모순이란, 명제 P에 대해 'P이다'와 'P가 아니다'라는 두 가지 주장이 다 성립하는 걸 말해. 이게 모순의 정의야."

> 모순의 정의
>
> P를 명제라고 할 때,
> 모순이란 'P이다'와 'P가 아니다'가 모두 성립하는 것이다.

"처음에 이렇게 가정했지? $a$, $b$를 서로소인 정수로 놓고, $\sqrt{2}=\frac{b}{a}$가 성립한다고."

"응, 그랬어."

"우리의 가정은 참인지 거짓인지 알 수 없어. 하지만 참이나 거짓 둘 중 하나야. 그런데 가정에 대해 논리적인 추론을 했더니 모순이 나타났어. 모순이 나타났다는 건 그 과정에서 뭐가 잘못됐다는 뜻일까?"

"음…… 잘못된 것 같지는 않은데."

"맞아, 우리의 추론은 논리적으로 잘못된 곳이 없어. 그런데 내가 참인지 거짓인지 결정한 명제가 딱 하나 있어. 바로 이런 가정이었어."

$$\sqrt{2}=\frac{b}{a}\text{를 만족하는 정수 } a, b\text{는 존재한다.}$$

"이 가정을 참이라고 정해 놓았기 때문에 모순이 발생한 거야. 그러니까 '$\sqrt{2}=\frac{b}{a}$를 만족하는 정수 $a, b$는 존재한다'는 거짓인 셈이지."

"'이건 참이야!' 하고 정해 놓고서는 모순이 발생하니까 '미안, 미안. 사실 거짓이었어'라고 하는 거잖아."

"맞아. 그런데 모순이라는 사실을 확인하는 과정에서는 절대 잘못된 추론을 하면 안 돼."

"그거야 당연하지."

"자, 이제 '$\sqrt{2}=\frac{b}{a}$를 만족하는 정수 $a, b$는 존재한다'라는 가정이 거짓으로 판명 났어. 바꿔 말하면 '$\sqrt{2}=\frac{b}{a}$를 만족하는 정수 $a, b$는 존재하지 않는다'라는 거야."

"그러면 $\sqrt{2}$가 유리수가 아니라고 증명한 셈이 되는 거야?"

"맞아. $\frac{\text{정수}}{\text{0 이외의 정수}}$로 표현할 수 있으면 유리수야. $\frac{\text{정수}}{\text{0 이외의 정수}}$로 표현할 수 없으면 유리수가 아니지. 이게 바로 정의라는 거야. 정의라는 걸 밑바탕에 깔고 증명하는 방식을 이해하겠어?"

"대충. 그런데 증명이란 건 진짜 복잡하다."

"지금까지 한 증명 방법을 **귀류법**이라고 해. 귀류법이란 '증명하고 싶은 명제의 부정을 가정해서 모순을 이끌어 내는 증명법'을 말해. 아주 많이 쓰이는 방법이지."

"아! 그건 간접 증명의 정의지?"

귀류법의 정의

귀류법이란 '증명하고 싶은 명제의 부정을 가정해서 모순을 이끌어 내는 증명법'을 말한다.

풀이 4-1 $\sqrt{2}$는 유리수가 아니다

귀류법을 사용.

1. $\sqrt{2}$가 유리수가 아니라고 가정한다.
2. 이때 아래 조건을 만족하는 정수 $a$, $b$가 존재한다($a \neq 0$)
   - $a$, $b$는 서로소다.
   - $\sqrt{2} = \dfrac{b}{a}$
3. 양변을 제곱해서 분모를 없애면 $2a^2 = b^2$이 나온다.
4. $2a^2$은 짝수이므로 $b^2$도 짝수다.
5. $b^2$이 짝수이므로 $b$도 짝수다.
6. 따라서 $b = 2\mathrm{B}$를 만족하는 정수 B가 존재한다.
7. $2a^2 = b^2$에 $b = 2\mathrm{B}$를 대입하면 $a^2 = 2\mathrm{B}^2$이 성립한다.
8. $2\mathrm{B}^2$이 짝수이므로 $a^2$도 짝수다.
9. $a^2$이 짝수이므로 $a$도 짝수다.
10. $a$, $b$ 둘 다 짝수이므로 $a$, $b$는 서로소가 아니다.
11. 이것은 '$a$, $b$는 서로소다'와 모순이다.
12. 따라서 $\sqrt{2}$는 유리수가 아니다.

"그럼 오늘 나눈 얘기를 정리해 보자."

- 먼저 문제를 읽기
- 정의를 반복해서 확인하기
- '○○란 ○○를 말한다'라는 표현에 익숙해지기
- 수식으로 표현하기
- 정수가 나오면 '홀짝' 알아보기
- 변수가 나오면 '이 변수는 뭐야?'라고 묻기

"이 밖에도 귀류법을 배웠지. 어때?"

"너무 힘들어. 그래도 증명하기의 분위기는 알겠어. 정의와 수식이 중요하다는 것도. 하지만 이렇게 긴 증명은 못 외우겠다옹."

"아니야. 방금 한 증명을 통째로 외워 봤자 소용없어. 자기 스스로 직접 증명을 해 봐야지."

"나 혼자 해 보라고?"

"그렇지. 대부분 잘 안 되니까 실패하더라도 실망하지 마. 분명 막히는 곳이 있을 거야. 본인은 다 안다고 생각해도 증명을 완성하기는 꽤나 어렵거든. 그럴 때는 정리 노트를 읽고 공부하는 거야. 완성할 때까지 몇 번이고 반복해서 연습해. ……그렇게 반복해야 수학의 기초가 단단해지는 법이야. 통째로 외우는 거랑은 다르지. 수학적인 구조를 이해하고 논리의 흐름을 따라가는 힘, 수의 성질을 잘 사용해서 문제 푸는 힘을 기르는 거야."

"예썰, 열정 선생님!"

### 증명

우리는 방으로 돌아왔다.

"오빠, 사탕 먹을게."

유리는 선반 위에 있는 병을 집었다.

"레몬 맛, 레몬 맛…… 어? 없잖아. 그냥 멜론 맛 사탕 먹어야겠다. 오빠, 앞으로 레몬 맛 사탕은 먹지 마."

"그거 내 거 아닌가?"

"근데 오빠……. 증명이 그렇게 중요해?"

멜론 맛 사탕을 입에 넣으면서 유리가 물었다.

"그렇지. 수학자들의 가장 중요한 일 중 하나가 연구한 결과를 '증명'이라는 형태로 남기는 거야. 역사적으로 무수히 많은 수학자가 무수히 많은 수학의 세계를 보여 줬지. 현대 수학자들은 '증명'으로 그 역사에 자신의 업적을 더해 왔고."

"그렇구나. 증명은 수학자들의 일이구나."

"맞아. 수학자는 죽을힘을 다해 증명을 하고 있다고."

"학교에서도 증명에 대해 배웠지만 오빠 이야기처럼 인상 깊지는 않았어. 증명 문제는 계산 문제보다 귀찮다는 생각만 했는데, 증명이 그렇게 중요하다니. 하지만 '죽을힘을 다해 증명'을 한다니, 그건 좀 과장된 거 아니야?"

"증명을 못했다고 해서 죽는 건 아니니까 죽을힘을 다해 증명한다는 말은 좀 지나쳤네. 그래도…… 어떠한 것에 '시간을 쓴다'는 것은 언제나 '죽을힘'을 다하는 것 아닐까? 우리가 살아 있는 동안 할 수 있는 일은 한정되어 있잖아. 게다가 쓸 수 있는 시간도 한계가 있어. 수학자들은 그 '유한'한 목숨의 일부를 증명에 쏟아붓고 있는 거야."

"한계가…… 있다고?"

"인간의 목숨에는 한계가 있지만 수학에서는 무한을 다룰 수 있어. 이건 대단한 거야. '모든 정수 $n$은……'이라고 표현할 수 있다는 것 자체로 대단하지 않아? $n$이라는 문자 하나로 무수히 많은 정수를 나타내는 거잖아. 하나의 문자로 무한을 다룰 수 있다는 말이지. '변수' 역시 옛날 수학자가 생각해 낸 도구 중 하나야."

"하나의 문자로 무한을 다룬다……. 아, 이게 '무한의 우주를 손에 넣는다는 것'이구나! 수학자들은 무한을 좋아하나 봐?"

"그럴지도 모르지. 그런데 유리야, '모든 $n$은 ○○이다'라는 명제의 부정은 뭘까?"

"'○○이 아니다'이겠지."

"'모든 $n$은 ○○가 아니다'라는 말이야?"

"응."

"아니야. '모든 $n$은 ○○이다'의 부정은 '어떤 $n$은 ○○가 아니다' 혹은 '○○가 아닌 $n$이 존재한다'라고 해야 돼. 이 사탕 병을 예로 들어 볼까? '모든 사탕은 레몬 맛이다'라는 명제의 부정은 '어떤 사탕은 레몬 맛이 아니다' 또는 '레몬 맛이 아닌 사탕이 존재한다'라고 해야 맞아. 모든 것을 부정하려면 레몬 맛이 아닌 사탕이 하나라도 있으면 되니까. 멜론 맛이라든가."

"하나라도 무너뜨리면 '모든 것'을 무너뜨리는 게 되니까?"

"맞아, 귀류법은 명제를 부정하는 것으로 증명을 시작해. 모든 사탕에 대해 무언가가 성립한다는 걸 증명하고 싶다면, 그것이 성립하지 않는 특별한 사탕이 존재한다는 것을 가정해서 모순을 이끌어 내는 거야. 그렇게 하면 특별한 사탕에 집중해서 생각을 할 수 있지. 이것이 귀류법이 자주 쓰이는 이유야."

"그렇구나옹."

"명제의 증명은 '영원'이라는 개념과 맞닿아 있어. 영원이란 시간의 무한대를 말해. 증명된 명제는 그것을 증명한 수학자가 세상을 떠난 후에도 증명된 채로 남아. 그 증명은 엄밀해서 뒤집힐 수 없어. 수학적인 증명이야말로 시간을 넘나드는 타임머신이고, 시간이 흘러도 무너지지 않는 건축물이야. 증명은 유한한 존재인 인간이 영원을 만질 수 있는 기회라고."

"자네, 꽤나 멋있군." 유리가 놀리듯 웃으며 말했다.

"멋있다고 말해 주는 사람은 유리밖에 없네. 그래도 칭찬 받으니까 너무 좋다옹."

"뭐야, 내 말투 흉내 내지 마!"

## 2. 고등학교

### 홀짝

"……이렇게 해서 $\sqrt{2}$는 유리수가 아니라는 증명을 가르쳤어."

수업이 끝난 후, 우리는 음악실에서 한가로운 시간을 보내고 있었다. 예예는 피아노 앞에 앉아 줄곧 바흐의 곡을 치고 있었다. 지금 치는 곡은 〈2성 인벤션〉. 나는 유리와 살펴본 증명 이야기를 테트라와 미르카에게 들려주었다. 미르카는 줄곧 예예 쪽만 보고 있었지만 말이다.

예예는 나와 같은 학년이지만 반은 다르다. 피아노 동아리 '포르티시시모'의 리더를 맡고 있으며 수업 시간 외에는 대부분 음악실에서 피아노를 연주한다.

"선배는 정말 잘 가르치는 것 같아요." 테트라가 말했다. "서로소를 영어로는 뭐라고 할까요?"

"아마 렐러티블리 프라임(relatively prime)이라고 할걸?" 내가 말했다.

"'상대적으로 소수'라는 표현이군요. 두 수가 서로 소수 같은 역할을 한다는 뜻이겠네요."

테트라는 영어를 잘해서 수학 용어도 영어로 이해하면 잘 와 닿는다고 한다.

"또 다른 증명은 알아?"

줄곧 예예 쪽을 보고 있던 미르카가 우리를 향해 고개를 돌리면서 물었다. 피아노 연주를 감상하는 줄 알았더니 이야기를 듣고 있었구나.

"또 다른 증명?" 내가 되물었다.

"귀류법을 써서 $\sqrt{2}$가 유리수라고 가정하면 $\sqrt{2}=\frac{b}{a}$라는 식을 만족하는 정수 $a, b$가 존재해. 양변을 제곱해서 분모를 없애면 $2a^2=b^2$라는 식이 성립해. 여기까지는 네가 한 증명과 똑같아. 여기서 이렇게 물어볼게."

'$2a^2$을 소인수분해하면 소인수 2는 몇 개 있을까?'

"2의 개수를 어떻게 알아?" 내가 물었다.

"확실히, 개수는, 알 수 없지, 하지만, 개수는, 정수야."

미르카는 말을 짧게 끊어서 강조하듯 말했다.

"개수는…… 그야 당연히 정수지."

"정수라고 하면?"

"홀짝 알아보기……인가요?" 테트라가 물었다.

$2a^2$이 아니라 소인수 2의 개수가 홀인지 짝인지 알아본다고?

"그럼 테트라가 말한 것처럼 홀짝을 알아보자. $2a^2$은 소인수 2를 짝수 개 포함할까? 홀수 개 포함할까?"

"앗, 홀수 개인가!" 갑자기 내 목소리가 높아졌다.

그렇구나. $a^2$은 제곱수니까 소인수는 모두 짝수 개다. 물론 소인수 2도 짝수 개다. 거기에 2를 한 번 더 곱한 것이 $2a^2$이다. 그러니 소인수 2는 홀수 개…….

"맞아. $2a^2=b^2$의 좌변은 소인수 2가 홀수 개. 그럼 우변은?"

"$b^2$은 제곱수니까 소인수 2는 짝수 개……." 내가 대답했다.

"따라서?" 몰아붙이는 미르카.

"소인수 2의 개수는 양변이 달라. 모순이야." 내가 말했다.

'소인수 2는 홀수 개다' ← 좌변

'소인수 2는 홀수 개가 아니다' ← 우변

"모순을 이끌어 냈어." 미르카가 말했다. "귀류법으로 $\sqrt{2}$는 유리수가 아니야. Q.E.D(Quod Erat Demonstrandum), 증명 끝."

미르카는 검지를 세웠다.

"이것으로 하나 해결!"

그렇군……. '소인수 2의 개수가 홀수인가 짝수인가'를 가지고 모순을 이끌어 낼 수 있구나. 게다가 $a$, $b$가 서로소라는 전제도 필요 없어. 흥미롭다.

풀이 4-1a $\sqrt{2}$는 유리수가 아니라는 명제의 다른 증명

귀류법을 사용.

1. $\sqrt{2}$가 유리수라고 가정한다.
2. $\sqrt{2}=\frac{b}{a}$를 만족하는 정수 $a$, $b$가 존재한다($a \neq 0$).
3. 양변을 제곱해서 분모를 없애면 $2a^2=b^2$가 성립한다.
4. 좌변에 소인수 2는 홀수 개다.
5. 우변에 소인수 2는 홀수 개가 아니다.
6. 이것은 모순이다.
7. 따라서 $\sqrt{2}$는 유리수가 아니다.

테트라가 아리송한 표정을 지었다.

"테트라, 왜 그래?" 미르카가 물었다.

"지금 증명에서 $2a^2=b^2$이라는 등식이 나왔잖아요? 이런 등식은 좌변과 우변의 값이 똑같다는 걸 말하는 거잖아요. 그런데 지금 미르카 선배가 사용한 건 '값이 같다'라는 게 아닌 것 같은데……. 그래서 왠지 찜찜해요."

"흠, 테트라의 흥미로운 지적에 대해 넌 어떻게 생각해?" 미르카는 나에게 화살을 돌렸다.

"응? 양변에 있는 소인수 2의 개수를 비교하기는 했지만 확실히 양변의 값 자체를 비교한 건 아니야. 하지만 미르카의 증명은 맞을 거야. 등식이니까 좌변과 우변의 정수 구조가 같다고 판단할 수 있어. 정수 구조는 소인수가 나타내니까."

미르카가 내 눈앞에서 손가락을 두세 번 흔들었다.

"말이 많다. '소인수분해의 유일성 때문에 각각의 소인수마다 양변에 있는 소인수의 개수가 같다'라고 하면 돼."

"그런가……. 이 경우에도 소인수분해의 유일성이 나오는군요." 테트라가 말했다.

확실히 그렇다. 밑바탕에는 소인수분해의 유일성이 있다. 음…… 그런 게 자연스레 떠오르지 않다니, 좀 아쉽다. 생각하는 연습이 부족한 걸까?

"미르카, 또 다른 증명 재미있었어."

내가 미르카를 바라보며 말하자 미르카는 벌떡 일어나 피아노를 치고 있는 예예에게 다가가 말을 걸었다. 그러고 보니 미르카는 대결하는 상황에서는 절대로 시선을 피하지 않지만 그렇지 않은 경우에는 눈길을 피할 때가 있다. 칭찬을 받았을 때라든가……. 혹시 지금 쑥스러운 건가?

### 모순

미르카와 예예가 연탄곡을 치기 시작했다. 이번에도 바흐의 곡일까?

"귀류법은 자주 쓰이네요." 테트라가 내 옆으로 자리를 옮겨 말했다.

"저는 귀류법이 어려워요. 증명하고 싶은 명제의 부정을 가정하는 건 괜찮은데, 그걸 기억해 두는 게 힘들어요. 틀린 명제를 마음속에 담아 둬야 하니까요."

"그렇기는 하지. 틀린 명제에서 올바른 논증을 사용해 모순을 이끌어 내야 하니까. 그뿐만 아니라 모순을 제대로 이끌어 내기도 어려워."

"맞아요!" 테트라가 힘차게 고개를 끄덕였다. 달콤한 향이 풍겼다.

"바로 그거예요. 모순을 이끌어 내기가 어려워요. 왠지 '모순을 이끌어 낸다'는 게 잘못된 일을 하는 것 같아서요. 으……."

"모순을 이끌어 낸다는 것은 이런 걸 나타내는 거야."

'P이다' 그리고 'P가 아니다'

"P는 어떤 명제든 상관없어. 논리식으로 쓰면 이렇게 되지."

$$P \land \neg P$$

"교과서에서는 P의 부정을 ~P라고 쓰는데, 논리 책에서는 ¬P(Not P)라고 써. 모순을 이끌어 낸다고 해도 자신의 증명 속에서 P와 ¬P를 둘 다 이끌어 내야 하는 건 아니야. 이를테면 P로서 이미 증명이 끝난 명제, 그러니까 '정리'를 P로 놓아도 돼. 그럴 경우 자신의 증명 속에서는 ¬P만을 이끌어 내고, '정리 P와 모순이다'라고 하기만 하면 돼."

테트라는 또릿또릿한 눈으로 내 이야기에 집중하고 있다.

"아까 미르카가 알려 준 증명에서는 '소인수 2가 홀수 개 포함된다'와 '소인수 2가 홀수 개 포함되지 않는다'라는 명제를 둘 다 이끌어 냈어. 이건 P와 ¬P를 둘 다 이끌어 낸 예라고 할 수 있지."

| | |
|---|---|
| P | 소인수 2가 홀수 개 있다 |
| ¬P | 소인수 2가 홀수 개 있지 않다 |

"저…… '모순'이라는 용어를 잘못 생각하고 있었나 봐요. 지금 선배는 담담하게 'P와 ¬P를 모두 이끌어 냈다'고 했지만, 전 모순이라는 말을 들으면 큰 혼란을 느껴요. 아마 고사성어의 개념이 강해서 그런가 봐요."

테트라는 창으로 방패를 찌르는 시늉을 했다.

"응, 이해해."

테트라는 잠시 생각에 잠기더니 천천히 말을 꺼냈다.

"귀류법으로 모순을 나타낼 때 쓰는 $P \land \neg P$ 말인데요, 명제 P는 뭐든 상관없나요? 그러니까…… 귀류법으로 수론을 증명할 때 기하나 해석의 정리를 이용해서 모순을 이끌어 내도 괜찮은 거죠?"

"응, 괜찮아. 분야 같은 건 상관없어."

"어떤 정리 P에 대해서든 $\neg P$를 대입할 수 있다면 무엇이 정리인지 아는 게 중요하겠네요."

"뭐, 그렇지. 하지만 P는 유명한 정리가 아니라 간단한 명제여도 괜찮아. 증명만 되어 있다면."

"네. 모순을 이끌어 낼 때는 $P \land \neg P$를 떠올리도록 할게요. 저기, 선배?" 테트라가 갑자기 목소리를 낮췄다.

"응?"

"아, 그게요……."

그때 피아노 소리가 멈췄다. 그러자 테트라는 작은 소리로 '아차'라고 말했다.

"거기, 순진한 공주와 촌스러운 왕자! 집에 가자고!" 예예가 말했다.

"미르카 여왕님도 같이, 이제 그만 나가자."

수학에서 정리 P를 증명하기 위해 자주 사용되는 방법은
P의 부정을 가정하고 모순을 이끌어 내는 것이다.
때로는 지름길을 택한다. 모순을 직접 이끌어 내지 않고
$Q \land \neg Q$와 같이 모순과 명백히 동치임을 증명한다.
_그리스·슈나이더, 『이산수학에 대한 논리적 접근』

# 쪼개지는 소수

거기 있는 그 돌기를 망가뜨리지 말도록.
삽을 쓰게, 삽을.
이런, 좀 더 멀리서 파게.
아니야, 아니야.
왜 그렇게 거칠게 하나.
_미야자와 겐지, 『은하철도의 밤』

## 1. 교실

### 스피드 퀴즈

점심시간. 나는 매점에서 빵을 사 가지고 교실로 돌아왔다.

"선배!" 테트라가 나를 보고 인사했다.

어? 2학년 교실에 왜 테트라가 와 있지?

"이 책상 좀 빌릴게요."

테트라는 '돌아라, 오른쪽으로'라고 말하면서 책상을 빙글 돌려 미르카의 책상에 붙였다.

"내가 불렀어." 미르카가 말했다.

테트라는 도시락, 미르카는 늘 그렇듯이 초콜릿 바가 전부다. 나는 빵을 먹으면서 둘을 쳐다봤다. 서로 분위기는 상당히 다르지만 둘 다 매력이 넘친다. 테트라는 구김이 없고 활기찬 편이고, 미르카는 똑 부러지는 성격에 우아하다.

"점심은 늘 초콜릿 바인가요?" 테트라가 미르카에게 물었다.

"트러플 종류를 먹을 때도 있어." 미르카가 대답했다.

"저, 그게 아니라 밥이나 빵 같은 건……."

"글쎄, 그나저나 재미있는 문제 없어?"

"테트라에게 딱 맞는 스피드 퀴즈가 있어." 내가 말했다.

"그게 뭔데요?" 테트라가 눈을 크게 뜨며 물었다.

"잘 생각해 봐, 제곱하면 $-1$이 되는 수는 뭘까?"

**문제 5-1** 제곱하면 $-1$이 되는 수는 무엇인가?

"제곱하면 $-1$이 되는 수라니……. 아, 알겠어요. $\sqrt{-1}$이죠! 다른 이름은 허수 단위 $i$요!" 테트라는 자신만만하게 말했다.

"그렇게 대답할 줄 알았어." 내가 말했다.

미르카는 눈을 감고 고개를 천천히 가로저었다.

"틀렸……어요?"

"미르카의 대답은?" 나는 미르카에게 물었다.

"$\pm i$." 미르카는 곧바로 대답했다.

"$\pm i$라니……. 아, 제곱해서 $-1$이 되는 건 $+i$뿐만이 아니야! $-i$도 있었어……."

테트라는 불만스러운 표정을 지었다.

$$\begin{cases} (+i)^2 = -1 \\ (-i)^2 = -1 \end{cases}$$

**풀이 5-1** 제곱하면 1이 되는 수는 $\pm i$다.

"이거 함정 문제 아니에요?"

"아니야. 이렇게 정직한 문제가 어디 있다고." 나는 반박했다.

"맞아." 미르카가 말했다. "제곱해서 $-1$이 되는 수는 이차방정식 $x^2 = -1$의 해야. 이차방정식이니까 해가 두 개 있다고 생각해야지. $n$차방정식의 해가 $n$개 있는 건 대수학의 기본 정리야(단, 중근에 주의). 함정 문제라고 할 수 없지."

미르카는 초콜릿을 한 입 깨물었다.

"$+i$랑 $-i$ 두 개란 말이죠?"

테트라는 대답과 함께 도시락 반찬 햄버그스테이크에 포크를 찔러 넣었다.

우리는 말없이 식사에 집중했다. 초콜릿을 다 먹은 미르카는 테트라의 알록달록한 수저통을 집어 들고 흥미로운 듯 들여다보고 있다.

잠시 후 테트라가 말을 꺼냈다.

"$i$는 정말 신기해요. 제곱해서 $-1$이 된다니, 왠지 이해가 안 가거든요. 부자연스럽다고 할까……."

"테트라는 $-1$이 부자연스러워?" 미르카가 물었다.

"$-1$이요? 아니, 꼭 그렇다고 할 수는 없지만……."

"그럼 방정식과 수의 관계를 생각해 보자. 먼저 $x+1=0$부터."

미르카가 나에게 손을 뻗었다. 노트와 펜을 달라는 신호다.

### 일차방정식으로 수를 정의하기

먼저 $x+1=0$부터. 이 간단한 1차방정식을 풀어 보자.

$$x+1=0 \qquad x\text{에 관한 일차방정식}$$

$$x=-1 \qquad 1\text{을 우변으로 이항}$$

이걸로 $x=-1$이 해라는 사실을 알 수 있어. 간단하지.

그럼 같은 방정식을 $x \geqq 0$의 범위에서 생각해 보자.

$$x+1=0 \qquad \text{단, } x \geqq 0\text{으로 한다}$$

여기에 '0 이상의 수만 아는 사람'이 있다고 가정하자. 그 사람은 방정식 $x+1=0$을 부자연스럽게 느끼고 있어. '0은 가장 작은 수인데 1을 더해서 0이 되는 수를 찾으라는 건 말이 안 돼. 그런 수는 존재하지 않아'라고 생각하겠지? 어쩌면 '1을 더해서 0이 되는 수'의 신비로움을 노래할지도 몰라.

테트라 너 웃었니? 그런데 이건 농담이 아니야. 인류가 $-1$ 같은 음수를 자연스럽게 느끼게 된 건 18세기쯤부터야. 실제로 17세기의 파스칼은 0에서 4를 빼면 0이라고 생각했거든. 수천 년이나 되는 수의 역사를 놓고 보면 아주 최근의 일이야. 음과 양이라는 양쪽 방향으로 나가는 수직선을 처음으로 명확히 표현한 사람은 18세기 최대의 수학자이자 우리의 스승인 레온하르트 오일러 선생이야.

본론으로 돌아가서, 0 이상의 수만 아는 사람에게 이렇게 말해 볼게.

'방정식 $x+1=0$을 만족하는 수로 $m$을 정의한다.'

0 이상의 수만 아는 사람은 '그런 수 $m$은 존재하지 않아'라고 말할 거야. 그럼 나는 이렇게 대답할 수 있지.

'식 $m+1$을 0으로 만들 수 있는 형식적인 수가 $m$이다.'

이 형식적인 수 $m$이란 일반적으로 $-1$을 말해. $m$이라는 수를 $x+1=0$이라는 방정식의 해로서 '정의'한 거지. $m$을 만족하는 '공리'를 방정식의 형태로 나타냈다고 할 수 있어. 물론 음수에 익숙한 우리에게는 이런 방법이 더 번거롭지만.

여기까지는 일차방정식이었어. 일차방정식의 해로 $m$이라는 수(사실은 $-1$)를 정의한 거야. 이제부터는 이차방정식을 쓸 거야. 이차방정식의 해로 $i$라는 수를 정의하자.

### 이차방정식으로 수를 정의하기

다음 이차방정식을 생각해 보자.

$$x^2+1=0$$

실수 중에는 이 이차방정식을 만족하는 수가 없어. 왜냐하면 $x$가 실수라면 $x^2$는 반드시 0 이상이 되기 때문이지. 0 이상의 수에 1을 더해서 0으로 만들 수는 없어. 그래서 '실수만 아는 사람'은 이 방정식을 어색하게 느끼는 거야.

'제곱해서 $-1$이 되는 수의 신비'를 노래할까? 아니, 그 대신 방정식 $x^2+1=0$을 사용해서 새로운 수를 정의하기로 하자.

'방정식 $x^2+1=0$을 만족하는 수로 $i$를 정의한다.'

이것은 앞서 $x+1=0$을 만족하는 수로 $m$을 정의한 것과 매우 흡사해. 물론 방정식 $x^2+1=0$을 만족하는 수는 두 개 있으니까 정확히는 방정식 $x^2+1=0$을 만족하는 수 중 하나를 $i$라고 정의하는 셈이지.

실수만 아는 사람은 그런 수 $i$는 존재하지 않는다고 말하겠지. 하지만 그 말에 대해 이렇게 대답할게.

'식 $i^2+1$을 0으로 만들 수 있는 형식적인 수가 $i$다.'

앞서 나온 $m$과 똑같아. $i$라는 수를 $x^2+1=0$이라는 방정식의 해로 '정의'한 거지. $i$를 만족하는 '공리'를 방정식의 형태로 나타낸 거야.

하지만 방정식의 해로 수를 정의하는 사고방식은 보통 사람들에게는 익숙하지 않아. 눈에 보이지 않거든. 수의 개념을 파악하려면 도형을 이용해야 해. 음수의 경우 '수직선을 음의 방향으로 뻗는 것'이 핵심이었다면 허수의 경우에는 '두 개의 수직선'이 핵심이야.

첫 번째는 실수를 위한 수직선, 즉 **실수축**이야.

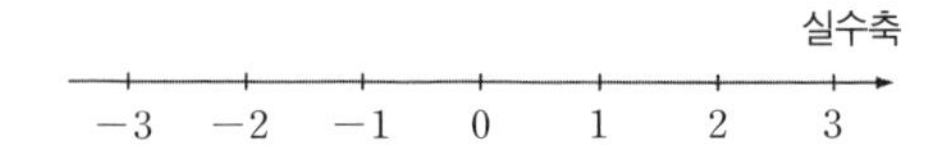


두 번째는 허수를 위한 수직선, 즉 **허수축**이야.

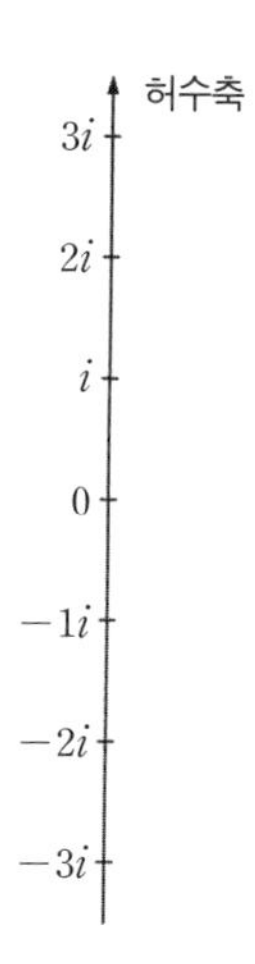


실수축과 허수축이라는 두 수직선에 의해 생겨나는 평면, 그러니까 **복소평면** 덕분에 **복소수**라는 것을 이해할 수 있게 되었어.

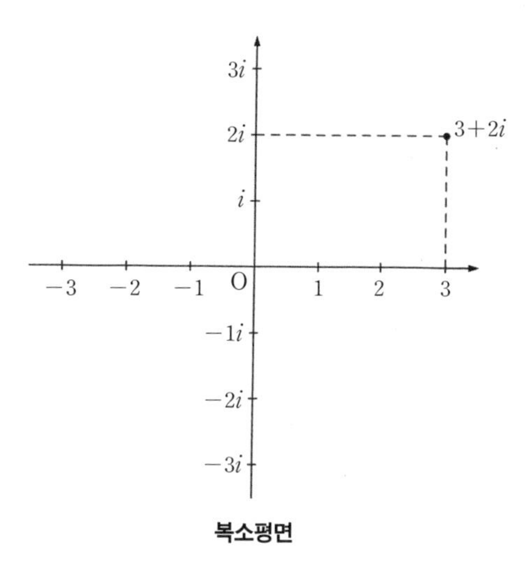


**복소평면**

복소수를 알리려면 1차원에서 2차원으로 넘어가야 했던 거야.

◆◆◆

미르카가 설명을 끝내자 테트라가 젓가락을 든 채 손을 들었다.

"미르카 선배, 질문 있어요."

그때 오후 수업을 알리는 종이 울렸다.

"이런!"

테트라는 아쉬워하며 도시락을 정리하고 손가락으로 피보나치 수열을 뜻하는 1, 1, 2, 3 인사를 하고는 교실로 돌아갔다.

"수업 끝나고 도서실에서 마저 해요!"

## 2. 복소수의 합과 곱

### 복소수의 합

수업이 끝난 뒤 도서실로 갔더니 먼저 도착한 미르카와 테트라가 이야기를 나누고 있었다.

"복소수를 평면 위의 점으로 나타낼 수 있다는 말을 잘 모르겠어요. 아니, 복소수 $3+2i$를 평면 위의 점$(3, 2)$에 대응시킨다는 건 알겠는데요. 수는 수, 점은 점이잖아요. '수'와 '점'이 어떤 관계가 있는 건가요?"

"수의 본질은 계산에 있어. 점을 사용해서 계산해 보자. 복소수의 합과 곱을 생각해 볼까?" 미르카가 말했다.

◆◆◆

복소수의 합과 곱은 복소평면 위의 도형, 그러니까 기하적으로 표현할 수 있어. **복소수의 합**을 평행사변형의 대각선으로 나타내자. $x$는 $x$ 성분끼리, $y$는 $y$ 성분끼리 더하는 것이니 자연스럽고 어렵지도 않지? 두 벡타의 합이야.

'복소수의 합' ↔ '평행사변형의 대각선'

그림으로 예를 들면 이해하기 쉬울 거야. 두 복소수 $1+2i$와 $3+i$의 합은 $4+3i$이지. 자, 평행사변형이 보이지?

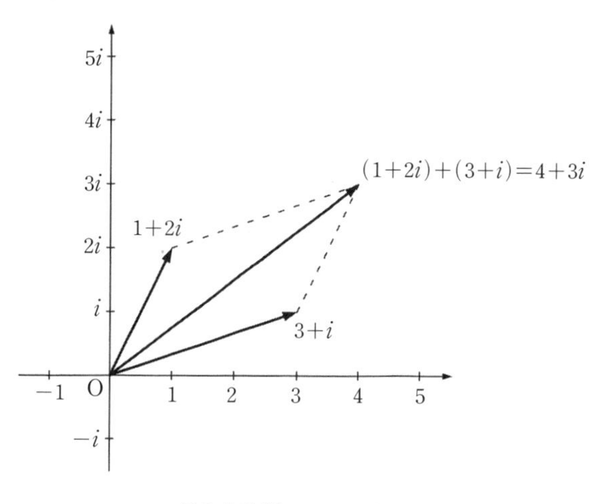


**복소수의 합**

## 복소수의 곱

이번에는 **복소수의 곱**이야.

이제부터 다음 복소수 $\alpha$(알파)와 $\beta$(베타)의 곱을 구하는 거야.

$$\begin{cases} \alpha=2+2i \\ \beta=1+3i \end{cases}$$

먼저 계산해 봐.

| | |
|---|---|
| $\alpha\beta=(2+2i)(1+3i)$ | $\alpha=2+2i,\ \beta=1+3i$에서 |
| $=2+6i+2i+6i^2$ | 전개 |
| $=2+6i+2i-6$ | $i^2=-1$을 사용 |
| $=-4+8i$ | 실수부, 허수부를 따로 계산 |

그리고 세 개의 수 $\alpha, \beta, \alpha\beta$를 복소평면 위의 벡타로 그려 보자.

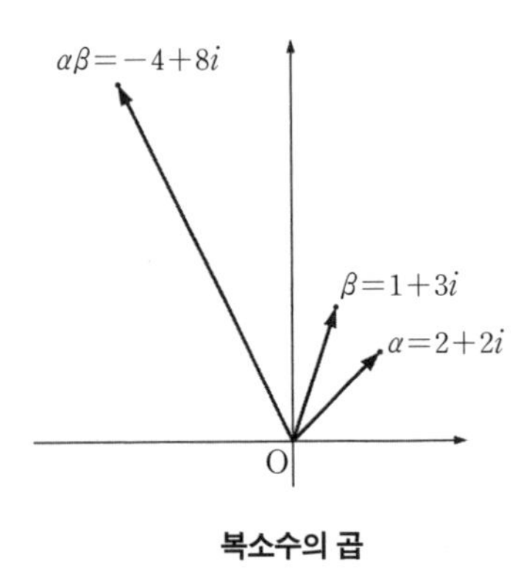


**복소수의 곱**

이 그림만으로는 세 수의 기하적인 관계를 찾을 수 없어.

하지만 점(1, 0)을 더해서 보조선을 살짝 그어 삼각형을 만들면, 닮은꼴인 삼각형 두 개가 별자리처럼 떠오르겠지. 이 그림에서 오른쪽 아래 작은 삼각형의 세 변의 비율을 그대로 유지한 채 확대하고 회전하면 왼쪽의 커다란 삼각형이 돼. 세 변의 비가 같다는 건 좌표 계산으로 확인할 수 있어.

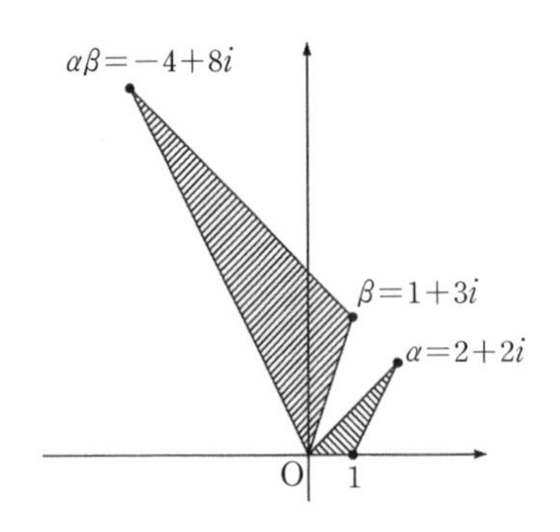


**복소수의 합(닮은꼴 그리기)**

'복소수의 곱'은 '닮은꼴 삼각형'을 써서 나타낼 수 있어. 하지만 그건 무엇을 뜻할까? 자세히 알아보기 위해 복소수를 **극형식**으로 표현할게. 복소수를 $xy$ 좌표로 나타내는 것이 아니라 원점에서 떨어진 거리(절댓값)와 $x$축이 이루는 각도(편각)의 조합으로 나타내는 거야.

복소수의 **절댓값**이란 원점 O에서 떨어진 거리를 말해.

복소수의 **편각**이란 양의 방향의 $x$축과 이루는 각을 말해.

이를테면 $2+2i$라는 복소수를 그림으로 나타내면 이렇게 돼.

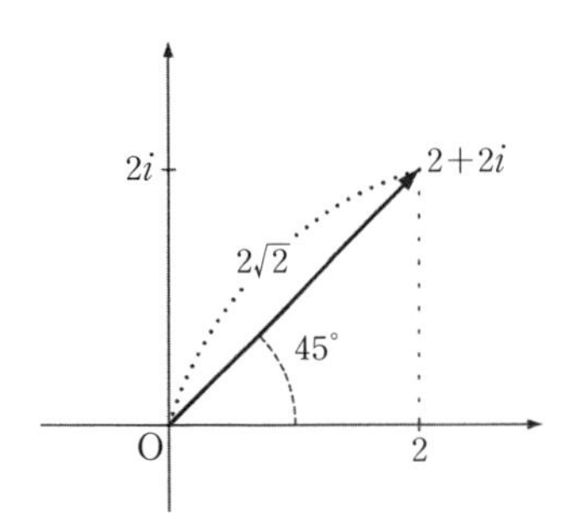


**복소수 $2+2i$의 절댓값 $2\sqrt{2}$와 편각 $45°$**

이걸로 복소수 $2+2i$의 절댓값이 $2\sqrt{2}$이고, 편각이 $45°$라는 사실을 알 수 있을 거야. 원점 O와의 거리가 $2\sqrt{2}$인 것은 피타고라스의 정리로 계산할 수 있어. 직각이등변삼각형이 보이지?

$2+2i$의 절댓값은 $|2+2i|$라고 쓰고, $2+2i$의 편각은 $\arg(2+2i)$라고 써.

$$\begin{cases} x\text{좌표 } 2 \\ y\text{좌표 } 2 \end{cases} \leftrightarrow \text{복소수 } 2+2i \leftrightarrow \begin{cases} \text{절댓값 } |2+2i|=2\sqrt{2} \\ \text{편각 } \arg(2+2i)=45° \end{cases}$$

$\alpha\beta$의 절댓값은 어떻게 될까?

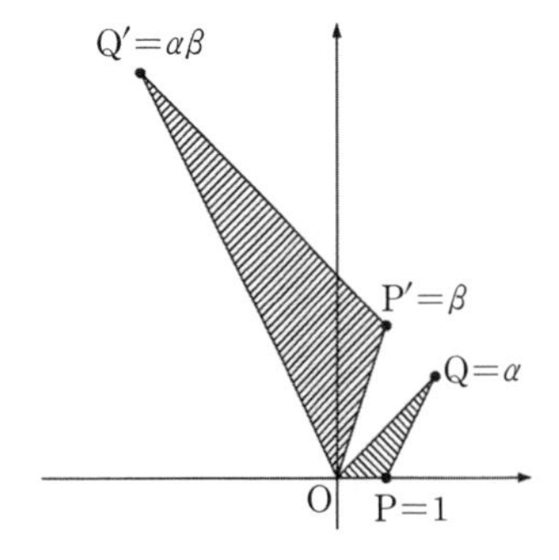

$\triangle$OPQ는 $\triangle$OP′Q′과 닮은꼴이므로 변과 변의 비율이 같아. 이런 식이 나오지.

$$\frac{\overline{OQ'}}{\overline{OP'}} = \frac{\overline{OQ}}{\overline{OP}}$$

분모를 없애면 이렇게 돼.

$$\overline{OQ'} \times \overline{OP} = \overline{OQ} \times \overline{OP'}$$

여기서 $Q' = \alpha\beta$, $P = 1$, $Q = \alpha$, $P' = \beta$이기 때문에 $\overline{OQ'} = |\alpha\beta|$, $\overline{OP} = 1$, $\overline{OQ} = |\alpha|$, $\overline{OP'} = |\beta|$라고 할 수 있어. 따라서 다음과 같은 식이 나와.

$$|\alpha\beta| = |\alpha| \times |\beta|$$

즉 '복소수의 곱'의 절댓값은 '복소수의 절댓값'의 곱과 같아.

이번에는 $\alpha\beta$의 편각을 알아볼게.

$$\angle POQ' = \angle P'OQ' + \angle POP'$$

하지만 $\triangle$OPQ는 $\triangle$OP′Q′과 닮은꼴이니까 이렇게 돼.

$$\angle POQ = \angle P'OQ'$$

따라서 이런 식이 나와.

$$\begin{aligned} \angle POQ' &= \angle P'OQ' + \angle POP' \\ &= \angle POQ + \angle POP' \end{aligned}$$

여기서 $\angle POQ' = \arg(\alpha\beta)$, $\angle POQ = \arg(\alpha)$, $\angle POP' = \arg(\beta)$이기 때문에 다음 식을 얻을 수 있어.

$$\arg(\alpha\beta) = \arg(\alpha) + \arg(\beta)$$

즉, '복소수의 곱'의 편각은 '복소수의 편각'의 합과 같아.

이 내용들을 정리해서 극형식을 쓰면 이렇게 돼.

'복소수의 곱' ↔ '절댓값의 곱'과 '편각의 합'

$$\begin{cases} |\alpha\beta| = |\alpha| \times |\beta| \\ \arg(\alpha\beta) = \arg(\alpha) + \arg(\beta) \end{cases}$$

절댓값이 곱이 되는 건 자연스러운 일인데, 편각이 합이 되는 건 꽤나 흥미롭지. 편각은 지수법칙과 비슷해.

이제 복소수의 곱을 기하적으로 이해했으면 복소수를 제곱한 식도 기하적으로 이해할 수 있어. 낮에 했던 스피드 퀴즈 '제곱해서 $-1$이 되는 수'를 복소평면에서 다시 검토해 보자.

### 복소평면 위의 $\pm i$

'제곱해서 $-1$이 되는 수'를 복소평면에서 다시 검토해 보자.

방정식 $x^2 = -1$을 대수의 시각으로 보면 이런 질문이야.

'제곱하면 $-1$이 되는 수는 무엇인가?'

그와 달리 기하의 시각으로 보면 이런 질문이야.

'두 번 시행하면 $-1$이 되는 확대와 회전은 무엇인가?'

애초에 $-1$이란 대체 뭘까? 복소평면 위에서 $-1$은 '절댓값이 1이고 편각이 180°'인 점이야. 복소수의 곱은 '절댓값의 곱과 편각의 합'으로 계산할 수 있으니까 제곱하면 $-1$이 되는 복소수 $x$는 '절댓값을 제곱하면 1이고 편각을 2배 하면 180°'가 되지.

제곱해서 1이 되는 양수는 $\sqrt{1}=1$이야. 2배 해서 180°가 되는 수는 90°이고. 다시 말해 절댓값이 1이고 편각이 90°인 복소수는 제곱하면 $-1$이 돼. 확실히 이건 복소수 $i$와 일치하네.

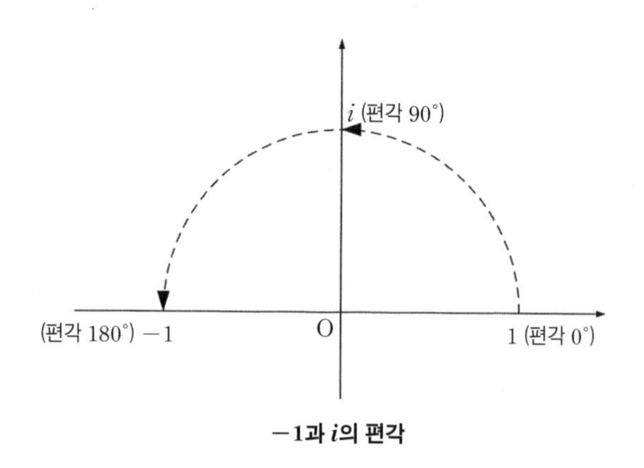


**$-1$과 $i$의 편각**

하지만 $x^2=-1$의 해는 $\pm i$로 2개가 있어야 돼. 또 다른 해인 $x=-i$는 어디 갔을까? 2배 하면 편각이 180°가 되는 각도는 사실 +90°와 −90°로 두 종류가 있어. 이 2개가 마침 $+i$와 $-i$에 대응해. −90°의 2배는 −180°인데, 180°와 −180°는 실질적으로 각도가 같아.

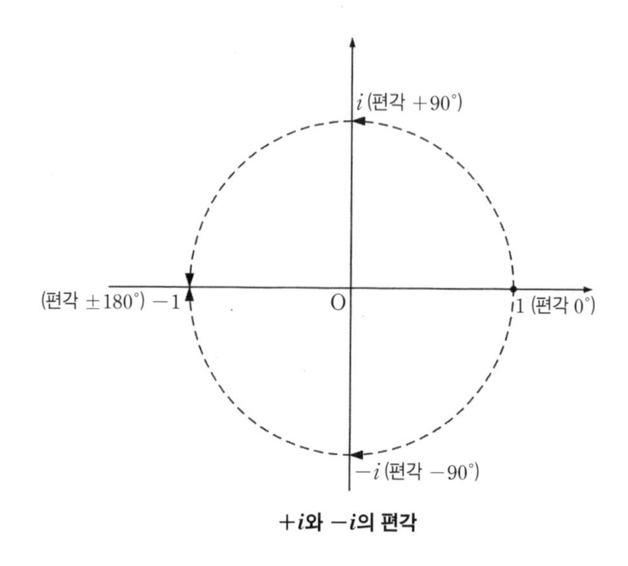


**$+i$와 $-i$의 편각**

이처럼 $\pm i$를 '절댓값이 1이고 편각이 $\pm 90°$인 복소수'로 볼 수 있다면, '$\pm i$를 제곱하면 $-1$이 된다'라는 성질은 이제 어색하지 않을 거야. 다시 말해 우향우나 좌향좌를 두 번 하는 건 '뒤로 돌아'와 같다는 것이니까.

수의 성질을 기하적으로 나타내면 훨씬 명확해지지. 복소수라는 '수'를 복소평면 위의 '점'으로 이해하는 건 확실히 훌륭한 아이디어야.

◆◆◆

미르카의 물 흐르듯 자연스러운 강의에 압도되어 나도 테트라도 한동안 입을 열지 못했다.

"미르카, 실수는 복소수에 포함되니까 같은 법칙이 실수의 곱에도 적용되는 거야?"

나의 질문에 미르카는 말없이 고개를 끄덕였다. 나는 이어서 말했다.

"예를 들어 '(음수)×(음수)는 왜 양수가 되는가'라는 문제가 있다고 해 봐. 이건 복소평면 위에서 회전하는 걸 생각하면 자연스러운 것 같아. 예를 들어 '$(-1)\times(-1)=1$'라는 수식을 놓고 볼 때 $-1$을 두 번 곱하는 건 $-1$의 편각 $180°$를 2배 하는 것과 같아. 결국 $360°$ 회전이 되니까 아예 회전하지 않은 것과 마찬가지야. 회전을 아예 하지 않았다는 건 편각이 $0°$라는 뜻이니까 1이라는 수에 대응하지."

"테트라, 이 말이 무슨 말인지 알겠어?" 미르카가 말했다.

"네……. 이해했어요." 테트라가 대답했다.

"그럼 됐어. 지금 말한 것처럼 (음수)×(음수)=(양수)는 자연스러운 거야. 그건 '뒤로 돌아'를 실시하면 원래 방향으로 돌아오는 것과 같은 이치니까."

그러고 보니 전에 '$\omega$의 왈츠'를 미르카에게 물었을 때 느꼈던 기분이랑 비슷하다. 실수만 가지고 음수의 곱을 설명하려고 하면 직관적으로 이해가 되지 않는다. 하지만 복소평면에서 회전하는 이미지를 그리면 음수의 곱이 쉽게 와 닿는다. 더 넓은 복소수의 세계로 들어가면 그 안에 담겨 있는 실수의 세계도 훤히 이해할 수 있다. 높은 차원에서 내려다보면 수의 구조를 찾기가 쉬워지는 법이다.

"미르카 선배, 조금 알 것 같아요. 복소평면을 사용해서 수와 점을 대응시킨다, 수의 계산은 점의 이동에 대응시킨다, 그렇게 하면 양쪽을 더 깊게 이해할 수 있다는 거죠?"

"맞아, 테트라. 수와 점을 대응시키고 대수와 기하를 대응시키는 거야."

대수 ↔ 기하

복소수 전체의 집합 ↔ 복소평면

복소수 $a+bi$ ↔ 복소평면 위의 점 $(a, b)$

복소수의 집합 ↔ 복소평면 위의 도형

복소수의 합 ↔ 평행사변형의 대각선

복소수의 곱 ↔ 절댓값의 곱, 편각의 합(확대·회전)

"복소평면은 대수와 기하가 만나는 무대."

미르카는 검지를 입술에 살포시 대면서 이렇게 말했다.

"……복소평면이라는 무대에서 대수와 기하가 입맞춤을 하는 거야."

그러자 테트라가 얼굴을 붉히며 고개를 숙였다.

## 3. 5개의 격자점

### 카드

이튿날 나는 수업을 마친 후 도서실에서 수식을 풀었다. 미르카는 먼저 집에 가고 테트라는 나타나지 않았다. 나름대로 수식을 공부한 성과는 있었지만 왠지 모르게 따분했다.

집으로 돌아가는 길, 구불구불 이어지는 주택가를 따라 걷고 있는데 뒤에서 "선배!" 하고 부르는 소리가 들렸다. 돌아보니 테트라가 달려오고 있었다.

"선배. 헉, 헉, 간신히 따라잡았네."

"집에 간 줄 알았는데?"

"하…… 도, 서, 도서실에…… 좀 늦게 갔거든요."

테트라는 호흡을 진정시키려고 크게 숨을 내쉬었다.

"후! 오늘 아침에 교무실에 갔었어요."

"그런데?"

"무라키 선생님께 복소평면 얘기를 했더니 새로운 문제를 내주셨어요."

테트라는 카드를 꺼냈다.

**문제 5-2** 5개의 격자점

$a$, $b$는 정수다. 복소평면 위에서 복소수 $a+bi$에 대응하는 점을 격자점이라고 한다. 현재 5개의 격자점이 주어져 있다고 하자. 5개의 격자점이 어디에 있든 그중의 두 점 P, Q를 적절히 고르면, 선분 PQ의 중점 M 또한 격자점이 된다. 이 사실을 증명하라. 단, 중점 M은 주어진 5개의 격자점과는 달라도 좋다.

"선배, 이거 풀 수 있어요?"

테트라의 말투가 왠지 의미심장하다.

"응? ……주어진 조건이 '격자점'밖에 없어서 어려워 보이네."

나는 걸음을 옮기며 카드를 다시 읽었다. 테트라는 내 얼굴을 올려다보면서 주변을 맴돌고 있다. 자그마한 동물 같은 테트라.

선분 PQ의 중점 M이란 선분 PQ를 이등분한 점을 말한다. 중점이라는 건 도형적인, 그러니까 기하적인 표현이다. 좌표를 써서 생각할 때는 중점이라는 기하적인 표현을 수식으로 나타낼 필요가 있겠다. 두 점의 좌표를 $(x, y)$와 $(x', y')$로 나타내면 중점의 좌표는 이렇게 쓸 수 있다.

$$\left(\frac{x+x'}{2}, \frac{y+y'}{2}\right)$$

"하루 정도 생각해 보면 풀 수 있을 것 같아. 그런데 하루 만에 풀지 못하면 분명 일주일이 걸려도 못 풀 거야." 내가 대답했다.

"훗, 그건 어렵다는 말이죠?"

"테트라, 뭐가 있는 거야?"

"문제를 풀었거든요!"

"누가?"

"저, 테트라가." 오른손을 번쩍 들었다.

"뭘?"

"이 문제를…… 선배. 그만 놀리세요. 무라키 선생님한테 문제 받고 계속 생각했어요. 왠지 풀 수 있을 것 같아서 수업 중에도 계속 생각했어요. 그랬더니 풀렸어요! 고작 몇 시간 만에 말이에요."

"수업 시간에 풀었다고?"

"선배, 알고 싶죠? 제 해답."

가슴 앞에 두 손을 모으고 나를 올려다보는 테트라.

"응, 들어 보자."

애교라는 무기를 들이미니 어쩔 수가 없다.

"그럼 빈즈로 가요!"

## 빈즈

우리는 전철역 앞에 있는 카페 빈즈로 갔다. 테트라는 차를 주문한 뒤 노트를 펼쳤다. 수학을 풀 때 우리는 항상 나란히 앉는다. 그래야 노트를 보기도 편하고, 게다가…… 음, 노트를 보기 편하니까.

"먼저 이론대로 실제 사례를 통해 확인했어요. 선배가 '예시는 이해를 돕는 시금석'이라고 했잖아요. 예를 들어 적당히 격자점을 5개 준비할게요."

$$A(4,1), B(7,3), C(4,6), D(2,5), E(1,2)$$

"중점을 계산하면 확실히 격자점이 나타나죠. 이 예시에서는 점 A, D를 점 P, Q라고 생각하는 거예요. 그러면 선분 PQ의 중점은 격자점 M(3, 3)이에요."

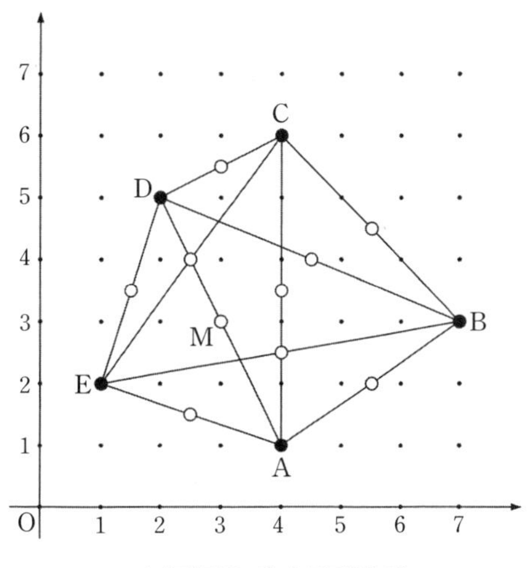


**격자점(검은 점)과 중점(흰 점)**

선분 AB의 중점 $=\left(\frac{4+7}{2}, \frac{1+3}{2}\right)=(5.5, 2)$

선분 AC의 중점 $=\left(\frac{4+4}{2}, \frac{1+6}{2}\right)=(4, 3.5)$

선분 AD의 중점 $=\left(\frac{4+2}{2}, \frac{1+5}{2}\right)=(3, 3)$ (격자점)

선분 AE의 중점 $=\left(\frac{4+1}{2}, \frac{1+2}{2}\right)=(2.5, 1.5)$

선분 BC의 중점 $=\left(\frac{7+4}{2}, \frac{3+6}{2}\right)=(5.5, 4.5)$

선분 BD의 중점 $=\left(\frac{7+2}{2}, \frac{3+5}{2}\right)=(4.5, 4)$

선분 BE의 중점 $=\left(\frac{7+1}{2}, \frac{3+2}{2}\right)=(4, 2.5)$

선분 CD의 중점 $=\left(\frac{4+2}{2}, \frac{6+5}{2}\right)=(3, 5.5)$

선분 CE의 중점 $=\left(\frac{4+1}{2}, \frac{6+2}{2}\right)=(2.5, 4)$

선분 DE의 중점 $=\left(\frac{2+1}{2}, \frac{5+2}{2}\right)=(1.5, 3.5)$

테트라가 주먹을 쥐더니 선언하듯 말했다.

"그러면 여기서 '비밀 도구'를 꺼내겠습니다!"

"어떤 비밀 도구일까, 테트라에몽……."

"홀짝 알아보기예요."

오늘 테트라의 눈빛이 예사롭지 않다.

◆◆◆

격자점에 대응하는 복소수를 $x+yi$로 놓고, $x, y$의 홀짝을 알아보는 거예요. 그러면 다음 네 가지 유형 중 하나가 되거든요.

| | $x$ | $y$ |
|---|---|---|
| 유형 1 | 짝수 | 짝수 |
| 유형 2 | 짝수 | 홀수 |
| 유형 3 | 홀수 | 짝수 |
| 유형 4 | 홀수 | 홀수 |

주어진 격자점은 5개 있어요. 5개의 격자점을 4가지 유형으로 분류해야 하니까 적어도 점 2개는 $x, y$의 홀짝이 같아요.

이렇게 홀짝 유형이 같은 두 점을 P, Q라고 할게요. 이를테면 P(짝수, 홀수), Q(짝수, 홀수)처럼 되지요. P, Q의 $x, y$ 좌표는 모두 홀짝이 일치하니까 P, Q의 중점 M의 좌표는 $x$도 $y$도 이런 형태가 돼요.

$$\frac{\text{짝수}+\text{짝수}}{2} \text{ 또는 } \frac{\text{홀수}+\text{홀수}}{2}$$

짝수와 짝수, 홀수와 홀수의 합은 둘 다 짝수가 나오죠.

$$\text{짝수}+\text{짝수}=\text{짝수}$$
$$\text{홀수}+\text{홀수}=\text{짝수}$$

따라서 P, Q의 중점 M의 좌표는 짝수를 2로 나누게 되어 $x, y$ 모두 정수가 돼요. 즉, M은 격자점이라는 뜻이에요.

이렇게 해서 5개의 격자점이 어디에 주어지더라도 중점이 격자점이 되는 두 점을 골라낼 수 있다는 사실이 증명되었습니다.

자, 이것으로 하나 해결! 저 멋있죠?

풀이 5-2 5개의 격자점

5개의 격자점이 어디에 있든지 좌표의 홀짝 유형이 일치하는 두 점이 존재한다. 그 두 점을 P, Q라고 하면 된다.

◆◆◆

미르카의 명대사를 쓰다니. 테트라, 좀 하는데? 그렇다 해도…….

"이건 그야말로 **비둘기집 원리**야."

"비둘기집 원리…… 그게 뭐예요?"

테트라는 두리번거리며 목을 어색하게 움직였다. ……혹시 비둘기 흉내?

"비둘기집 원리란 이런 거야."

- $n$개의 비둘기집에 $n+1$마리의 비둘기가 들어 있으면 적어도 한 집에는 두 마리 이상의 비둘기가 있다.

"그건 당연한 거 아닌가요?"

"당연하지만 편리한 원리지."

"이번 문제도 비둘기집 원리라는 말이죠?"

"'홀짝 유형이 비둘기집이고 격자점이 비둘기인 셈이야. '4개의 유형에 격자점 5개를 분류하면, 적어도 격자점 2개는 같은 유형이 된다'라는 건 '비둘기집 4개에 비둘기를 5마리 넣으면, 적어도 2마리는 한 집에 들어간다'라는 말과 같아."

"선배……. 확실히, 확실히, 확실히 맞는 말이네요!"

"'확실히'를 세 번 말했지. 그건 소수."

"비둘기집 원리…… 정말 그렇네요. 구구구!"

> 비둘기집 원리
>
> $n$개의 비둘기집에 $n+1$마리의 비둘기가 들어 있으면 적어도 한 집에는 2마리 이상의 비둘기가 있다. 단, $n$은 자연수다.

"생각해 보면 당연한 원리인데 이름이 붙어 있다는 게 놀랍네요. 메모해야지, 비둘기집…… 원리."

테트라는 문제 풀이가 담긴 노트에 적기 시작했다.

"응? 테트라, 노트 좀 보여 줘."

"이거요? 이런저런 시도를 해 본 거예요. 창피한데."

다섯 페이지 정도에 걸쳐 많은 격자점과 그것들을 이은 별 모양 도형이 그려져 있었다. 다양한 경우를 시험해 보면서 격자점 문제를 탐구한 흔적이다.

"테트라, 정말 많은 경우를 시험해 봤구나."

"네. 선배가 늘 강조한 '예시는 이해를 돕는 시금석'을 실천했어요. 이 문제를 완벽하게 이해하고 싶어서 계속 예시를 만들었더니 항상 격자점이 나오는 거예요. 그리고 격자점의 정의로 돌아갔어요. $x$좌표와 $y$좌표가 모두 정수라는 것이 격자점의 정의잖아요. 중점이 격자점이 되려면 두 점의 좌표의 합이 2로 나누어떨어져야 하죠. 그러자 비로소 홀짝 유형을 나누는 데 이를 수 있었어요. 결국 이 문제를 해결한 건 선배 덕분이란 소리죠."

테트라는 생긋 웃었다.

오, 테트라 열심히 하고 있는걸.

테트라의 필통을 보니 작은 액세서리가 두 개 달려 있었다. 하나는 은색 금속을 구부려 생선 모양으로 만든 것, 다른 하나는 푸른색으로 빛나는 금속 재질의 알파벳 M이다. 이니셜일까? 테트라는 T인데…… M은 누구의 이니셜일까?

## 4. 쪼개지는 소수

이튿날, 수업이 끝난 후 나와 미르카는 교실에 남았다.

"너의 귀여운 여동생은 잘 지내니?"

미르카는 이마에 흘러내린 머리를 쓸어 올리며 물었다.

"유리? 잘 지내지. 이제 발도 나았고."

"유리는 너랑 똑 닮았어."

"그런가? 사촌이니까."

"굳센 느낌이 있어."

"미르카한테 따끔하게 지적받은 걸 기뻐하더라고."

"……이 부분도 닮았어." 갑자기 미르카의 오른손이 내 왼쪽 귀에 닿았다.

"뭐, 뭐야?" 나는 놀라서 뒤로 주춤 물러났다.

"귀 모양이 닮았어. 너랑 유리."

"그, 그런가……."

"변곡점의 위치."

"뭐?"

"유리의 귀도 여기에 변곡점이 있어."

다시 손가락을 내 귀에 갖다 대는 미르카.

"무슨……?"

"왜 빨개졌지?" 미르카가 고개를 갸우뚱했다.

"빨갛지 않아."

"네 얼굴색이 어떤지 안단 말야? 재주 좋네."

"……미르카의 안경에 내 얼굴이 비치니까 알지."

"흠, 보이는구나."

"보인다고, 잘 봐."

나는 미르카의 안경 가까이 얼굴을 들이댔다.

"여기에…… 이렇게 정확히."

"그래, 네 안경에는 내가 비치고 있어." 미르카가 말했다.

그 말에 서로의 얼굴이 너무 가깝다는 걸 깨달은 나는 황급히 얼굴을 뒤로 빼려 했다. 그러자 미르카가 두 손으로 내 양쪽 귀를 잡더니 그대로 나를 끌어당겼다. 그 순간 테트라의 활기찬 목소리가 들려왔다.

"엄청난 사실을 발견했어요!"

미르카가 갑자기 나를 밀치는 바람에 뒤로 넘어질 뻔했다.

테트라는 우리가 도서실에 없어서 교실로 찾아온 모양이다.

"복소수를 이용해서 '합과 차의 곱은 제곱의 차'를 구해 보면 엄청난 걸 할 수 있어요! 소수를 인수분해할 수 있다고요!"

노트를 높이 흔드는 테트라.

"보세요. 2를 1+1로 분할해서 이런 식으로 변형해 봤어요."

| | |
|---|---|
| $2=1+1$ | 2를 1과 1의 합으로 나눔 |
| $=1^2+1$ | 1을 $1^2$으로 표현 |
| $=1^2-(-1)$ | 1을 $-(-1)$로 씀 |
| $=1^2-i^2$ | $-1$은 $i^2$과 같음 |
| $=(1+i)(1-i)$ | '제곱의 차'를 '합과 차의 곱'으로 바꿈 |

"결국 이런 식이 성립된다고요."

$$2=(1+i)(1-i)$$

"이건 소수 2를 인수분해한 거죠!"

의도가 뭔지 알겠다.

"테트라, 계산 자체는 맞아. 그런데 테트라는 2를 복소수의 곱으로 분해한 거지 정수의 곱으로 분해한 건 아니야." 내가 말했다.

"그렇지만…… 그래도……." 테트라가 노트에 시선을 떨궜다.

"테트라가 인수분해를 좋아하는 건 알겠지만, 그건 어림도 없…… 아얏!"

"교사로서 자격 미달이야." 미르카가 말했다.

"난 교사가 아니야."

그렇다고 발로 걷어차다니…….

"생각의 폭을 넓혀 보자." 미르카는 나를 무시하고 말했다.

"테트라의 식을 보자. $2=(1+i)(1-i)$는 확실히 소수를 정수의 곱으로 분해한 건 아니야. 하지만 $1+i$나 $1-i$를 정수의 일종으로 간주하면 어떻게 될까? 실제로 $a$, $b$가 정수일 때, 복소수 $a+bi$는 **가우스의 정수**라고 해. $1+i$, $1-i$, $3+2i$, $-4+8i$ 등은 모두 가우스의 정수야. 물론 $a+bi$에서 $b=0$일 때, 다시 말해 보통 정수도 가우스의 정수에 포함돼. 정수 전체의 집합을 $\mathbb{Z}[i]$라고 표기하는데, $\mathbb{Z}$에 $i$를 관련 짓는다는 것을 상징하는 표기법이야."

정수 $\mathbb{Z}$와 가우스의 정리 $\mathbb{Z}[i]$

$a$, $b$가 정수일 때, $a+bi$를 가우스의 정수라고 한다.

| | |
|---|---|
| $\mathbb{Z}=\{\cdots, -2, -1, 0, 1, 2, \cdots\}$ | 정수 전체 집합 |
| $\mathbb{Z}[i]=\{a+bi \mid a\in\mathbb{Z}, b\in\mathbb{Z}\}$ | 가우스의 정수 전체 집합 |

$\{a+bi \mid a\in\mathbb{Z}, b\in\mathbb{Z}\}$는 $a\in\mathbb{Z}$, $b\in\mathbb{Z}$일 때 $a+bi$ 형태인 수 전체의 집합을 나타낸다.

"정수가 수직선 위에 띄엄띄엄 있는 것처럼 가우스의 정수는 복소평면 위에 띄엄띄엄 값을 차지해. 정수는 1차원, 가우스의 정수는 2차원이야."

"미르카 선배, 그건 격자점을 말하는 거죠?"

"맞아. 가우스의 정수는 복소평면의 격자점에 대응해. 테트라가 방금 $2=(1+i)(1-i)$로 나타낸 건 이런 '정수 $\mathbb{Z}$에서는 소수인데 가우스의 정수 $\mathbb{Z}[i]$에서는 소수가 아닌 수가 있다'는 사실을 나타내지."

"2라는 수는 정수 $\mathbb{Z}$에서는 소수야. 하지만 가우스의 정수 $\mathbb{Z}[i]$에서는 소수가 아니야. 곱의 꼴로 분해할 수 있거든."

"쪼개질 수 없는 원자가 쪼개졌다고 보면 될까……." 내가 말했다.

"비유가 참 로맨틱하군." 미르카가 시큰둥하게 대꾸했다.

"우리가 쓰는 소수는 가우스의 정수 $\mathbb{Z}[i]$에서는 모두 인수분해되는군요."

"모두라고는 안 했는데?"

"아, 그게…… 아닌가요?" 허둥거리는 테트라.

"우리의 정수 $\mathbb{Z}$에는 소수가 두 종류 있어. 하나는 가우스의 정수 $\mathbb{Z}[i]$로 끌고 들어오면 곱으로 분해되는 수. 말하자면 '쪼개지는 소수'야. 예를 들어 2를 $\mathbb{Z}[i]$의 세계에 던지면 $(1+i)(1-i)$가 돼. 다른 하나는 가우스의 정수 $\mathbb{Z}[i]$에 끌고 들어와도 곱으로 분해되지 않는 수. 이건 '쪼개지지 않는 소수'야. 예를 들어 3은 $\mathbb{Z}[i]$에서도 쪼개지지 않아. 3은 $\mathbb{Z}[i]$에서도 여전히 소수거든. 하지만 쪼개진다, 쪼개지지 않는다는 말은 정식 수학 용어가 아니니까 주의하도록 해. $\pm 1$은 합성수도 소수도 아니야. **항등원**이라고 불러."

- 정수
  - 덧셈에 대한 항등원 $(0)$
  - 곱셈에 대한 항등원 $(\pm 1)$
  - 합성수 $(\pm 4, \pm 6, \pm 8, \pm 9, \pm 10, \cdots)$
  - 소수
    - 쪼개지는 소수 — $\mathbb{Z}[i]$에서 곱으로 분해 가능
    - 쪼개지지 않는 소수 — $\mathbb{Z}[i]$에서 곱으로 분해 불가능

그렇구나. '쪼개지는 소수'와 '쪼개지지 않는 소수'…….

앗, 그러고 보니 미르카도 '로맨틱'한 비유를 썼잖아.

미르카는 천천히 칠판으로 향했다. 나와 테트라의 시선은 홀린 듯 그 뒷모습을 따랐다.

분필을 집어든 미르카는 3초 동안 눈을 지그시 감았다.

"지금부터 우리의 소수를 순서대로 무너뜨려 보자. '쪼개지지 않는 소수'가 가진 유형을 간파할 수 있을까?"

미르카는 칠판에 수식을 써 내려가기 시작했다.

| | |
|---|---|
| $2=(1+i)(1-i)$ | 쪼개진다 |
| $3=3$ | 쪼개지지 않는다 |
| $5=(1+2i)(1-2i)$ | 쪼개진다 |
| $7=7$ | 쪼개지지 않는다 |
| $11=11$ | 쪼개지지 않는다 |
| $13=(2+3i)(2-3i)$ | 쪼개진다 |
| $17=(4+i)(4-i)$ | 쪼개진다 |

"아직 유형은 안 보여. 그럼 소수의 열에서 '쪼개지지 않는 소수'에 동그라미를 쳐 보자."

2 ③ 5 ⑦ ⑪ 13 17 …

"이렇게 해도 유형이 보이지 않아. 그럼 소수가 아니라 정수 전체의 열을 가져와 보자. 정수 2부터 17까지 중에 '쪼개지는 소수'에 동그라미를 치면 유형이 조금 보일 거야."

2 ③ 4 5 6 ⑦ 8 9 10 ⑪ 12 13 14 15 16 17 …

"이걸 표의 형태로 바꿔보면 유형이 선명히 드러나지."

| | | | |
|---|---|---|---|
| | | 2 | ③ |
| 4 | 5 | 6 | ⑦ |
| 8 | 9 | 10 | ⑪ |
| 12 | 13 | 14 | 15 |
| 16 | 17 | … | |

"이 뒤에는 어떻게 돼요? 너무 궁금한데요!"

테트라가 발그레한 얼굴로 미르카를 쳐다봤다.

"확실히 궁금해지네. 그럼 17보다 큰 소수도 순서대로 쪼개 보자."

수식을 적어 나가는 미르카의 분필 소리가 점점 커졌다.

| | |
|---|---|
| $19=19$ | 쪼개지지 않는다 |
| $23=23$ | 쪼개지지 않는다 |
| $29=(5+2i)(5-2i)$ | 쪼개진다 |
| $31=31$ | 쪼개지지 않는다 |
| $37=(6+i)(6-i)$ | 쪼개진다 |
| $41=(5+4i)(5-4i)$ | 쪼개진다 |
| $43=43$ | 쪼개지지 않는다 |
| $47=47$ | 쪼개지지 않는다 |
| $53=(7+2i)(7-2i)$ | 쪼개진다 |
| $59=59$ | 쪼개지지 않는다 |
| $61=(6+5i)(6-5i)$ | 쪼개진다 |
| $67=67$ | 쪼개지지 않는다 |
| $71=71$ | 쪼개지지 않는다 |
| $73=(8+3i)(8-3i)$ | 쪼개진다 |
| $79=79$ | 쪼개지지 않는다 |
| $83=83$ | 쪼개지지 않는다 |
| $89=(8+5i)(8-5i)$ | 쪼개진다 |
| $97=(9+4i)(9-4i)$ | 쪼개진다 |

"자, 이걸 표로 만들어 볼게. 소수 이외의 수는 '·'으로 대신할게."

| | | | |
|---|---|---|---|
| | | 2 | ③ |
| · | 5 | · | ⑦ |
| · | · | · | ⑪ |

| | | | |
|---|---|---|---|
| · | 13 | · | · |
| · | 17 | · | ⑲ |
| · | · | · | ㉓ |
| · | · | · | · |
| · | 29 | · | ㉛ |
| · | · | · | · |
| · | 37 | · | · |
| · | 41 | · | ㊸ |
| · | · | · | ㊼ |
| · | · | · | · |
| · | 53 | · | · |
| · | · | · | (59) |
| · | 61 | · | · |
| · | · | · | (67) |
| · | · | · | (71) |
| · | 73 | · | · |
| · | · | · | (79) |
| · | · | · | (83) |
| · | · | · | · |
| · | 89 | · | · |
| · | · | · | · |
| · | 97 | · | · |

표를 훑어보던 나는 깜짝 놀랐다. 동그라미 친 소수가 모두 오른쪽에 모여 있는 게 아닌가. 표의 각 줄에는 숫자가 4개씩 나열되어 있으니…… 오른쪽 끝에 오는 수는 '4로 나눴을 때 나머지가 3이 되는 소수'다.

동그라미를 친 수는 '쪼개지지 않는 소수'다. 그 말은 '쪼개지는 소수', 그러니까 $(a+bi)(a-bi)$의 꼴로 나타낼 수 있는 소수는 4로 나눴을 때 나머지가 3이 되지 않는다는 것인가. 4로 나눈 나머지에 그렇게 특별한 의미가 담겨 있단 말인가.

문제 5-3 쪼개지는 소수

소수 $p$, 정수 $a$, $b$가 다음 식의 관계일 때, $p$를 4로 나눈 나머지는 3이 아니다. 이를 증명하라.

$$p=(a+bi)(a-bi)$$

"이 증명은 쉽지." 미르카가 말했다.

"정수를 4로 나눈 나머지로 분류하는 거야. 정수를 4로 나눈 나머지는 0, 1, 2, 3 중 하나가 되겠지. 바꿔 말하면 $q$를 정수라고 할 때 모든 정수는 다음 중 하나가 된다.

$$\begin{cases} 4q+0 \\ 4q+1 \\ 4q+2 \\ 4q+3 \end{cases}$$

"이것들을 제곱해서 4로 묶어 볼게."

$$\begin{cases} (4q+0)^2=16q^2 & =4(4q^2)+0 \\ (4q+1)^2=16q^2+8q+1 & =4(4q^2+2q)+1 \\ (4q+2)^2=16q^2+16q+4 & =4(4q^2+4q+1)+0 \\ (4q+3)^2=16q^2+24q+9 & =4(4q^2+6q+2)+1 \end{cases}$$

"즉 제곱수를 4로 나눈 나머지는 0, 1밖에 나오지 않아. 따라서 두 제곱수의 합인 $a^2+b^2$을 4로 나눈 나머지는 $0+0=0$이거나 $0+1=1$이거나 $1+1=2$

이겠지. 나머지가 3이 되는 일은 없어. 그러므로 $(a+bi)(a-bi)=a^2+b^2$을 4로 나눈 나머지는 3이 나올 수 없지."

풀이 5-3 쪼개지는 소수

1. 제곱수 $a^2$을 4로 나눈 나머지는 0 또는 1이다.
2. 제곱수 $b^2$을 4로 나눈 나머지도 0 또한 1이다.
3. 두 제곱수의 합 $a^2+b^2$을 4로 나눈 나머지는 0, 1, 2 중 하나다.
4. 따라서 $a^2+b^2=(a+bi)(a-bi)=p$를 4로 나눈 나머지는 3이 될 수 없다.

"지금 증명한 것처럼 쪼개지는 소수는 4로 나눴을 때 3이 남을 수 없어. 사실 $p$를 홀수의 실수로 놓으면 다음 식이 성립하지."

$$p=(a+bi)(a-bi) \Leftrightarrow p\text{를 4로 나누면 나머지는 1}$$

"그러고 보니 전에 외톨이 수 찾기 문제에서 239, 251, 257, 263, 271, 283 가운데 외톨이 수는 257이었어. 이 수만 '쪼개지는 소수'야. 왜냐하면 257만 4로 나눴을 때 나머지가 1인 소수거든."

| | |
|---|---|
| $239=239$ | 쪼개지지 않는다 |
| $251=251$ | 쪼개지지 않는다 |
| $257=(16+i)(16-i)$ | 쪼개진다 |
| $263=263$ | 쪼개지지 않는다 |
| $271=271$ | 쪼개지지 않는다 |
| $283=283$ | 쪼개지지 않는다 |

"4로 나눴을 때 3이 남는 소수는 $(a+bi)(a-bi)$라는 형태뿐 아니라 어떤 형태로든 인수분해를 할 수 없어. 사실 4로 나눠서 3이 남는 $\mathbb{Z}$일 때 소수는 $\mathbb{Z}[i]$에서도 '소수'의 역할을 수행하지."

나는 미르카의 이야기를 들으면서 묘한 기분을 느꼈다. 가우스의 정수

$\mathbb{Z}[i]$를 사용하면 $\mathbb{Z}$일 때 소수를 쪼개는 경우가 있다는 건 이해할 수 있다. 그러나 쪼개지는지 아닌지 알아볼 때 '4로 나눴을 때의 나머지'가 관여한다는 건 신기하다. 나머지로 정수를 알아보는 것이 그토록 의미 있는 것인가.

나눗셈과 나머지에 대한 공부는 초등학교 때 배웠다. '나머지 구하기'라는 강력한 도구를 자신도 모르게 초등학생 때부터 갖고 있었던 것이다. 초등학생 때 나눗셈을 배우면서 점을 세 개 콕콕 찍어 가며 '나·머·지'라고 소리 내어 말했던 기억이 떠올랐다. 그 기억에 이끌려 초등학교 고학년 때 내가 좋아한 선생님이 생각났다. 선생님은 내 노트를 보고 "넌 숫자를 참 예쁘게 잘 쓰는구나" 하고 칭찬해 주셨다. 그때부터 나는 노트에 수식을 적는 습관이 생겼다.

"미르카 선배, 복소평면으로 계산하기도 하고, $\mathbb{Z}[i]$로 계산하기도 하고, $\mathbb{Z}$로 계산하기도 하고……. 이렇게 여러 가지 범위로 계산하니까 정말 재미있어요. 거기에 도형까지 얽히고 말이에요." 테트라가 말했다.

"계산의 구조를 생각하는 건 재미있지. 계산이라는 것을 더 일반화해서 생각하기 위해 **군(群)**이라는 개념도 쓰이고 있어. 이것도 재미있어. 하지만 군 얘기는 내일 하기로 하고 오늘은 이만 집에 가자."

"넵."

나는 새삼 다시 생각한다.

인간이란 정말 미래를 볼 수 없는 존재다.

우리는 내일도 오늘과 같다고 생각했다.

내일도 당연히 미르카의 이야기를 들을 수 있다고 생각했다.

여느 때처럼 수업이 끝난 후 도서실에서.

'미래에 무슨 일이 일어날지 알 수 없다'는 건 당연한 사실이었는데.

"군 얘기는 내일 하고." 미르카는 확실히 그렇게 말했다.

하지만 그 약속은 지켜지지 않았다.

이튿날 일어난 교통사고 때문에.

[이들 명제는]

수의 세계가 Z에서 Z[$i$]로 넓혀질 때 소수를 분해하는 양상이

소수를 4로 나눈 나머지로 인해 정해진다는 사실을 반영한 것이다.

_가토·구로가와·사이토 『수론 I』

## 나의 노트

아래 그림에서 △OPQ와 △OP′Q′이 서로 닮은꼴이라는 사실을 알 수 있다.

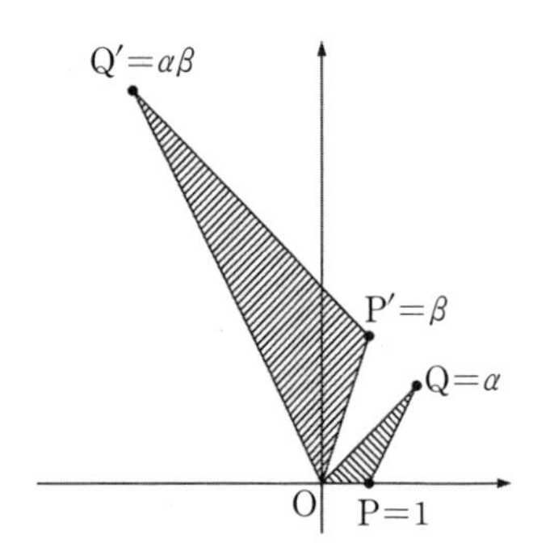


$a, b, c, d \in \mathbb{R}$(실수)일 때 $\alpha$, $\beta$를 아래와 같이 표현한다.

$$\alpha = a + bi$$
$$\beta = c + di$$

이때 $\alpha\beta$는 다음 식으로 나타낼 수 있다.

$$\begin{aligned}\alpha\beta &= (a+bi)(c+di) \\ &= ac + adi + bic + bdi^2 \\ &= (ac - bd) + (ad + bc)i\end{aligned}$$

## 나의 노트

두 삼각형의 각 변을 $a, b, c, d$로 나타낸다.
먼저 △OPQ의 세 변의 길이.

$$\overline{\mathrm{OP}}=|1|=1,$$
$$\overline{\mathrm{PQ}}=|\alpha-1|=|a+bi-1|=|(a-1)+bi|=\sqrt{(a-1)^2+b^2},$$
$$\overline{\mathrm{OQ}}=|\alpha|=|a+bi|=\sqrt{a^2+b^2}$$

이어서 △OP′Q′의 세 변의 길이.

$$\overline{\mathrm{OP'}}=|\beta|=|c+di|=\sqrt{c^2+d^2}=1\times\sqrt{c^2+d^2}=\overline{\mathrm{OP}}\times|\beta|,$$
$$\begin{aligned}\overline{\mathrm{P'Q'}}&=|\alpha\beta-\beta|\\&=|(\alpha-1)\beta|\\&=|((a-1)+bi)(c+di)|\\&=|((a-1)c-bd)+((a-1)d+bc)i|\\&=\sqrt{((a-1)c-bd)^2+((a-1)d+bc)^2}\\&=\sqrt{((a-1)^2+b^2)(c^2+d^2)}\\&=\sqrt{((a-1)^2+b^2)}\times\sqrt{(c^2+d^2)}\\&=\overline{\mathrm{PQ}}\times|\beta|\end{aligned}$$

$$\begin{aligned}\overline{\mathrm{OQ'}}&=|\alpha\beta|\\&=|(ac-bd)+(ad+bc)i|\\&=\sqrt{(ac-bd)^2+(ad+bc)^2}\end{aligned}$$

## 나의 노트

$$
\begin{aligned}
&=\sqrt{a^2c^2-2abcd+b^2d^2+a^2d^2+2abcd+b^2c^2}\\
&=\sqrt{a^2c^2+b^2d^2+a^2d^2+b^2c^2}\\
&=\sqrt{(a^2+b^2)(c^2+d^2)}\\
&=\sqrt{(a^2+b^2)}\times\sqrt{(c^2+d^2)}\\
&=\overline{\mathrm{OQ}}\times|\beta|
\end{aligned}
$$

결국 다음 식이 성립한다.

$$
\begin{cases}
\overline{\mathrm{OP'}}=\overline{\mathrm{OP}}\times|\beta|\\
\overline{\mathrm{P'Q'}}=\overline{\mathrm{PQ}}\times|\beta|\\
\overline{\mathrm{OQ'}}=\overline{\mathrm{OQ}}\times|\beta|
\end{cases}
$$

따라서 세 변의 비가 같다는 사실을 말할 수 있다.

$$
\overline{\mathrm{OP}}:\overline{\mathrm{PQ}}:\overline{\mathrm{OQ}}=\overline{\mathrm{OP'}}:\overline{\mathrm{P'Q'}}:\overline{\mathrm{OQ'}}
$$

# 가환군의 눈물

무엇이 행복인지 모르겠습니다.
진정 아무리 괴로운 일이라도
그것이 올바른 길을 걷는 중에 생긴 일이라면
산고개를 오르내리는 것도 모두 진정한 행복으로 다가가는
한 걸음 한 걸음이니.
_미야자와 겐지, 『은하철도의 밤』

## 1. 달리는 아침

다음 날 아침, 테트라가 우리 교실로 뛰어 들어왔다.

"선배! 미르카 선배가 트럭에……!"

나는 자리에서 용수철처럼 튀어 올랐다.

"미르카가 어떻게 됐다고?"

나는 테트라의 양어깨를 붙잡고 물었다.

"지금, 지금…… 저기에서……." 울음 섞인 목소리로 횡설수설이다.

"무슨 말이야!" 나는 테트라의 어깨를 힘껏 흔들었다.

"아, 아파요……. 횡단보도 건너편에 미르카 선배가 계셨는데…… 거기로 돌진했어요…… 엄청난 소리를 내면서. 구급차가 왔는데 움직일 수가 없어서……."

횡단보도? 큰길인가!

나는 교실에서 뛰쳐나와 단숨에 계단을 내려갔다. 실내화를 신은 채 교문을 빠져나갔다. 구불구불한 길을 지나 큰길에 도착했다.

사거리. 모여 있는 사람들. 경찰차가 한 대 와 있다. 신호등을 들이받아 크게 파손된 트럭. 흩어진 유리 조각들.

미르카는? 나는 주위를 둘러봤다. 있을 리가 없지! 구급차가 왔잖아.

구급차, 구급차……. 중앙병원인가! 나는 바로 내달렸다.

이렇게 힘껏 달린 적은 한 번도 없었다. 횡단보도의 정지 신호도 무시한 채 달렸다. 사고가 나지 않은 게 기적이다. 안 돼, 아직 안 돼……. 난 아무것도, 아직……. 난 달려가면서 계속 미르카의 이름을 불렀다.

중앙병원. 접수처 직원은 숨을 헐떡이며 기다리는 나를 빤히 쳐다보면서 어딘가로 전화를 걸었다. 직원의 굼뜬 행동을 보고 있자니 미칠 것만 같았다.

"처치실 A네요. 아, 뛰면 안 돼요!"

나는 병원 복도를 달려 처치실 A 앞에 멈춰 섰다.

가만히 문을 열었다. 소독약 냄새. 간호사가 무언가를 씻고 있다.

등 뒤로 문을 닫고 들어서자 북적거리던 복도의 소음이 사라졌다. 간호사가 이쪽을 돌아봤다.

"좀 전에 구급차에 실려 온…… 학생 여기 있나요?"

"지금 잠들었어요."

"안 자는데요?"

커튼 뒤에서 씩씩한 목소리가 들렸다. 미르카의 목소리다.

◆◆◆

푸른색 병원복을 입고 누워 있는 미르카가 나를 뚫어져라 쳐다보고 있다. 안경도 벗은 채로.

"미르카……."

무슨 말을 해야 할지 몰라서 나는 침대 옆에 있는 의자에 앉았다. 침대 옆 탁자에는 찌그러진 안경이 놓여 있었다.

"미르카……. 괜찮아?"

미르카는 두세 번 눈을 깜박이더니 입을 열었다.

"횡단보도를 건너려다가 달려오는 트럭을 피하느라 넘어진 거야. 팔을 세게 부딪혔는지. 상당히 아프더라. 이것 봐."

왼쪽 팔 전체에 붕대가 감겨 있었다.

"그럼 트럭에 부딪친 게 아니야?"

"기억이 잘 안 나……. 왼쪽 다리도 깁스를 했어. 꽤 아프네. 이것 봐."
"미르카! 안 보여 줘도 돼……."
"머리도 부딪혔어. 일어나질 못하고 멍하니 있었는데 어느새 구급차에 실려 있더라. 너 그거 알아?"
"뭘?"
"구급차 승차감이 별로야. 운전이 거칠어서 그런지 엄청 흔들리더라."
나는 살짝 웃음이 났다.
"미르카, 뭐 필요한 거 있어? 음료수라도?"
"아무것도 필요 없어."
"그럼 밖에 있을 테니까 무슨 일 있으면 불러."
내가 일어나려고 하자 미르카가 침대에서 오른손을 뻗으며 말했다.
"얼굴이 잘 안 보여."
나는 가까이 다가갔다. 미르카의 부드러운 손이 내 볼에 닿았다.
'따뜻하다.'
다시 의자에 앉은 나는 미르카의 손을 양손으로 감쌌다. 그러자 미르카는 눈을 감았다. 이윽고 새근새근 숨소리가 들렸다.
미르카의 손을 잡은 채 말없이 잠든 얼굴을 바라보았다. 긴 속눈썹, 희미하게 미소가 번져 있는 입가, 호흡을 할 때마다 천천히 위아래로 오르내리는 가슴……. 살아 줬구나.
갑자기 눈물이 흘러나왔다.

## 2. 첫날

### 집합에 연산을 넣기 위해

"검사 끝나면 바로 퇴원할 줄 알았는데 사흘이나 입원하라니, 말도 안 돼. 심심하니까 테트라랑 같이 병원에 와 줘. 수학 공부하자."
미르카의 부탁…… 아니, 명령이었다.

이렇게 해서 나와 테트라는 다음 날부터 따분해 하는 여왕님을 위해 병문안을 가기로 했다. 미르카는 '군론' 입문으로 우리를 환영해 주었다.

"먼저 집합 이야기부터 시작해 보자."

긴 머리를 뒤로 묶은 미르카는 침대에서 몸을 일으켜 앉은 자세로 말했다.

◆◆◆

우리는 여러 가지 수의 집합을 알고 있어.

- $\mathbb{N}$은 $\{1, 2, 3, \cdots\}$이라는 자연수 전체의 집합.
- $\mathbb{Z}$는 $\{\cdots, -3, -2, -1, 0, 1, 2, 3, \cdots\}$이라는 정수 전체의 집합.
- $\mathbb{Q}$는 정수의 비로 만드는 유리수 전체의 집합.
- $\mathbb{R}$은 실수 전체의 집합.
- $\mathbb{C}$는 복소수 전체의 집합.

초등학교부터 고등학교까지 우리는 수의 집합을 배우고 연산을 공부했어. 하지만 지금 얘기한 집합뿐만 아니라 완전히 다른 집합에 대해 연산을 해 보는 것도 재미있어.

### 연산

"집합 $G$에 대해 ★(스타)라는 연산이 정의되었다고 해 봐. 연산 ★가 정의되었다는 것은 집합 $G$의 어떤 원소 $a, b$에 대해서든 다음 식이 성립된다는 뜻이야."

$$a \bigstar b \in G$$

"이때 '집합 $G$는 연산 ★에 대하여 **닫혀 있다**'라고 말해."

그때 테트라가 손을 들었다. 테트라는 대화 상대가 코앞에 있어도 질문이 있으면 팔을 번쩍 치켜든다.

"질문이요. 기호 ★에는 어떤 뜻이 있나요?"

"뜻? ★가 구체적으로 어떤 연산인지는 중요치 않아. 그냥 어떠한 연산을 실행하는 것이라고만 생각하면 돼. 이런 설명은 너무 불친절한가? 아무튼 $+$나 $\times$ 같은 것이라고 생각하면 돼. 우리는 구체적인 수 대신 $a$나 $b$라는 문자를 쓰잖아. 그와 마찬가지로 구체적인 연산 대신 ★라는 기호를 쓰는 것뿐이야."

미르카는 자세히 설명했다.

"알았어요. 하나 더, 집합의 이 기호는…… 음……."

"식 $a \in G$는 '$a$는 $G$에 속한다'라고 읽어. 영어로는 '$a$ is an element of $G$'나 '$a$ belongs to $G$'라고 하지. 더 간단히 '$a$ is in $G$'라고도 해. $a \star b \in G$는 '$a \star b$는 집합 $G$에 속한다'라는 명제로 보면 돼. $a$와 $b$의 연산 결과, 즉 $a \star b$가 구체적으로 무엇이 될지는 아직 문제 삼지 않아도 돼. 그냥 '$a \star b$도 집합 $G$에 속한다'라는 것을 보증하고 싶다는 뜻이니까. $\in$ 라는 기호에 익숙해질 때까지는…… 안경이 없어서 잘 안 보이지만, 지금 얘가 그리고 있는 그림을 상상하면 될 거야."

미르카의 이야기를 들으며 노트에 메모하고 있던 나는 갑자기 지목을 받고 놀랐다. 마침 나는 $a, b, a \star b$라는 세 원소를 집합 $G$라는 틀 안에 그려 넣고 있었다.

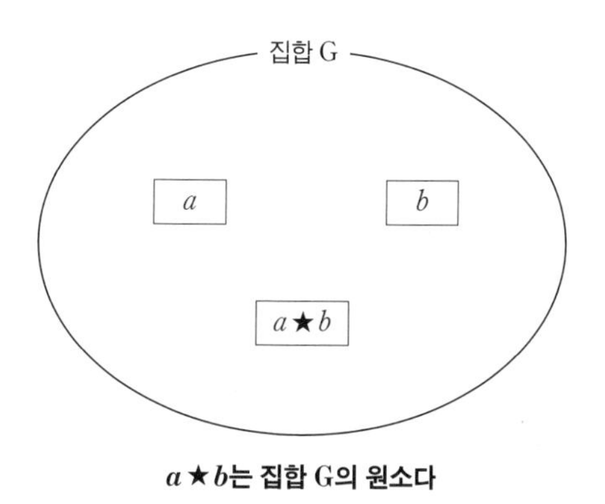


**$a \star b$는 집합 G의 원소다**

"네, 알겠어요!" 테트라가 대답했다.

"그런데…… 집합인데 왜 $G$라고 해요? '세트(set)' 아닌가요?"

"이제부터 집합을 바탕으로 '군'을 정의할 거니까. 군은 영어로 그룹(gruop)이잖아."

"$G$는 '그룹'의 머리글자군요."

"그럼 $\in$라는 기호의 예시를 들어 이해해 보도록 하자. $\mathbb{N}$은 자연수 전체의 집합을 나타내. 다음 명제는 참일까?"

미르카는 내 노트와 샤프를 휙 가져가더니 명제를 적었다.

$$1 \in \mathbb{N}$$

"1은 자연수예요. 그래서 $\mathbb{N}$에 속하죠. 따라서 $1 \in \mathbb{N}$은 참입니다."

테트라가 거침없이 대답했다.

"좋아, 그럼 이건?"

$$2+3 \in \mathbb{N}$$

"$2+3$은 5이고, 이것도 자연수니까 $2+3 \in \mathbb{N}$은 참입니다."

"좋아. 그런데 '$2+3$은 5'라고 하지 말고 '$2+3$은 5와 같다'라고 말하도록 해."

"네. $2+3$은 5와 같다."

"그럼 테트라, '자연수 전체의 집합 $\mathbb{N}$은 연산 $+$에 대하여 닫혀 있다'라고 할 수 있을까?"

미르카는 테트라의 눈을 지그시 바라보며 말했다.

"음…… 닫혀 있다……고 생각해요."

"왜?"

"왜냐면…… 음, 뭐라고 해야 하지……."

"테트라, 정의를 먼저 생각하면 돼." 내가 힌트를 주었다.

"말하지 마." 미르카가 나를 흘겨보더니 내 말을 되풀이했다. "정의를 먼저 생각하면 돼, 테트라. 어떤 $\mathbb{N}$의 원소 $a, b$에 대해서도 $a+b \in \mathbb{N}$이 성립해.

그러니까 연산 +에 대하여 자연수 전체의 집합은 닫혀 있다고 할 수 있지."

"그건 '두 자연수를 더하면 그 대답은 역시 자연수'라는 말과 같다고 생각해도 되나요?"

"응. 집합 $G$가 연산 ★에 대하여 '닫혀 있다'라는 표현은 바로 지금 그 문장을 의미하는 거야."

"넵! 잘 알았습니닷!"

테트라가 힘차게 대답했다.

> 연산의 정의(연산에 대하여 닫혀 있다)
>
> 집합 G가 연산 ★에 대하여 닫혀 있다는 말은 집합 G의 임의의 원소 $a$, $b$에 대하여 다음 식이 성립한다는 뜻이다.
>
> $$a \bigstar b \in \mathrm{G}$$

결합법칙

미르카의 이야기에 속도가 붙기 시작했다.

"다음은 **결합법칙**이야. 이건 '연산의 순서는 상관이 없다'라는 법칙이야."

$$(a \bigstar b) \bigstar c = a \bigstar (b \bigstar c)$$

테트라가 또 손을 들었다.

"저기, 덧셈에서 $(2+3)+4=2+(3+4)$가 성립하는 건 알겠어요. 그래서 이 '결합법칙'도 이해가 돼요. 그런데 이게 증명을 해야 할 문제인가요? 지금 미르카 선배가 설명하고 있는 내용을 어떻게 이해해야 좋을지 모르겠어요."

"증명하라는 말이 아니야. 먼저 이 법칙에 '결합법칙'이라는 이름이 붙어 있다는 것만 알아 둬. 이제부터 몇 가지 법칙을 설명하고 나서 마지막에 '이상의 법칙을 만족하는 집합을 군이라고 부른다'라고 결론 지을 거니까. 다시 말해 지금은 군을 정의하기 위한 준비 과정이야." 미르카가 부드러운 목소리로 말했다.

"알겠어요. 일단 그대로 받아들일게요. 수학 수업 시간에도 지극히 당연한 이야기가 나올 때가 있어요. 그럴 때 저는 헤매게 돼요. 이 당연한 사실은 '암기해야 하는 것'인가, 아니면 '증명해야 하는 것'인가 하고요."

"굉장히 좋은 질문이야." 내가 끼어들었다. "수업 중에 선생님께 여쭤보면 되지 않을까?"

"분명 대답 못 하는 교사도 많을 거야." 미르카가 말했다.

결합법칙

$$(a \bigstar b) \bigstar c = a \bigstar (b \bigstar c)$$

### 항등원

다시 '강의'가 이어졌다. 이곳은 이미 병실이 아니라 강의실이었다. 미르카는 검지를 지휘봉처럼 내저으며 설명하는 버릇이 있는데, 그럴 때마다 음악 소리가 울려 퍼지는 느낌이다.

"이번에는 **항등원** 이야기를 해 볼게." 미르카가 말을 이었다. "예를 들어 덧셈을 할 때, 어떤 수에 0을 더해도 값은 변하지 않지? 또 곱셈을 할 때 어떤 수에 1을 곱해도 값은 변하지 않지? 다시 말해 덧셈에서의 0과 곱셈에서의 1은 비슷해. 그 '변하지 않는다'는 것을 수학적으로 표현한 게 바로 항등원이야. 보통은 항등원을 $e$라고 표기해. 어떤 원소 $a$에 대해서도 $e$와의 연산 결과는 $a$ 그대로야. 즉 바뀌지 않는 거지. 그런 원소 $e$를 항등원이라고 해."

항등원의 정의(항등원 $e$의 공리)

집합 G의 임의의 원소 $a$에 대해 다음 식을 만족하는 집합 G의 원소 $e$를 연산 ★의 항등원이라고 부른다.

$$a \bigstar e = e \bigstar a = a$$

"미르카 선배……. 머리가 핑핑 도는 것 같아요. 그래서 항등원이란 건 0인가요? 아니면 1인가요? 왠지 비밀 얘기를 나누는 기분이에요. 아는 사람은 알지만 모르는 사람은 모르는."

"정수 전체의 집합 $\mathbb{Z}$에서 연산 $+$의 항등원은 0이야. 하지만 연산 $\times$의 항등원은 1이야."

"아, 아니 뭐라고요?"

"항등원은 집합에 따라, 그리고 연산에 따라 달라. 그 원소 $e$는 구체적으로 무엇이든 상관없어. 하지만 집합 $G$의 임의의 원소 $a$에 대해 $a \bigstar e = e \bigstar a = a$라는 식을 만족하기만 하면 그 원소 $e$는 항등원이라고 할 수 있어. $e$라는 원소가 실제로 무엇인지 따져 볼 수는 있어. 하지만 증명할 때는 '공리'만 쓰지."

"……."

"이렇게 말하는 게 나으려나? 그 원소가 항등원인지 아닌지는 항등원의 공리를 만족하는지만 보면 돼. 다시 말해 이런 거지."

- 공리가 정의를 새로 만든다

"……완전하지는 않지만 이해는 됐어요."

나는 둘의 대화를 묵묵히 듣고 있었다.

나는 정의란 '말의 엄밀한 의미'라고 이해하고 있었다. 대략적으로 보면 틀린 건 아니다. 하지만 나는 '말' 속에 '수식'을 포함하지 않았다.

'공리가 정의를 새로 만든다.' 그건 가장 엄밀한 언어인 수식을 사용하여,

즉 공리라는 이름의 명제를 써서 정의한다는 뜻인가……. 수식을 좋아한다고 자부하는 나였지만 수학의 기초를 세울 때 수식을 가져올 생각은 전혀 못했다. 그러고 보니 전에 미르카가 허수 단위 $i$ 이야기를 했을 때도 공리와 정의에 대해 얘기했지. $i$라는 수를 $x^2+1=0$이라는 방정식의 해로 '정의'한 것은 $i$를 만족하는 '공리'를 방정식 형태로 나타낸 것이다. 그때도 공리와 정의를 굳이 같은 위치에 두고 설명했다.

### 역원

"이번에는 **역원**에 대해 말할게." 미르카가 말했다.

"그런데 '원(元)'이라는 게 뭐예요? 좀 전에도 항등원이라는 용어가 나왔는데……."

"집합의 '원'이라는 건 집합의 원소와 같은 뜻이야. 영어로 말하면 엘리먼트(element)지."

"엘리먼트? 전체를 구성하는 각각의 요소…… 뭐 그런 뜻이네요."

"잘 봐, 원소 $a$에 대해 다음 식을 만족하는 원소 $b$를 $a$의 역원이라고 해. 실수에서 말하면 연산 $+$에 관한 3의 역원은 $-3$이고, 연산 $\times$에 관한 3의 역원은 $\frac{1}{3}$이야."

> 역원의 정의(역원의 공리)
>
> $a$를 집합 G의 원소라 하고, $e$를 항등원이라 한다. $a$에 대해 다음 식을 만족하는 $b \in G$를 연산 ★에 관한 $a$의 역원이라고 한다.
>
> $$a \bigstar b = b \bigstar a = e$$

### '군'의 정의

미르카는 침대 위에서 등을 곧게 펴고 양팔을 쭉 뻗었다. 붕대에 감긴 왼팔 때문에 좀 안쓰럽기는 하지만 언제 어디서나 우아하다.

"지금까지 연산, 결합법칙, 항등원, 역원을 정의했어. 이제 드디어 '군'을 정의할 시간이야."

> 군의 정의(군의 공리)
>
> 다음 공리를 만족하는 집합 G를 **군**이라고 한다.
>
> - **연산** ★에 관해 닫혀 있다.
> - 임의의 원에 대해 **결합법칙**이 성립한다.
> - **항등원**이 존재한다.
> - 임의의 원소에 대하여 그 원소에 대한 **역원**이 존재한다.

"연산에 대하여 닫혀 있고, 임의의 원소에 대하여 결합법칙이 성립하고, 항등원이 존재하고, 임의의 원소에 대해 역원이 존재하는 것, 이와 같은 집합을 '군'이라 하노라!" 미르카는 선언했다.

## '군'의 예시

"이런 공리를 보면 테트라는 어떻게 할 거야?" 미르카가 물었다.

"정확히 이해해야겠죠."

"당연하지. 그리고?"

"그리고……." 나를 힐끔 쳐다보는 테트라.

"얘 얼굴에 답이 쓰여 있니?"

"아니요. …… 예시를 만들게요. '예시는 이해를 돕는 시금석'이니까."

"그래. 예시를 만들려면 이해력과 상상력이 필요해. 예를 들면 다음 명제는 참일까?" 틈을 주지 않고 묻는 미르카.

'정수 전체의 집합 $\mathbb{Z}$는 연산 $+$에 대하여 군이 된다.'

"음, 정수 전체의 집합은… 군이 돼요."

"왜 그렇게 생각했지?"

"음…… 그냥요."

"그러면 안 돼." 미르카가 말했다.

미르카의 '안 돼'는 날이 예리한 칼 같다. 싹둑 베어지는 시원한 느낌이다.

"군의 공리를 만족한다는 걸 확인해, 테트라. 만족하면 군, 만족하지 못하면 군이 아니야. 공리는 정의를 만들어 내니까 말이야."

"네…… 하지만……." 테트라의 시선이 흔들렸다.

"$\mathbb{Z}$는 $+$에 대하여 닫혀 있니?" 미르카가 물었다.

"네. 정수와 정수를 더하면 정수가 되니까요."

"결합법칙은 성립하니?" 곧바로 다음 질문이 날아갔다.

"네."

"항등원은 존재하니?"

"항등원이라는 건…… 네, 존재해요."

"$\mathbb{Z}$의 $+$에 대한 항등원이란?"

"더해도 변하지 않는…… 0인가요?"

"그래. 그럼 어느 정수 $a$의 역원이란?"

"아, 이게 아직 잘……. 역원이란…… 그……."

"역원의 정의는?" 미르카는 날카롭게 질문을 이어갔다.

"연산에서…… 죄송해요, 잊어버렸어요."

"항등원을 $\mathbb{e}$라고 했을 때, $a$의 역원을 $b$라고 하면 $a \bigstar b = b \bigstar a = \mathbb{e}$가 성립해." 미르카가 말했다.

"그렇다면…… $a+b=b+a=0$이라는 건가요? 하지만 $a$와 $b$를 더해서 0이 된다는 건……?"

"$a$와 $b$를 더해서 0이 됐을 때, $b$는 $a$의 역원이야. $a$에 더해서 0이 되는 수는?"

"음수…… $-a$인가요?"

"그렇지. 정수의 집합 $\mathbb{Z}$의 원소 $a$의 연산 $+$에 대한 역원이란 $-a$를 말해. 어떤 정수 $a$에 대해서도 $-a$라는 역원은 집합 $\mathbb{Z}$의 원소야."

"네."

"따라서?"

"네?"

"지금 군의 공리를 하나하나 확인했잖아. 모든 공리를 확인했으니까…… '정수 전체의 집합 $\mathbb{Z}$는 연산 $+$에 대하여 군이 된다'라고 할 수 있는 거야."

"앗, 그렇게 하니까 확인한 셈이 되는군요."

"그래." 미르카는 잠깐 눈을 감고 생각하더니 입을 열었다.

"그럼 다음 문제."

'홀수의 집합은 연산 $+$에 대하여 군을 이루는가?'

"먼저 공리를 만족하는지 확인을 해 보면…… 안 되네요. 예를 들어 $1+3=4$이지만 4는 홀수가 아니니까요."

"그래. 홀수의 집합은 연산 $+$에 대하여 닫혀 있지 않아. 그래서 군이 아니야. 그럼 다음."

'짝수의 집합은 연산 $+$에 대하여 군을 이루는가?'

"홀수 때와 마찬가지로 군을 이루지 못할 것 같은데요."

"……."

미르카는 말없이 눈을 감은 채 고개를 저었다.

"앗, 틀렸어요. 이번에는 군이 돼요. 짝수$+$짝수$=$짝수잖아요. 결합법칙도 항등원도 역원도 만족해요."

"그래, 그럼 다음."

'정수 전체의 집합은 연산 $\times$에 대하여 군을 이루는가?'

"이건 아까 해 봤잖아요. 군을 이루죠."

"아니, 아까는 연산 $+$에 대하여 군을 이루는지 물었고, 이번에는 연산 $\times$야. 정수 전체의 집합 $\mathbb{Z}$는 덧셈 $+$에 대하여 군을 이루지만 곱셈 $\times$에 대해서는 군을 이루지 않아. 테트라, 그 이유는 뭘까?"

"정수 전체의 집합은 곱셈 $\times$에 대하여…… 군을 이루지 않는다?"

테트라는 골똘히 생각하면서 손톱을 물어뜯었다.

"정수 $\times$ 정수 $=$ 정수니까 닫혀 있고, 결합법칙은 물론 성립해요. 항등원은 곱해도 변하지 않는 수니까…… 분명 1이죠. 정말 군을 이루지 않는다고요? ……아!"

"알았니?" 미르카가 미소를 지었다.

"알았어요. 역원이 없어요. 예를 들어 3에 어떤 정수를 곱해도 항등원인 1이 되지 않으니까 3의 역원은 없는 거예요."

"$\frac{1}{3}$은 역원이 아니니?" 미르카가 물었다.

"네. …… $\frac{1}{3}$은 $\mathbb{Z}$의 원소가 아니니까요!"

"맞았어. 공리를 확인하는 감각이 슬슬 잡히는 모양이구나."

"네, 조금."

"공리를 확인하는 거나 정의를 확인하는 거나 비슷하지?"

미르카는 미소를 지으며 부드러운 어조로 말했다.

### 가장 적은 '군'

나는 두 소녀의 수학 대화를 즐겁게 구경하고 있다.

"그럼 테트라, 원소의 개수가 가장 적은 군은 어떤 군이야?"

**문제 6-1** 원소 개수가 가장 적은 군

원소 개수가 가장 적은 군은 무엇인가?

"원소가 하나도 없는 집합으로 이루어진 군인가요?" 테트라가 말했다.

"맞아, 공집합이야." 내가 끼어들었다.

"아니야." 미르카가 말했다.

"집합에서 원소 개수가 가장 적은 건 원소가 하나도 없는 집합은…… 공집합이잖아." 내가 말했다.

"그건 맞아." 미르카가 대답했다.

"그러니까 공집합이 원소 개수가 가장 적은 군이잖아." 내가 말했다.

"아니야. 공집합으로는 군을 만들 수 없어. 군의 공리를 잊었어? 항등원이 없으면 군이 아니야. 공집합은 원소가 없는 집합이니까 군이 될 수 없다고. 원소 수가 가장 적은 군은 원소가 하나인 집합. 그리고 물론 그 원소가 항등원이지."

"그렇구나."

"잠깐만요, 항등원이 필요하니까 공집합은 군이 될 수 없다는 건 이해했어요. 그런데 군의 공리에서는 역원이 필요해요. 항등원이라는 원소 하나만 갖고는 안 되지 않나요?"

"항등원의 역원은 항등원 자신이 되니까 괜찮아. 군에서 항등원의 역원은 바로 항등원 자신이야." 미르카가 말했다.

"아…… 그런 경우도 있군요!"

테트라는 무언가를 깨달은 듯 눈을 빛냈다.

풀이 6-1 원소 개수가 가장 적은 군

원소 개수가 가장 적은 군은 항등원으로만 이루어진 군이다.

$$\{e\}$$

이때 연산 ★는 다음 식으로 정의된다.

$$e \bigstar e = e$$

즉, $e$의 역원은 $e$ 자신이다.

"군의 **연산표**는 이렇게 돼. 항등원 $e$ 하나만 있으니까 왠지 표가 심심해 보이지만, $e \bigstar e = e$를 나타내고 있지."

| ★ | $e$ |
|---|---|
| $e$ | $e$ |

"아하, 연산표는 연산 ★의 '구구단'이라고 할 수 있구나. 연산표를 쓰면 연산이 정의되니까." 내가 말했다.

"그런 셈이지. 구구단 자체는 닫힌 연산표가 아니지만." 미르카가 말했다.

### 원소가 2개인 군

**문제 6-2** 원소 개수가 2개인 군
원소 개수가 2개인 군을 나타내라.

"원소 개수가 2개인 군을 만들어 보자." 미르카가 말했다.

"항등원을 $e$라고 하고 또 다른 원소를 $a$라고 할게. 그리고 먼저 비어 있는 연산표를 만든 다음에 빈칸을 채워 보자."

| ★ | $e$ | $a$ |
|---|---|---|
| $e$ | | |
| $a$ | | |

"항등원의 정의를 보면 바로 채울 수 있는 칸이 있어. 테트라, 어딜까?"

"항등원은 원소를 바꾸지 못하니까…… 알았어요. $e★e$랑 $e★a$죠."

| ★ | $e$ | $a$ |
|---|---|---|
| $e$ | $e$ | $a$ |
| $a$ | | |

"세로도 마찬가지야. $a★e=a$니까."

미르카가 또 한 칸을 채웠다.

| ★ | $\mathbb{e}$ | $a$ |
|---|---|---|
| $\mathbb{e}$ | $\mathbb{e}$ | $a$ |
| $a$ | $a$ | |

"이제 남은 건 $a★a$인데, 이건 $\mathbb{e}$가 되지."

미르카가 남은 한 칸을 채웠다.

| ★ | $\mathbb{e}$ | $a$ |
|---|---|---|
| $\mathbb{e}$ | $\mathbb{e}$ | $a$ |
| $a$ | $a$ | $\mathbb{e}$ |

테트라가 재빨리 손을 들었다.

"미르카 선배, 마지막에 채운 칸 말인데요, 반드시 '$\mathbb{e}$'가 된다고 볼 수 없을 것 같은데요. 예를 들어 이런 연산표에서 ★를 정의하면 어떻게 되나요? 이렇게 해도 원소 개수는 2개인데 아까와는 다른 군이 되잖아요."

테트라가 표를 적었다.

| ★ | $\mathbb{e}$ | $a$ |
|---|---|---|
| $\mathbb{e}$ | $\mathbb{e}$ | $a$ |
| $a$ | $a$ | $a$ |

"안 돼." 미르카가 말했다.

"이렇게 하면 말이야, 테트라……."

내가 말을 꺼낸 순간 미르카가 내 말을 가로막았다.

"잠깐, 테트라가 대답해. 군의 공리로 알 수 있어."

"네……. 생각해 볼게요. ……연산표가 군이 되지 않는 이유는…… 그렇구나, 군의 공리를 하나하나 확인하면 돼요. 하지만 $e$나 $a$밖에 나오지 않으니까 닫혀 있고…… 항등원은 $e$고…… 앗!" 테트라가 고개를 들었다. "알았어요. $a$의 역원이 존재하지 않아요. 왜냐하면…… $a$ 줄에는 $e$가 없거든요. 그래서 $a \bigstar e$도 $a \bigstar a$도 $e$와 같지 않아요. 다시 말해 $a$에는 역원이 존재하지 않는다! 그래서 이건 군이 되지 않는 거예요."

"좋았어." 미르카가 말했다.

풀이 6-2 원소 개수가 2개인 군

원소 개수가 2개인 군은 항등원과 다른 원으로 이루어진 군이다.

$$\{e,\ a\}$$

이때 연산 ★는 다음 식으로 정의된다.

$$e \bigstar e = e$$
$$e \bigstar a = a$$
$$a \bigstar e = a$$
$$a \bigstar a = e$$

즉, 연산표는 이렇게 된다.

| ★ | $e$ | $a$ |
|---|---|---|
| $e$ | $e$ | $a$ |
| $a$ | $a$ | $e$ |

## 동형

"그런데 원소의 수가 2개인 군을 쓸 때는 $\{e, a\}$로 쓸 필요가 없어. 예를 들어 짝수와 홀수의 합은 어떨까? {짝수, 홀수}는 연산 $+$에 대하여 군을 이뤄. 짝수가 항등원이지." 미르카가 말했다.

| + | 짝수 | 홀수 |
|---|---|---|
| 짝수 | 짝수 | 홀수 |
| 홀수 | 홀수 | 짝수 |

"$\{+1, -1\}$도 돼. 연산은 $\times$이고 항등원은 $+1$."

| $\times$ | $+1$ | $-1$ |
|---|---|---|
| $+1$ | $+1$ | $-1$ |
| $-1$ | $-1$ | $+1$ |

"다음과 같이 원소와 연산이 기호일 때는 어떨까? 집합 {☆, ★}에 대하여 아래의 연산 ∘를 정의할게. ☆가 항등원이야. 이것도 군이지."

| ∘ | ☆ | ★ |
|---|---|---|
| ☆ | ☆ | ★ |
| ★ | ★ | ☆ |

"근데 이거 전부 동일하잖아. $\{e, a\}$도 {짝수, 홀수}도 $\{+1, -1\}$도 {☆, ★}도……. 전부 동일해. 연산표에 나오는 문자를 기계적으로 바꿔 쓰면 다른 표가 돼." 내가 말했다.

"맞아. 이렇게 '동일'한 군을 **동형**의 군이라고 해. 사실 원소가 2개인 군은 모두 동형군이 되는 거야."

"동형군……." 테트라가 말했다.

"그래, 동형군이야." 미르카의 말이 점점 빨라졌다.

"동형군을 동일시하면 원소가 2개인 군이라는 건 본질적으로 하나밖에 없어. 역사를 아무리 거슬러 올라가든 몇 억 년 후의 미래에서든, 어느 나라엘 가든 우주 끝까지 여행을 한다 해도 이 사실은 변하지 않아. 원소가 2개인 군은 본질적으로 단 하나뿐이야."

우리는 말없이 듣고 있다.

"군의 공리 어디에도 '원소가 2개인 군은 본질적으로 하나'라는 말은 쓰여 있지 않아. 하지만 군의 공리에서 이 사실을 이끌어 낼 수 있어."

미르카는 갑자기 말하는 속도를 늦추더니, 오른손으로 왼쪽 팔에 감긴 붕대를 천천히 쓸어내리면서 속삭이듯 말했다.

"공리에 따라 주어진 암묵의 제약, 이 제약이 집합의 원소와 원소를 단단히 묶어 주고 있어. 단순히 묶기만 하는 게 아니라, 서로 질서 있는 관계를 연결하지. 바꿔 말하면 공리에 따라 주어진 제약이 구조를 만들어 내는 거지."

'제약이, 구조를, 만들어 낸다…….'

### 식사

식사 시간이 되었다. 병원 직원이 식판을 들고 들어오자 우리는 흩어진 메모지와 노트를 정리하고 미르카의 식사 준비를 도왔다.

"맛있겠어요." 테트라가 차를 따르며 말했다.

"병원식이라서……. 식기도 별로, 맛도 별로, 보기에도 별로인 것만 빼면 불만 없어." 미르카가 대답했다.

"아니, 그 정도면 충분히 불만인데." 내가 말했다.

"국제선 기내식이랑 비슷해. 기내식과 다른 점은 와인이 나오지 않는다는 것 정도?" 미르카가 진지한 얼굴로 말했다.

"여기 병원이야……. 술이 나올 리 없잖아." 내가 말했다.

"저기…… 선배들, 그 전에 미성년자인데요?" 테트라가 어이없다는 듯 말했다.

"미성년이라는 제약은 구조를 만들어 내고 있을까?" 미르카가 말했다.

## 3. 둘째 날

### 교환법칙

이튿날도 우리는 병원으로 갔다. 병실에서 나와 테트라를 맞이한 미르카의 첫 마디는 이랬다.

"임의의 원에 대하여 **교환법칙**을 만족하는 군을 **가환군**(아벨군)이라고 해."

> 교환법칙
>
> $$a \bigstar b = b \bigstar a$$

"어라? 결합법칙과 교환법칙은 같은 건가요?" 테트라가 말했다.

$$(a \bigstar b) \bigstar c = a \bigstar (b \bigstar c) \qquad \text{결합법칙}$$

$$a \bigstar b = b \bigstar a \qquad \text{교환법칙}$$

"결합법칙은 계산 순서를 바꿔도 된다고 했잖아요? 그렇다면 교환법칙은 필요 없는 것 아닌가요?"

"아니야." 미르카가 말했다.

"똑똑히 봐. 결합법칙에서는 계산 순서를 바꿨을 뿐 ★의 오른쪽과 왼쪽을 교환한 게 아니야. 정수, 유리수, 실수의 덧셈은 모두 가환군이야. 다시 말해 교환법칙이 성립하는 군이지. 그래서 교환법칙이 성립하지 않는 상황은 상상하기가 힘들어."

"차의 연산…… 뺄셈은?" 내가 말했다.

"확실히 차의 연산자는 교환법칙이 성립하지 않아. $a-b=b-a$가 반드시 성립한다고는 할 수 없으니까. 하지만 차의 연산자는 결합법칙도 성립하지 않지."

"아, 그런가? 군을 예시로 들 때는 적절하지 않구나. ……그럼 행렬은?"

"맞아. 고등 수학에서는 교환법칙이 성립하지 않는 전형으로 '행렬의 곱'을 꼽지." 미르카가 말했다.

"어제 원소 개수가 2개인 군에 대해 의논했잖아요? 그 군에서는 교환법칙이 성립할 것 같은데……. 그런가요?" 테트라가 말했다.

| $\star$ | $e$ | $a$ |
|---|---|---|
| $e$ | $e$ | $a$ |
| $a$ | $a$ | $e$ |

"테트라, 왜 그렇게 생각했지?"

"그게, $e \star a = a \star e$여서 그렇게 생각했어요."

"흠, 테트라의 말이 맞아. 그 군에서는 교환법칙이 성립해. 지금 테트라는 '원소가 2개인 군은 가환군이다'라는 정리를 증명한 셈이야."

"가환군……."

가환군의 정의(가환군의 공리)

아래의 공리를 만족하는 집합 G를 가환군이라고 한다.

- **연산** ★에 관하여 닫혀 있다.
- 임의의 원소에 대하여 **결합법칙**이 성립한다.
- **항등원**이 존재한다.
- 임의의 원소에 대하여 그 원에 대한 **역원**이 존재한다.
- 임의의 원소에 대하여 **교환법칙**이 성립한다.

(교환법칙을 만족한다는 점이 일반적인 군과 다른 점이다.)

### 정다각형

홍이 오른 미르카는 새로운 이야기를 꺼냈다.

◆◆◆

'원소 개수가 2개인 군' 하니까 생각났어. 집합 $\{-1, +1\}$은 일반적인 곱에 대해 군이 돼.

| $\times$ | $+1$ | $-1$ |
|---|---|---|
| $+1$ | $+1$ | $-1$ |
| $-1$ | $-1$ | $+1$ |

그런데 $x=-1$, $+1$이란 방정식 $x^2=1$의 해야. 방정식의 해가 군이 된 거야. 방정식의 해란 제약의 일종인데, 그 제약이 바로 군을 만들어 낸 거지. $x^2=1$만으로 감이 잘 안 잡힌다면 3차방정식으로 차수를 올려 보자.

$$x^3=1$$

이 해는 1의 세제곱근이니까 3개 있어.

$$x=1, \omega, \omega^2 \qquad \left(\text{단}, \omega=\frac{-1+\sqrt{3}i}{2}\right)$$

사실 $\{1, \omega, \omega^2\}$는 곱에 관하여 가환군을 이뤄. 연산표는 이렇게 돼.
$x=\omega$는 $x^3=1$의 해니까 $\omega^3=1$이라는 식으로 간략화한 거야.

| $\times$ | $1$ | $\omega$ | $\omega^2$ |
|---|---|---|---|
| $1$ | $1$ | $\omega$ | $\omega^2$ |
| $\omega$ | $\omega$ | $\omega^2$ | $1$ |
| $\omega^2$ | $\omega^2$ | $1$ | $\omega$ |

지수를 표기하는 게 좋겠어. 가환군의 공리를 만족한다는 사실을 쉽게 확인할 수 있도록 말야.

| $\times$ | $\omega^0$ | $\omega^1$ | $\omega^2$ |
|---|---|---|---|
| $\omega^0$ | $\omega^0$ | $\omega^1$ | $\omega^2$ |
| $\omega^1$ | $\omega^1$ | $\omega^2$ | $\omega^0$ |
| $\omega^2$ | $\omega^2$ | $\omega^0$ | $\omega^1$ |

다시 돌아와서, 일반적으로 $n$차방정식 $x^n=1$에서 $n$개의 해집합을 나타내면 다음과 같겠지.

$$\{a_0, a_1, a_2, \cdots, a_{n-1}\}$$

이 집합은 곱셈에 대하여 가환군이 돼. ……추상적이라 이해하기 어려운가? 그럼 복소평면 위 기하의 시점으로 보자. 단위원 위의 복소수는 절댓값이 1이니까, 곱은 '편각의 합'이 돼. 즉 1의 $n$제곱근을 생각한다는 것은 단위원을 $n$등분하는 점을 생각하면 되는 거지.

$n=1$일 때, $\{1\}$은 항등원으로만 이루어진 군과 동형이다.
$n=2$일 때, $\{1, -1\}$은 2개의 원소로 이루어진 군과 동형이다.
$n=3$일 때, $\{1, \omega, \omega^2\}$는 정삼각형의 꼭짓점에 대응한다.
$n=4$일 때, $\{1, i, -1, -i\}$는 정사각형의 꼭짓점에 대응한다.

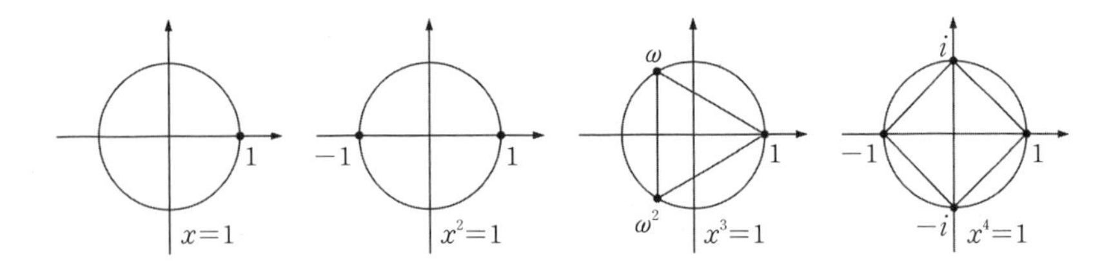


편각 $360°=2\pi$의 $n$등분이니까 $x^n=1$의 해는 $k=0, 1, \cdots, n-1$로서 아래와 같이 나타낼 수 있어.

$$a_k = \cos\frac{2\pi k}{n} + i\sin\frac{2\pi k}{n}$$

우리에게 친숙한 정$n$각형의 꼭짓점은 방정식의 관점으로 보면 '1의 $n$제곱근의 해'이고, 군의 관점으로 보면 '원소가 $n$개인 가환군의 예'가 되는 거야. 단위원 위에서 추는 댄스, 정말 재미있지?

수학적 문장의 해석

"테트라, 이 정도로 군을 가지고 놀 수 있으면 이런 문장의 뜻도 알 수 있지 않을까?"

미르카는 눈을 감고 노래를 읊조렸다.

타원곡선에는
가환군의
구조가 들어 있네

"어때?" 미르카가 눈을 뜨고 물었다.

"저, 저도 알 수 있을까요……." 테트라가 불안한 표정으로 말했다.

"일단 생각해 봐. 아는지 모르는지, 생각을 해 봐야 알 수 있지. '타원곡선'이나 '가환군'이라는 어려운 용어 때문에 지레 겁먹지 말고. 이 말은 몇백 년이나 널 기다렸어. 바로 이해가 되지 않더라도 두려워할 필요 없다고. 정면으로 맞서야지."

테트라는 골똘히 생각에 잠겼다. 얼마 후 천천히 말을 꺼냈다.

"저…… 타원곡선이 뭔지 잘 모르겠지만…… '가환군의 구조가 들어 있네'라는 말은 알 것 같…… 아니, 알아요. 가환군이란 교환법칙이 성립하는 군을 말하죠. 이게 가환군의 정의예요. 저는 교환법칙을 알고 있고 군의 공리도 배웠어요. 따라서 가환군의 정의를 안다는 뜻이죠. 음, 그리고 타원곡선이라는 건 어떤 집합일 거예요. 그리고 어떤 연산도 정의되어 있을 거예요. 왜냐하면, 음……."

"군의 정의는……." 내가 끼어들었다.

"선배! 잠시만요. 지금 생각하고 있어요. ……군이란 집합에서 어떤 연산을 정의한 걸 말해요. '타원곡선에 가환군의 구조가 들어 있다'고 했으니까 타원곡선이라는 집합에 정의된 그 연산은 가환군의 공리를 만족할 거예요. 다시 말해…… 그 연산은 닫혀 있고 결합법칙을 만족하고 항등원도 있고 모든 원소에는 각각 역원이 있고…… 그리고 음, 교환법칙도 만족할 거예요."

미르카가 만족스러운 듯 고개를 끄덕였다.

테트라가 정의를 완벽히 자기 것으로 만드는 것을 보고 나는 조금 놀랐다. 타원곡선이라는 낯선 용어가 나와도 가환군을 실마리로 삼아 길을 뚫어 내다니…….

테트라는 뭔가 알아차린 듯 양손을 입에 갖다 댔다.

"앗! 아마 타원곡선에 군으로서 구조를 넣고 싶은 사람은 타원곡선을 연구하는 사람일 거예요. 그러면 가환군의 구조를 단서로 타원곡선을 연구할 수 있을지도……."

그때 미르카가 테트라의 말을 끊었다.

"테트라, 대체 넌 정체가 뭐니?"

"네?"

"빠른 이해력에 감동했어. ……테트라, 잠깐 이리 와 봐."

미르카가 손짓을 했다. 순순히 침대 곁으로 다가가는 테트라.

미르카는 오른팔을 들어 테트라의 목을 휘감더니, 볼에 입을 맞췄다.

"꺄악! 미, 미, 미, 미, 미르카 선배! $\lim_{x \to 0} \frac{1}{x} \sin \frac{1}{x}$!"

"난 똑똑한 애를 좋아해." 미르카는 혀를 낼름 내밀었다.

## 세 가닥 땋기의 공리

이야기가 끝난 후 테트라가 빈 잔에 차를 따랐다. 미르카는 머리를 다시 묶으려고 애쓰는데 다친 왼팔 때문에 잘 안 되는 모양이다.

"제가 도와드릴까요?" 테트라가 말했다.

"그럼 부탁 좀 할까?"

“땋아도 돼요?”

“마음대로 해.”

테트라는 기뻐하며 미르카의 머리를 땋기 시작했다. 신선한 풍경이다.

“세 가닥 땋기는 수학적으로 존재할까요?” 테트라가 물었다.

“공리에 모순이 없으면 존재해.” 미르카가 바로 대답했다.

“세 가닥 땋기의 공리군요.”

그건 대체 무슨 공리인지……. 나는 마음속으로 중얼거렸다.

“무모순성은 존재의 기초.” 미르카가 말했다.

“다 땋았어요. 어릴 때 저도 머리를 길렀거든요. 아침마다 엄마가 머리를 땋아 주셨어요. 그 시간이 참 좋았어요. 엄마는 제 머리를 땋으면서 〈그린 슬리브스(Greensleeves)〉라는 노래를 불러 주셨거든요.”

“정말 소녀다운 이야기네.” 내가 놀리듯 말했다.

“저 소녀 맞거든요! 그리고 유리도 소녀예요. 얼마 전에…….” 테트라가 말했다.

“유리?”

여기서 왜 유리가 나오지?

“아, 아니……. 내 입은 어쩜 이렇게 방정맞을까! 힝…….”

테트라는 볼을 꼬집었다.

“혹시 나랑 유리가 사촌이라는 말?” 내가 물었다.

“어머, 선배도 알고 있어요?”

“유리가 말해줬어. 유리는 여동생이나 마찬가지지만…….”

“아, 그, 그래요……? 저기…… 그러고 보니 미르카 선배는 형제자매 있나요?”

“오빠가 한 명 있어.”

미르카는 자신의 땋은머리 끄트머리를 보며 말했다.

“뭐?” 나와 테트라가 동시에 물었다.

미르카에게…… 오빠가? 처음 듣는 말이다.

“내가 초등학교 3학년일 때 세상을 떠났지만.”

미르카의 눈에서 눈물이 한 줄기 흘러내렸다. 닦으려고도 하지 않았다. 눈을 감자 눈물이 또 한 줄기 흐른다.

"미르카 선배."

테트라가 재빨리 손수건을 꺼내 그녀의 눈가를 닦아 주었다.

"……내일 퇴원해. 오지 않아도 돼." 미르카가 말했다.

## 4. 진짜 모습

### 본질과 추상화

오늘은 병원에 가지 않는 날. 나와 테트라는 수업을 마치고 도서실에 있었다. 도전할 문제도 없었지만, 오늘은 문제를 풀고 싶지 않아서 잡담만 하고 있었다.

"선배, 군 이야기를 미르카 선배한테 듣고 나서 대체 '수'라는 게 뭘까 하는 생각이 들었어요. 저는 '수'이기 때문에 계산을 할 수 있는 거라고 생각했어요. 그런데 집합과 공리로도 계산 비슷한 걸 구성할 수 있잖아요. 집합에서는 원소끼리 계산을 하고 복소평면 위에서는 점끼리 계산을 해요. 그런 건 이제 많이 익숙해졌지만, 그럼 진짜 수라는 건 대체 어디에 있을까 하는 의문이 들었어요. 수는 실제로 존재하나요?"

진짜 수.

수의 진짜 모습.

"나도 병원에서 미르카 얘기를 들으면서 생각했어. 수란 뭘까. 수의 본질은 뭘까 하고."

'무모순성은 존재의 기초.'

미르카는 이런 말도 했다. 하지만 뭘 의미하는지 잘 모르겠다.

"너무 구체적이면 본질을 잃어버리지. 허수를 영어로는 '이매지너리 넘버(imaginary number)'라고 하는데, 허수뿐만 아니라 모든 수는 상상일지도 몰라."

"너무 구체적이면 본질을 잃어버린다는 게 무슨 뜻이죠?"

"미르카가 말했잖아. '원이 두 개뿐인 군'은 동형을 제외했을 때 본질적으로는 한 개라고. 그건 군의 공리에서 이론적으로 이끌어 낸 결론이야. 그렇게 연산의 본질은 구체적인 수에서 벗어나지 않으면 보이지 않아. 0이나 1 같은 구체적인 수에서 멀리 떨어져야만 보이지."

"……."

"0과 1을 항등원으로서 동일시하는 건 과감한 발상이야. +와 ×를 연산으로서 동일시한다는 것도 대단해. 우리에게 길들여진 개념에서 본질적이지 않은 것을 도려내면 본질이 떠오르는 걸까?"

"왠지 알 것 같아요. 추상화해서 증명을 하면 넓은 범위에 적용할 수 있다는 사실 말예요."

"본질이 같은지 아닌지는 추상화해야만 알 수 있어. 추상이란, 그러니까 본질 이외의 것을 버리는 거야. 정말 중요한 것만 남기고 나머지는 버리는 거지."

"정말 중요한 것만 남기고 나머지는 버린다……."

### 흔들리는 마음

"선배, 미르카 선배가 사고당했을 때 교실에서 뛰쳐나갔잖아요. 그때……."

테트라는 그렇게 말하면서 자신의 어깨를 손으로 감쌌다.

"응, 중앙병원까지 단숨에 달려갔어. 그 먼 거리를 말이야. 나도 깜짝 놀랐어. 다리가 아프더라."

"……."

"그런데 미르카는 참 대단해. 충격이 꽤 컸을 텐데 그렇게 쌩쌩하게 '강의'를 하다니 말이야."

나는 미르카가 눈물 흘리던 모습을 떠올렸다. 초등학생 때 오빠를 떠나보낸 아픔을 간직하고 있었다니…….

나는 시계를 봤다.

"아, 곧 미즈타니 선생님이 나타날 시간이야. 슬슬 가 볼까?"

미즈타니 선생님은 도서실을 관리하는 사서 선생님으로, 매일 하교 시간이 되면 도서실에 나타나 퇴실 시간을 알린다. 짙은 색 안경을 써서 표정도 잘 보이지 않는데다 정확한 시각에 등장하기 때문에 '로봇'이라 불리기도 한다.

"선배, 미즈타니 선생님은 도서실에 아무도 없을 때도 퇴실 시간을 알릴까요? 우리 숨어서 확인해 볼까요?"

우리는 문학 전집 코너의 책장 뒤에 숨었다. 미즈타니 선생님의 동선은 늘 일정하다. 따라서 이 위치는 확실한 사각지대. 책장 뒤에 내가, 내 뒤에 테트라가 웅크리고 앉았다.

"숨바꼭질하는 것 같네요."

"쉿!"

폭이 좁은 스커트 차림의 미즈타니 선생님이 문을 열고 들어왔다. 그리고 도서실 한복판까지 곧장 걸어왔다.

"퇴실 시간입니다."

선생님은 이 한 마디를 남긴 채 사서실로 돌아가 문을 닫았다. 평소와 다름이 없다. 오, 아무도 없어도 역시 '알림'은 작동하는구나. 웃기다, 테트라…… 하고 내가 뒤를 돌아보려 하는데 갑자기 등 뒤로 테트라가 몸을 기댔다.

"테트라?"

심장 박동이 급격히 빨라졌다.

"선배…… 돌아보지 마세요."

나는 아무 말도 할 수 없었다.

"알아요, 알고 있다고요. 미르카 선배는 정말 멋진걸요. 전 그렇게 될 수 없어요."

등으로 테트라의 무게감을 느끼며 내 시선은 문학 전집 제목들 사이에서 갈피를 잡지 못하고 있었다. 『아큐정전』, 『이즈의 무희』, 『두자춘』…….

"그러니까, 그러니까 뒤돌아보지 마세요. 잠시만…… 이렇게 있어요. 선배 앞에 서는 게…… 지금의 저에겐 어려워요. 선배가 뒤를 돌아보면 다시 원래의 테트라로 돌아갈게요. 그러니까 잠깐만 이렇게 있을게요."

테트라의 두 손이 떨리고 있다. 그리고 그녀는 내 등에 머리를 기대었다.

테트라는 가냘프게 떨리는 목소리로 내 이름을 불렀다. 지금 그 목소리를 듣는 사람은 이 세상에서 오직 나뿐이다.

잠시 후 갑자기 테트라가 내 등을 마구 두드렸다. 나는 균형을 잃고 넘어질 뻔했다.

"짜잔! 선배, 놀라셨죠? 농담, 농담이에요! 오늘은 저 먼저 집에 갈게요. 내일 봬요!"

테트라는 짐짓 쾌활한 목소리로 말하면서 피보나치 사인도 하는 둥 마는 둥 하더니 쏜살같이 도서실 밖으로 나갔다.

테트라는 끝까지 밝았다.

하지만 나에게는……

그녀가 울고 있는 것처럼 보였다.

내 인생에 가장 창조적이었을 때를 꼽자면
가장 혹독한 제약 속에서 일했던 시기라는 사실을
뼈저리게 깨닫게 됩니다.
_커누스, 『컴퓨터 과학자가 잘 말하지 않는 것』

# 헤어스타일을 법으로

기차가 서서히 속도를 늦추자
이내 승강장에 일렬로 서 있는 전등이
아름답게, 규칙적으로 모습을 드러냈습니다.
그 빛은 점점 커지고 넓게 퍼졌습니다.
둘을 태운 기차는 정확히 백조 정거장의 커다란 시계 앞에서 멈춰 섰습니다.
_미야자와 겐지, 『은하철도의 밤』

## 1. 시계

### 나머지의 정의

"오빠, 이거 어때?" 유리가 말했다.

"뭐가?"

"모르겠어? 자, 봐."

유리는 그렇게 말하며 머리를 돌렸다. 그러자 머리에 묶인 이끼색의 새 리본이 흔들리고 있었다.

"리본 예쁘다."

"칫, 그렇게 말하면 여자들이 싫어해."

"그게 무슨 소리야?"

"이럴 때는 '리본 예쁘다'가 아니라 '잘 어울리네'라고 해야지."

"아……."

"오빠는 여자를 몰라도 너무 모른다옹." 고양이처럼 말하는 유리.

"알았어, 알았어. 잘 어울리네."

"국어책 읽어?"

"하하하!"

"워밍업 끝. 오늘 이야기는?"

"유리는 **나머지의 정의**가 뭔지 알아?"

"나누고 남은 거 아니야?"

"정의를 어떻게 말해야 하는지 잊었어? 나머지란……."

"아! 맞다. 나머지란, 나누고 남은 것을 말합니다."

"유리가 말하고자 하는 바는 알겠어. 그런데 그건 정의라고 할 수 없어. 무엇을 무엇으로 나눴는지, 남은 건 뭔지 확실히 해야지."

"음, 그렇게 생각한 적이 없어서 모르겠어."

"그럼 같이 해 보자." 나는 노트를 펼쳤다.

"좋아." 유리는 안경을 쓰고 옆으로 다가왔다.

"나머지를 제대로 정의하기 위해 수식을 쓸게."

$$a=bq+r \ (0 \leqq r < b)$$

"이 식에서 $a$를 $b$로 나눈 **나머지**는 $r$이야. $a$와 $b$는 자연수, $q$와 $r$은 자연수 또는 0이야."

"응? 하지만 이 식은 나머지를 정의한 것 같지 않아. 나누기 수식이 없잖아!"

"나머지를 정의하는 것은 나눗셈을 정의하는 것이기도 해. 따라서 나머지의 정의에 나누기 수식이 없는 건 자연스러운 거야. 이 식에서는 곱셈을 써서 나머지를 정의했어. 먼저 $a=bq+r$을 찬찬히 살펴 봐. 수식은 급하게 읽으면 안 돼. $a, b, q, r$이라는 문자의 뜻을 하나하나 확인하면서 읽어야 해."

"알겠습니다, 선생님. 자연수는 1, 2, 3, …을 말하는 거지. 식 $a=bq+r$에 나오는 문자는 $a, b, q, r$인데 $a$는 나뉘는 수, $b$는 나누는 수, $r$은 나머지…… 근데 $q$는 뭐야?"

"생각해 봐."

"$b$랑 $q$를 곱해서 $r$을 더하면 $a$와 같아진다……. $q$는 나눗셈의 답인가?"

"맞아. $q$는 $a$를 $b$로 나눴을 때의 **몫**이야."

"이제 식이 뜻하는 걸 알겠어. $a=bq+r$은 $a$를 $b$로 나누면 몫이 $q$이고 나머지가 $r$이 된다는 걸 나타내는 거네. 그런데 오른쪽에 적힌 조건 $0 \leqq r < b$는 왜 있는 거야?"

"잘 지적했어. 역시 유리는 조건을 놓치지 않는구나. 이 조건이 왜 있는지 잘 생각해 봐. 궁금한 점이 있으면 하나하나 짚어 보고 궁리해야 돼. 그게 바로 수학을 배울 때 가장 중요한 자세야."

"선생님 말투가 완전히 입에 붙었네. 음…… $r$은 나머지니까 $0 \leqq r$이라는 조건은 알겠어. 나머지는 0 이상이라는 거지? 나머지가 0이라는 건 나누어떨어진다는 말이고. 그런데 $r < b$는 잘 모르겠어……."

유리는 뿔테 안경을 손가락으로 밀어 올리고 팔짱을 꼈다.

"$r < b$이란 말이지…… $r$은 나머지, $b$는 나누는 수…… 아, 당연하구나! $r < b$라는 건 나머지가 나누는 수보다 작다는 뜻이네. 예를 들어 7을 3으로 나누면 나머지는 1이잖아. 3으로 나눴는데 나머지가 3 이상이 나올 리 없지. 3으로 나눴는데 4가 남으면 배보다 배꼽이 더 큰 거지……."

"그래, 바로 그거야. 구체적인 수를 예로 들어 생각하다니, 대견한데? 조건 $0 \leqq r < b$는 나머지가 반드시 0 이상이고 나누는 수보다 작다는 걸 뜻해. 그것 봐, 이렇게 차근차근 읽으면 나머지를 정의하는 식 $a = bq + r \ (0 \leqq r < b)$이 머리에 들어오지? 수학은 급하게 통째로 외워 봤자 소용없어. 수식을 천천히 읽고 반복해서 써 보고, 궁금증이 생기면 차근차근 생각하고, 구체적인 예를 만들어서 확인해 보는 식으로 즐기는 게 중요해. 그러면 어느새 수식은 너의 것이 되어 있을 거야. ……나머지를 제대로 정의하려면 이 식을 만족하는 $q$와 $r$이 정해져 있다는 사실을 증명해야 하는데, 지금은 생략할게."

나머지의 정의(자연수)

$a$를 $b$로 나눴을 때의 몫 $q$와 나머지 $r$을 다음 식으로 정의한다.

$$a = bq + r \ (0 \leqq r < b)$$

여기서 $a, b$는 자연수, $q, r$은 자연수 또는 0이다.

"그럼 유리가 말한 예시를 식에 적용해서 잘 이해했는지 확인해 보자. 7을 3으로 나눴을 때 몫은 2이고 나머지는 1이야. 다시 말해 $a=7$, $b=3$, $q=2$, $r=1$이지."

$$7=3\times2+1\ (0\leqq1<3)$$

"응, 이해했어. 그런데 이게 재미있어?"

"이건 '수식을 써서 표현하는 것'의 예로 설명한 거야. 산수와 수학의 가장 큰 차이점은 문자를 사용한 수식이 있느냐 없느냐 하는 거야. 유리는 '나머지'라는 게 뭔지 머리로는 이해하고 있지만 그걸 표현하려면 수식이 필요해. 그리고 수식에서 문자가 뜻하는 걸 확실히 알 수 있어야 해. 그런 걸 얘기하고 싶었어."

"흠. 알았어, 오빠."

"어쨌든 유리는 조건을 놓치지 않았네. 잘했어."

"이거 쑥스러운데?"

### 시계가 가리키는 것

나는 벽에 걸려 있는 아날로그 시계를 가리켰다.

"시계의 시침이 3을 가리키면 오전 3시이기도 하지만 15시, 즉 오후 3시이기도 하지. 이때 시침이 가리키는 건 '현재 시각을 12로 나눈 나머지'야. $15\div12=1\cdots3$이니까 나머지는 3이야. 그래서 15시가 3이 되는 거야."

"흠, 듣고 보니 그러네. 23시라면 23을 12로 나누었을 때 나머지는 11이니까 시침은 11을 가리켜……. 맞네."

"그러니까 시계는 나머지 계산을 하는 거야."

"아냐, 오빠가 틀렸어!"

"응?"

"잘 봐. 나머지가 0일 때를 생각해. 12시일 때 시침은 0이 아니라 12를 가리키잖아. 나머지가 12라는 건 이상하잖아."

"아, 하지만 12는 0이랑 같으니까……."

"12는 0이랑 달라. 오빠, 나머지 정의를 잊었어? $a=bq+r\ (0 \leqq r < b)$니까 12로 나눴을 때 나머지 $r$에는 $0 \leqq r < 12$라는 조건이 따르잖아. 12는 나머지가 될 수 없어. 냐하하."

"큿……."

내가 유리한테 역습을 당하다니.

## 2. 합동

### 나머지

"결국 내가 사촌동생한테 역습을 당했다니까." 내가 말했다.

"유리는 조건을 잊어버리지 않는구나……." 테트라가 말했다.

"역습 당한 처지에 기분 좋아 보이네." 미르카가 말했다.

여기는 우리 교실. 미르카는 퇴원해서 오늘부터 등교하기 시작했다. 하지만 목발을 짚고 다녀야 하는 불편함 때문에 수업이 끝난 후 도서실에 가지 않고 교실에 남았다. 미르카는 새로운 안경을 쓰고 있는데, 안경테 디자인이 예전 것과 살짝 다르다. 안쓰럽게도 왼팔과 왼다리에는 여전히 붕대가 감겨 있다.

얼마 전 숨바꼭질 사건이 있고 나서 테트라가 자꾸 신경 쓰인다. 이런 나와는 달리 테트라는 평소와 다름이 없다.

여자들은 알다가도 모르겠다…… 어라?

"그런데 테트라, 헤어스타일 바꿨어?"

말괄량이 소녀 이미지는 사라지고 나긋나긋한 느낌이다.

"어머, 티가 나요? 크게 바꾼 건 아니지만 살짝 잘라 봤어요. 너무 많이 잘랐나?"

테트라는 눈을 치켜뜨며 앞머리를 손가락으로 잡아당겼다.

"상당히 짧아졌…… 아니, 잘 어울리네."

"네? 저, 정말요? 기분 좋다……."

주먹을 꽉 쥔 양손을 머리 위로 올려 빙글빙글 돌리는 테트라. 대체 무슨 제스처일까.

"그래서? '12는 0이랑 다르다'라는 말을 듣고 넌 순순히 물러났어?" 미르카가 말했다.

"무슨 말이야?"

"시계 이야기가 나왔잖아. 시계는 모드(mod)의 세계란 말이야."

"모드?"

"나머지를 구하는 연산을 **잉여**, 즉 'mod'라고 해. 예를 들어 7을 3으로 나눈 나머지가 1과 같다는 건 이렇게 써."

$$7 \bmod 3 = 1$$

"몫을 무시하고 나머지에 주목하는 거야. 처음부터 얘기해 보자."

미르카는 그렇게 말하고 나에게 손가락 신호를 보냈다.

노트랑 샤프를 달라는 뜻이다. 네, 네, 대령하겠습니다.

◆◆◆

다시 짚어 보자.

넌 자연수의 범위에서 나머지를 정의했어. 자연수 $a$를 $b$로 나눴을 때 몫을 정수 $q$로 하고 나머지를 정수 $r$로 하면 $a, b, q, r$ 사이에는 다음 관계가 이루어져.

$$a = bq + r \quad (0 \leqq r < b)$$

여기서 $a, b$를 자연수에서 정수로 넓혀 보자. 단, '0으로 나누는 경우'를 제외하기 위해 $b \neq 0$으로 할게. 정수 $a$를 정수 $b \neq 0$으로 나눴을 때의 몫을 $q$로 하고 나머지를 $r$로 해서 몫과 나머지를 다음 식으로 정리했어. $b$가 음수일 때도 있으니까 조건의 부등식에는 $b$ 대신 절댓값 $|b|$를 쓸게.

$$a=bq+r \ (0 \leqq r < |b|)$$

$a$, $b$가 주어지면 $q$, $r$은 자동으로 정해져. 이제 mod를 정의할 수 있어.

mod의 정의(정수)

$a$, $b$, $q$, $r$은 정수이고 $b \neq 0$이다.

$$a \bmod b = r \Leftrightarrow a=bq+r \ (0 \leqq r < |b|)$$

어려운 이야기가 아니야. $+$, $-$, $\times$, $\div$와 마찬가지로 mod라는 연산이 있다는 것뿐이야. 예를 들어 7을 $-3$으로 나누면 몫이 2이고 나머지는 1이야.

$$7 \bmod (-3) = 1 \Leftrightarrow 7 = (-3) \times (-2) + 1 \ (0 \leqq 1 < |-3|)$$

조건 $0 \leqq r < |-3|$이라는 제약 때문에 $7 \bmod (-3)$의 값은 1 말고는 없어. 지금 정의를 내린 연산 mod를 사용하면 오전 0시부터 $h$시간이 지났을 때 시침은 $h \bmod 12$를 가리키게 돼. 물론 네 사촌동생의 말처럼 되지 않으려면 12라는 눈금을 0이라고 바꿔 써야 하겠지만.

$h$는 음수여도 돼. 오전 0시부터 $-1$시간 지났을 때(즉 1시간 전)는 시침이 11을 가리켜. 그리고 $(-1) \bmod 12$도 11이 나오지.

$$-1 = 12 \times (-1) + 11 \ (0 \leqq 11 < |12|)$$

그럼 테트라에게 간단한 퀴즈를 내 볼게. 정수 $a$, $b$에 대하여 다음 식이 성립할 때 $a$와 $b$의 관계를 한마디로 설명해 봐.

$$a \bmod b = 0$$

◆◆◆

미르카의 물음에 테트라는 생각에 잠겼다.

"음…… 정수 $a$, $b$의 관계를 묻는 거죠? $a \bmod b$라는 건 $a$를 $b$로 나눴을 때의 나머지를 말하는 거니까, 나머지가 0과 같다는 거네요!"

"틀린 건 아니야. 하지만 그걸 한마디로 표현할 수 있어?"

"네? 한마디로……?"

"말하자면 '$a$는 $b$의 배수'야. '$b$는 $a$의 약수'라고 해도 좋아." 미르카가 말했다.

"혹은 '$a$는 $b$로 나누어떨어진다'도 있지." 내가 말했다.

"아, 그러네요!" 테트라는 고개를 크게 끄덕였다.

"mod는 나머지만 구하는 연산이니까……. 몫과 나머지를 구하는 건 알겠는데, 나머지만 구하는 게 무슨 의미가 있지?" 내가 말했다.

"흠……. 넌 '홀짝 알아보기'를 좋아하지 않았나?" 미르카가 되물었다.

"홀짝을 알아보는 건 이론이잖아. 아, 그렇구나."

"맞아. '홀짝 알아보기'라는 건 바로 '2로 나눈 나머지 알아보기'야."

확실히 그렇다. 홀짝을 알아본다는 건 2로 나눴을 때 몫을 무시하고 나머지만을 살펴보는 거니까.

"mod의 정의에서 $r$은 '나머지'를 뜻하는 영어 '리메인더(remainder)'의 머리글자겠죠? 그런데 $q$는 뭐예요? 나누다는 '디바이드(divide)'이고 비는 '레이쇼(ratio)', 분수는 '프랙션(fraction)'인데……." 테트라가 말했다.

"'몫'을 뜻하는 '코우션트(quotient)'를 말해. mod는 '모듈로(modulo)'를 뜻하고."

미르카가 바로 답했다.

## 합동

"이제 **합동** 이야기를 해 보자." 미르카가 말했다. "합동이란 나머지가 같은 수를 **동일시**하는 거야."

"동일시……요?" 테트라가 말했다.

"다른 것을 '같은 것으로 간주한다'라는 뜻이야, 테트라." 내가 덧붙였다.

"시계를 예로 들면 이해하기 쉬워." 미르카가 설명을 이었다.

"3시와 15시는 다른 시각이야. 하지만 시침은 둘 다 3을 가리키지. 그래서 3과 15를 동일시하는 거야. 즉 12로 나눴을 때의 나머지가 같은 수들을 동일시한다는 뜻이야. 수식으로는 다음과 같이 표현해."

$$3 \equiv 15 \pmod{12}$$

"기호가 '='가 아니라 '≡'이니까 주의하도록. 이 식을 **합동식**이라고 해. 그리고 이때 12를 **법**이라고 해. $3 \equiv 15 \pmod{12}$라는 합동식은 이렇게 읽어."

'법 12에 대해 3과 15는 합동이다.'

"12를 법으로 한 합동식의 예를 몇 개 적어 볼게. 요컨대 법으로 나눈 나머지가 같은 수를 ≡로 묶는 거야."

$$\begin{aligned}
3 &\equiv 15 && \pmod{12} \\
15 &\equiv 3 && \pmod{12} \\
12 &\equiv 0 && \pmod{12} \\
12000 &\equiv 0 && \pmod{12} \\
36 &\equiv 12 && \pmod{12} \\
14 &\equiv 2 && \pmod{12} \\
11 &\equiv (-1) && \pmod{12} \\
7 &\equiv (-5) && \pmod{12} \\
1 &\equiv 1 && \pmod{12}
\end{aligned}$$

"≡의 양변은 나머지가 같으니까 일반적으로 이렇게 표현할 수 있어."

$$a \equiv b \pmod{m} \Leftrightarrow a \bmod m = b \bmod m$$

"이걸 ≡의 정의라고 생각하면 돼."

"미르카 선배…… 질문이 있어요."

테트라가 손을 들었다.

"뭔데?"

"mod라는 연산의 의미가 뒤죽박죽이 됐어요. 처음에는 $a \bmod b$를 '$a$를 $b$로 나눈 나머지'라고 이해했어요. 그런데 '법 $m$에 대해 합동'에서 나오는 $(\mathrm{mod}\ m)$에서는 mod의 왼쪽에 나누어지는 수가 아무것도 쓰여 있지 않아서……."

"아, 그 부분은 익숙해지지 않으면 확실히 헷갈리겠다." 미르카가 말했다. "테트라는 다음 식의 의미를 알고 있지?"

$$a \bmod m = b \bmod m$$

"네, 알아요. 나머지가 같은 것, 그러니까 '$a$를 $m$으로 나눈 나머지'와 '$b$를 $m$으로 나눈 나머지'가 같다는 등식이에요."

"그거면 됐어. 이 식에서는 나누는 수가 양변 모두 $m$이야. 이제 식을 간단히 만들기 위해 mod $m$ 부분을 양변에 나눠서 쓰지 않고 오른쪽에 몰아서 쓰고 싶어. 그런데 $a$랑 $b$가 같은 게 아니라 $m$으로 나눈 나머지가 같을 뿐이니까 '$a = b \pmod{m}$'처럼 등호(=)를 쓸 순 없어. 그래서 등호 대신에 비슷하지만 다른 기호인 ≡를 쓰는 거야."

$$a \equiv b \pmod{m}$$

"그렇구나. 알았어요. $a \bmod m$은 나머지를 계산하는 식이고, $a \equiv b \pmod{m}$은 나머지가 같다는 걸 나타내는 식이라는 거죠?"

"그렇지." 미르카는 검지를 세워 한 번 빙글 돌린 다음 말을 이었다.

"그럼 $a$를 $m$으로 나눈 나머지와 $b$를 $m$으로 나눈 나머지가 같다는 식 ($a \bmod m = b \bmod m$)은 이렇게 표현해도 좋아."

$$(a-b) \bmod m = 0$$

"즉 '법 $m$에 대해 합동인 수들의 차는 $m$의 배수가 된다'는 뜻이지."

"어? ……그러네요. 알겠어요. $a-b$를 계산하면 양쪽 다 나머지만큼 빠지잖아요." 고개를 끄덕이는 테트라.

"맞아, 예를 들면 15와 3의 경우를 보자."

$$(15-3) \bmod 12 = 12 \bmod 12 = 0$$

"이렇게 15와 3의 차는 확실히 12의 배수가 돼."

mod의 다른 표현

$a$, $b$, $m$은 정수이고 $m \neq 0$이다.

| | |
|---|---|
| $a \equiv b \pmod{m}$ | 법 $m$에 대해 합동 |
| $\Updownarrow$ | |
| $a \bmod m = b \bmod m$ | $m$으로 나눈 나머지가 같음 |
| $\Updownarrow$ | |
| $(a-b) \bmod m = 0$ | 차가 $m$인 배수 |

### 합동의 의미

"그런데 왜 나머지가 같은 두 수를 합동이라고 할까요? 삼각형의 합동이라면 알겠는데……."

미르카는 그 질문에 고개를 갸우뚱하더니 미소 지었다.

"테트라는 늘 용어가 궁금하구나. 네 말마따나 '합동'이라는 말은 기하에도 있어. '두 삼각형이 합동'이라는 것은 위치나 방향의 차이를 무시하고 두 삼각형을 동일시하는 걸 말해. 합동인 두 삼각형은 위치나 방향을 바꾸거나 뒤집으면 정확히 포개어지잖아?"

나와 테트라는 말없이 고개를 끄덕였다. 미르카가 말을 이었다.

"차이를 무시하는 게 중요해. 정수의 합동도 기하의 합동과 닮았어. $m$을 법으로 두는 건 $m$의 배수만큼의 차이를 무시하고 두 수를 동일시하는 거니까. 합동인 두 수는 $m$의 배수를 더하거나 빼면 정확히 포개어지거든."

### 관대한 동일시

"이상한 점이 하나 있어요." 테트라가 말을 꺼냈다.

"수학은 엄밀한 학문이잖아요. 일상생활에서는 생각할 수 없을 만큼 미세한 차이를 중시하죠. 그런데 가끔 굉장히 관대한 동일시를 하는 것 같아요. '복소평면'에서는 점과 수를 동일시했어요. 병원에서 알려 준 '군'에서는 집합의 원소에 연산을 넣어서 수와 동일시했죠. 그리고 정수의 '합동'에서는 배수의 차이를 무시하고 동일시했어요. 애초에 합동이라는 용어 자체도 기하와 정수를 동일시하는 거잖아요."

"동일시가 나오니까 왠지 흥미로워지네." 내가 고개를 끄덕이며 말했다. "무언가를 발견한 기분이 든다고 할까? '이것과 이것은 닮았어…… 아니, 거의 똑같아'라는 감각은 기쁨과 직결되어 있는 것 같아. 그것 또한 구조를 파악하는 기쁨일까? 구조적인 동일시……."

"병원에서 말했던 '동형군' 이야기 기억해? 동형이라는 개념은 '구조적인 동일시'를 수학적으로 표현하려는 거야. 동형을 만들어 내는 사상, 즉 대응관계를 동형 사상이라고 해. 동형 사상은 의미의 근원, 그리고 두 세계를 잇는 다리야." 미르카가 말했다.

### 등식과 합동식

"뭐, 철학적인 표현은 제쳐두고…… 애초에 $=$라는 기호는 $\equiv$과 닮았어.

등식과 합동식이 상당히 닮았으니까 수학자들도 이렇게 비슷한 기호를 고른 거지. 실제로 등식과 합동식은 매우 흡사해. 단, 나눗셈만 빼고."

미르카가 말을 이었다.

등식의 경우

$a=b$일 때, 다음이 성립한다.

| | |
|---|---|
| $a+\mathrm{C}=b+\mathrm{C}$ | 양변에 더해도 값은 같다 |
| $a-\mathrm{C}=b-\mathrm{C}$ | 양변에서 빼도 값은 같다 |
| $a\times\mathrm{C}=b\times\mathrm{C}$ | 양변에 곱해도 값은 같다 |

합동식의 경우

$a\equiv b \pmod{m}$일 때, 다음이 성립한다.

| | |
|---|---|
| $a+\mathrm{C}\equiv b+\mathrm{C} \pmod{m}$ | 양변에 더해도 합동이다 |
| $a-\mathrm{C}\equiv b-\mathrm{C} \pmod{m}$ | 양변에서 빼도 합동이다 |
| $a\times\mathrm{C}\equiv b\times\mathrm{C} \pmod{m}$ | 양변에 곱해도 합동이다 |

### 양변을 나누는 조건

미르카는 '나눗셈만 빼고'라는 단서를 두었다. 확실히 등식과 합동식은 사칙연산 가운데 덧셈, 뺄셈, 곱셈에 대하여 똑같다. 그렇다면 의문점은…… 그때 테트라가 손을 들었다.

"합동식에서는 양변을 같은 수로 나눌 수 없나요?"

그래, 그거다. 테트라는 조건을 자주 잊어버리기는 하지만 매우 총명하다. 미르카의 설명을 잘 이해하면서도 궁금한 점은 끈기 있게 파고든다. 합동식에서 나눗셈은 어떻게 될까…….

"등식과는 달라. 지금 얘가 구체적인 예를 만들 거야."

미르카가 나를 가리켰다. 나한테 떠넘기기냐!

"어디 보자…… 예를 들어 법 12에 대해 3과 15는 합동이다."

$$3 \equiv 15 \pmod{12}$$

"그런데 양변을 3으로 나누면 합동식은 더 이상 성립하지 않게 돼. 양변을 3으로 나누면 좌변은 1이고 우변은 5가 되니까 법 12에 대해 1과 5는 합동이 아니야." 내가 말했다.

$$(3 \div 3) \not\equiv (15 \div 3) \pmod{12}$$

"아, 그런가요? 법 12에 대해 1과 5는 합동이 아니다…… 아, 그렇군요. 1시와 5시는 시침이 다른 곳을 가리키니까요. 3시와 15시일 때는 같은 곳을 가리키는데……. 왠지 아쉽네요."

| | |
|---|---|
| $3 \equiv 15 \pmod{12}$ | 3과 15는 합동 |
| $(3 \div 3) \not\equiv (15 \div 3) \pmod{12}$ | 양변을 3으로 나누면 더 이상 합동이 아니다 |

"이건 양변이 같은 수로 나눠지지 않는 경우야. 하지만 양변이 같은 수로 나뉘는 경우도 있어. 15와 75를 예로 들어 보자. 이 두 수는 법 12에 대해 합동이야." 미르카가 말했다.

$$15 \equiv 75 \pmod{12}$$

"75시가 몇 시일까요?" 테트라가 말했다. "75÷12를 계산하면…… 음, 6과 나머지 3이네요. 15÷12는 1과 나머지 3이니까 확실히 15와 75는 합동이에요."

"이 경우에 양변을 5로 나눠도 합동식은 성립해." 미르카가 말했다.

$$(15 \div 5) \equiv (75 \div 5) \pmod{12}$$

"네. $15 \div 5 = 3$이고 $75 \div 5 = 15$니까, 3과 15는 합동이에요. 어? 그런데 양변을 3으로 나누면 합동식이 성립하지 않네요."

$$(15 \div 3) \equiv (75 \div 3) \pmod{12}$$

"$15 \div 3 = 5$이고 $75 \div 3 = 25$이거든요. 5시와 25시……. 다시 말해 시침이 5시와 1시를 가리키니까요."

나는 조금 놀랐다. 합동식의 양변을 어떤 수로 나누느냐에 따라 합동식이 성립하는 경우도 있고 성립하지 않는 경우도 있구나.

| | |
|---|---|
| $15 \equiv 75 \pmod{12}$ | 15와 75는 합동 |
| $(15 \div 5) \equiv (75 \div 5) \pmod{12}$ | 양변을 5로 나누면 합동 |
| $(15 \div 3) \not\equiv (75 \div 3) \pmod{12}$ | 양변을 3으로 나누면 더 이상 합동이 아니다 |

이렇게 되면 궁금한 건…….

마치 내 생각을 읽은 것처럼 미르카가 말했다.

"여기서 자연스레 다음 문제가 발생하지."

**문제 7-1** 합동식과 나눗셈

$a, b, \mathrm{C}, m$은 정수다. C가 어떤 성질을 갖고 있어야 다음이 성립하는가.

$$a \times \mathrm{C} \equiv b \times \mathrm{C} \pmod{m}$$

$\Downarrow$ 그렇다면

$$a \equiv b \pmod{m}$$

"이건 양변이 C로 나누어떨어지는 조건이군요."

"맞아." 미르카가 짧게 대답했다.

나와 테트라는 입을 다문 채 생각하기 시작했다.

나는 mod의 정의식을 바탕으로 수식을 변형하기 시작했다. 흘끗 봤더니 테트라도 노트에 뭔가를 적고 있다……. 잠시 후 테트라는 멋쩍은 듯 말을 꺼냈다.

"죄송해요, 선배. 그리고 미르카 선배. 힌트 좀 주세요. 어디서부터 시작해야 할지 전혀 모르겠어요……."

"문제를 생각할 때 첫걸음은?" 미르카가 물었다.

"예를 만드는 거죠. '예시는 이해를 돕는 시금석'이니까요. 그래서 $3 \equiv 15$와 $15 \equiv 75$의 예시를 다시 확인했어요."

"테트라는 나눗셈을 생각하고 있는 거니?"

"네. 나눗셈이 가능한 조건을……."

"일단 곱셈부터 관찰해 봐. 나눗셈을 깊게 이해하기 위해 곱셈을 관찰하는 것도 한 방법이거든. 지금 집합 $\{0, 1, 2, \cdots 11\}$에 $\mathbb{Z}/12\mathbb{Z}$라는 이름을 붙여 보자."

$$\mathbb{Z}/12\mathbb{Z} = \{0, 1, 2, \cdots, 11\}$$

"그리고 집합 $\mathbb{Z}/12\mathbb{Z}$에 연산 $\boxtimes$를 넣어. $\boxtimes$는 '두 수를 곱한 다음 12로 나눈 나머지를 얻는' 연산이라 정의할 수 있어. 물론 이 연산에 대하여 집합 $\mathbb{Z}/12$는 닫혀 있어. 12로 나눈 나머지 $r$은 $0 \leqq r < 12$에 들어가니까."

$$a \boxtimes b = (a \times b) \bmod 12 \text{ (연산의 정의)}$$

"테트라, 병원에서 군에 대해 얘기했을 때 ★연산표를 만든 것처럼 $\boxtimes$의 연산표를 만들어 봐. 그리고 그걸 연구하는 거야."

"아, 그런데 이 사각형에 $\times$를 넣은 기호는……."

"기호는 ★이든 ○이든 상관없어. 다만 곱셈과 비슷한 기호를 골라 본 거야. 2개 정도 시험 삼아 계산해 보자."

미르카가 예를 들었다.

$$\begin{aligned}
2 \boxtimes 3 &= (2 \times 3) \bmod 12 && \boxtimes\text{의 정의에서} \\
&= 6 \bmod 12 && 2 \times 3\text{을 계산} \\
&= 6 && 6\text{을 12로 나눈 나머지는 6과 같다} \\
6 \boxtimes 8 &= (6 \times 8) \bmod 12 && \boxtimes\text{의 정의에서} \\
&= 48 \bmod 12 && 6 \times 8\text{을 계산} \\
&= 0 && 48\text{을 12로 나눈 나머지는 0과 같다}
\end{aligned}$$

"알았어요. 그럼 연산표를 만들게요."

테트라는 자신의 노트에 연산표를 만들기 시작했다. 먼저 0의 행과 열에 0을 채워 넣고, 그다음에 1의 행과 열에 1, 2, 3, 4, …, 11이라고 썼다. 그리고 빈칸을 열심히 채우기 시작했다.

| ⊠ | 0 | 1 | 2 | 3 | 4 | 5 | 6 | 7 | 8 | 9 | 10 | 11 |
|---|---|---|---|---|---|---|---|---|---|---|---|---|
| 0 | 0 | 0 | 0 | 0 | 0 | 0 | 0 | 0 | 0 | 0 | 0 | 0 |
| 1 | 0 | 1 | 2 | 3 | 4 | 5 | 6 | 7 | 8 | 9 | 10 | 11 |
| 2 | 0 | 2 | 4 | 6 | 8 | 10 | 0 | 2 | 4 | 6 | 8 | 10 |
| 3 | 0 | 3 | 6 | 9 | 0 | 3 | 6 | 9 | 0 | 3 | 6 | 9 |
| 4 | 0 | 4 | 8 | 0 | 4 | 8 | 0 | 4 | 8 | 0 | 4 | 8 |
| 5 | 0 | 5 | 10 | 3 | 8 | 1 | 6 | 11 | 4 | 9 | 2 | 7 |
| 6 | 0 | 6 | 0 | 6 | | | | | | | | |
| 7 | 0 | 7 | | | | | | | | | | |
| 8 | 0 | 8 | | | | | | | | | | |
| 9 | 0 | 9 | | | | | | | | | | |
| 10 | 0 | 10 | | | | | | | | | | |
| 11 | 0 | 11 | | | | | | | | | | |

6의 행을 절반 정도 채웠을 때 갑자기 테트라가 고개를 들었다.

"아, 큰일이다! 오늘은 집에 빨리 가야 해요! 죄송해요, 오늘은 먼저 가 볼게요. 다음에 같이 공부해요!"

테트라는 부랴부랴 노트를 챙겨 들고 교실을 나갔다.

### 목발

교실에는 나와 미르카만 남았다. 활달한 테트라가 없으니까 교실은 갑자기 조용해졌다.

나는 미르카 발에 감긴 붕대를 봤다. 아직 아플까?

"미르카, 목발 짚기 힘들지?"

"어쩔 수 없지."

등을 곧게 펴고 시원시원하게 걷는 스타일이니 목발이 얼마나 답답할까.

"조금 있으면 목발 없이 걸을 수 있게 되겠지."

"목발 없이도 걸을 순 있어. 오늘은 그냥 확인하고 싶었을 뿐이야."

확인이라니? 아무튼 낫고 있다니 정말 다행이야.

"오늘은 그만 가자." 내가 말했다.

"나가기 전에 화장실에 다녀오고 싶은데."

미르카는 나에게 손을 쓰윽 뻗었다.

"응?"

"목발은…… 귀찮으니까."

어깨를 빌려 달라는 소리인가.

나는 목발을 왼손에 들고 오른팔로 미르카의 등을 안듯이 부축했다. …… 음, 균형 잡기가 어렵군. 게다가 몸이 밀착되니까 왠지 긴장된다. 미르카는 왼팔을 내 목에 감았다. 까칠까칠한 붕대의 감촉과 약품 냄새.

나는 미르카를 부축하고서 복도로 나섰다. 가만있자…….

"왼쪽." 미르카가 말했다.

이쪽이었지. 그런데 귓가에 대고 속삭이는 건 좀…….

나는 보조를 맞추기 위해 미르카의 발을 확인하면서 걸었다.

"빨라?"
"괜찮아."
미르카는 나에게 몸을 싣고 있을 텐데 무게가 거의 느껴지지 않는다. 느껴지는 건 그저 포근하고 부드러운……. 심장이 뛰면서 얼굴이 확 달아올랐다. 시트러스 향도 내 마음을 어지럽혔다.
아무도 없는 복도에는 창문 가득 진홍빛 노을이 드리워져 있었다.
"여기서 기다릴게."
화장실 앞에 도착하자 나는 미르카에게 목발을 건네며 말했다.
"역시 이인삼각은 재밌다."
미르카는 이런 말을 남기고 화장실로 들어갔다.
나는 복도 벽에 기대어 한숨을 내쉬었다.
창문으로 아름다운 저녁놀이 보였다.
집에 갈 때도 계속 어깨를 빌려 줘야 하나?
여자애들은…… 뭐랄까 정말…….
난 미르카한테 질질 끌려다니는구나. 불만은 아니지만…….
'역시 이인삼각은 재밌다.'
역시라니?

## 3. 나눗셈의 본질

### 코코아차를 마시면서

"늦게까지 열심히 하네."
엄마가 따뜻한 코코아차를 가져다주시며 말하셨다.
시간이 벌써 이렇게……. 엄마가 나가신 후 나는 머그컵을 보면서 멍하니 생각에 잠겼다. 커피를 마시고 싶지만 엄마는 늘 코코아차를 주신다. 아직도 애 취급이라니…….
아빠와 엄마가 결혼하고 내가 태어났다. 하나의 가족. 미르카에게도 가족이 있고 테트라에게도 가족이 있다. 우리는 아직 십대. 하지만 우리는 나름대로 이런저런 고민을 안고 있다.

미르카도.

'내가 초등학교 3학년 때 세상을 떠났어.'

테트라도.

'그러니까, 그러니까 뒤돌아보지 마세요.'

테트라의 손은 내 등에서 떨리고 있었다. 내 마음도 흔들리고 있다.

나는 한숨을 한 번 쉬고 노트를 펼쳤다.

수학.

수학은 묵직하게 존재한다. 완성된 수학은 확실히 그렇다고 생각한다. 하지만, 완성되기 전의 수학은 분명 다르다.

수식을 쓰면 수식이 남는다. 중간에 멈추면 미완성의 수식만 남는다. 그야 당연한 일이다. 하지만 미완성의 수식은 교과서에 실리지 않는다. 건물이 다 지어지면 작업 발판이 치워지듯이. 그래서 수학이라 하면 깔끔하게 완성된 이미지를 떠올리게 마련이다. 하지만 사실 수학이 탄생되는 최전선은 공사 현장처럼 어수선하고 뒤숭숭한 상태가 아닐까?

수학을 발견하고 만들어 낸 것은 어디까지나 인간이다. 결점이 있고 흔들리며 갈팡질팡하는 마음을 가진 인간. 아름다운 구조를 동경하고 영원을 추구하며 애타게 무한을 잡으려는 인간의 마음이 지금의 수학을 키웠다.

받아들이기만 하는 건 수학이 아니다. 스스로 만들어 내야 수학이다. 작은 수정 조각으로 커다란 사원을 쌓는 수학. 텅 빈 공간에 공리를 세우고, 공리에서 정리를 이끌어 내고, 정리에서 또 다른 정리를 이끌어 내는 수학. 씨앗 한 톨을 가지고 우주의 조각들을 맞추는 수학.

미르카의 지적인 해석, 테트라의 노력, 조건을 놓치지 않는 유리의 눈썰미……. 수학에 대한 내 생각이 바뀐 데는 그녀들의 영향도 크다.

따뜻한 코코아차를 마시면서 이런저런 상념에 젖었다.

### 연산표 연구

다시 수학을 해 보자.

테트라가 쓰다 만 $\boxtimes$ 연산표를 만들어 보자.

$$a \boxtimes b = (a \times b) \bmod 12$$

곱셈을 해서 12로 나눈 나머지만 적어 넣는 것이니까 힘들지는 않다.

| $\boxtimes$ | 0 | 1 | 2 | 3 | 4 | 5 | 6 | 7 | 8 | 9 | 10 | 11 |
|---|---|---|---|---|---|---|---|---|---|---|---|---|
| 0 | 0 | 0 | 0 | 0 | 0 | 0 | 0 | 0 | 0 | 0 | 0 | 0 |
| 1 | 0 | 1 | 2 | 3 | 4 | 5 | 6 | 7 | 8 | 9 | 10 | 11 |
| 2 | 0 | 2 | 4 | 6 | 8 | 10 | 0 | 2 | 4 | 6 | 8 | 10 |
| 3 | 0 | 3 | 6 | 9 | 0 | 3 | 6 | 9 | 0 | 3 | 6 | 9 |
| 4 | 0 | 4 | 8 | 0 | 4 | 8 | 0 | 4 | 8 | 0 | 4 | 8 |
| 5 | 0 | 5 | 10 | 3 | 8 | 1 | 6 | 11 | 4 | 9 | 2 | 7 |
| 6 | 0 | 6 | 0 | 6 | 0 | 6 | 0 | 6 | 0 | 6 | 0 | 6 |
| 7 | 0 | 7 | 2 | 9 | 4 | 11 | 6 | 1 | 8 | 3 | 10 | 5 |
| 8 | 0 | 8 | 4 | 0 | 8 | 4 | 0 | 8 | 4 | 0 | 8 | 4 |
| 9 | 0 | 9 | 6 | 3 | 0 | 9 | 6 | 3 | 0 | 9 | 6 | 3 |
| 10 | 0 | 10 | 8 | 6 | 4 | 2 | 0 | 10 | 8 | 6 | 4 | 2 |
| 11 | 0 | 11 | 10 | 9 | 8 | 7 | 6 | 5 | 4 | 3 | 2 | 1 |

그런데 미르카는 왜 연산표를 테트라에게 쓰라고 했을까? 원래 우리의 목적은 합동식의 양변이 C로 나누어떨어지는 조건을 구하는 것이었다.

**문제 7-1** 합동식과 나눗셈

$a, b, C, m$은 정수다. C가 어떤 성질을 갖고 있어야 다음 식이 성립하는가.

$$a \times c \equiv b \times \mathrm{C} \pmod{m}$$
$$\Downarrow \text{ 그렇다면}$$
$$a \equiv b \pmod{m}$$

미르카는 나눗셈을 깊게 이해하기 위해 곱셈을 관찰하는 것도 한 방법이라고 했다. 좋아, 그럼 이 연산표를 $m=12$의 예로 자세히 관찰해 보자.

0의 행은 전부 0이다. 0에 어떤 수를 곱해도 0이니까.

1의 행은 0, 1, 2, …, 11로 숫자가 순서대로 이어진다. 뭐, 이것도 당연하지.

2의 행은 0, 2, 4, 6, 8, 10까지 순서대로 늘어나다가 12가 되자 0으로 돌아간다. 법 12에 대하여 연산, 즉 12로 나눈 나머지를 취했으니 당연하다.

3의 행은…… 이것도 마찬가지다. 0, 3, 6, 9까지 가다가 12가 되자 0으로 돌아간다.

그렇다면 합동식 $a \times \mathrm{C} \equiv b \times \mathrm{C} \pmod{12}$에 연산 ⊠를 쓰면 이렇게 된다.

$$a \boxtimes \mathrm{C} = b \boxtimes \mathrm{C}$$

mod의 계산은 ⊠ 안에 포함되어 있으니 ≡가 아니라 =를 쓰면 된다. 그렇다면 여기부터 ⊠의 역연산을 생각해 볼까?

아니야, 틀렸다. 틀렸어.

집합 $\mathbb{Z}/12\mathbb{Z} = \{0, 1, 2, \cdots, 11\}$에서 ⊠의 역연산을 정리해서 생각하기보다는 먼저 C의 **역원**을 생각해야 하지 않을까? C의 역원을 임시로 C′이라고 하면, C′은 다음을 만족한다.

$$\mathrm{C} \boxtimes \mathrm{C}' = 1$$

이와 같은 수 C′이 $\mathbb{Z}/12\mathbb{Z}$ 안에 존재하면 나눗셈을 할 수 있을 것이다.

$$a \boxtimes \mathrm{C} = b \boxtimes \mathrm{C}$$

위의 식의 양변에 C′을 곱하면 다음 식이 성립하기 때문이다.

$$(a \boxtimes \mathrm{C}) \boxtimes \mathrm{C}' = (b \boxtimes \mathrm{C}) \boxtimes \mathrm{C}'$$

$\mathbb{Z}/12\mathbb{Z}$는 $\boxtimes$에 대하여 결합법칙이 성립하기 때문에 위의 식은 다음과 같이 쓸 수 있다.

$$a \boxtimes (\mathrm{C} \boxtimes \mathrm{C}') = b \boxtimes (\mathrm{C} \boxtimes \mathrm{C}')$$

$\mathrm{C} \boxtimes \mathrm{C}' = 1$이니까, 다음과 같이 정리된다.

$$a \boxtimes 1 = b \boxtimes 1$$

연산 $\boxtimes$의 정의를 사용하면 이렇게 쓸 수 있다.

$$(a \times 1) \bmod 12 = (b \times 1) \bmod 12$$

즉,

$$a \bmod 12 = b \bmod 12$$

따라서 다음 식이 성립한다.

$$a \equiv b \pmod{12}$$

다시 말해 **C에 대한 역원 C′가 존재하면 합동식의 양변을 C로 나눌 수 있는 것** 아닐까? 그 말은 C라는 수로 나누고 싶으면 $\frac{1}{C}$이라는 역수를 곱하는 것과 같은 이치다. 보통 나눗셈이 아니라 mod를 고려한 나눗셈이 되겠지만. 그런 의미에서 C의 역원은 C′이라고 쓰기보다는 상징적으로 $\frac{1}{C}$ 혹은 $C^{-1}$이라고 쓰는 편이 좋을지도 모른다.

C의 역원이 존재하는 조건을 찾아보자. C⊠C′=1이 되는 수를 $\mathbb{Z}/12\mathbb{Z}$에서 찾으면 된다. 어떻게 찾으면 좋을까……. 아, 이건 간단하다. 연산표를 만들면 된다! 표 안에서 1을 포함하는 행을 찾기만 하면 끝이다. 하! 그래서 미르카가 테트라에게 연산표를 만들게 했던 거였어.

그럼 연산표에서 1에 표시를 해 보자.

| ⊠ | 0 | 1 | 2 | 3 | 4 | 5 | 6 | 7 | 8 | 9 | 10 | 11 |
|---|---|---|---|---|---|---|---|---|---|---|---|---|
| → 0 | 0 | 0 | 0 | 0 | 0 | 0 | 0 | 0 | 0 | 0 | 0 | 0 |
| 1 | 0 | ① | 2 | 3 | 4 | 5 | 6 | 7 | 8 | 9 | 10 | 11 |
| 2 | 0 | 2 | 4 | 6 | 8 | 10 | 0 | 2 | 4 | 6 | 8 | 10 |
| 3 | 0 | 3 | 6 | 9 | 0 | 3 | 6 | 9 | 0 | 3 | 6 | 9 |
| 4 | 0 | 4 | 8 | 0 | 4 | 8 | 0 | 4 | 8 | 0 | 4 | 8 |
| → 5 | 0 | 5 | 10 | 3 | 8 | ① | 6 | 11 | 4 | 9 | 2 | 7 |
| 6 | 0 | 6 | 0 | 6 | 0 | 6 | 0 | 6 | 0 | 6 | 0 | 6 |
| → 7 | 0 | 7 | 2 | 9 | 4 | 11 | 6 | ① | 8 | 3 | 10 | 5 |
| 8 | 0 | 8 | 4 | 0 | 8 | 4 | 0 | 8 | 4 | 0 | 8 | 4 |
| 9 | 0 | 9 | 6 | 3 | 0 | 9 | 6 | 3 | 0 | 9 | 6 | 3 |
| 10 | 0 | 10 | 8 | 6 | 4 | 2 | 0 | 10 | 8 | 6 | 4 | 2 |
| → 11 | 0 | 11 | 10 | 9 | 8 | 7 | 6 | 5 | 4 | 3 | 2 | ① |

잠깐, 의외로 적다. 역원이 존재하는 건 1, 5, 7, 11로 4개뿐인가…… 어? 1, 5, 7 , 11?

1, 5, 7, 11은 시계 순환에서 많이 봤던 '12와 서로소인 수'다! 즉 12와 서

로소인 수에는 ⊠에 대한 역원이 존재한다. 다시 말해 법과 서로소인 수라면 나눗셈을 할 수 있다는 것인가?

그러고 보니 미르카가 학교에서 흥미로운 예시를 들었다. 12를 법으로 했을 때 합동인 15와 75를 나누었지.

$$15 \equiv 75 \pmod{12}$$ 15와 75는 합동

$$(15 \div 5) \equiv (75 \div 5) \pmod{12}$$ 양변을 5로 나눠도 합동

$$(15 \div 3) \not\equiv (75 \div 3) \pmod{12}$$ 양변을 3으로 나누면 더 이상 합동이 아니다

예상대로다. 12와 서로소인 5로 나눴을 때는 여전히 합동이다. 하지만 12와 서로소가 아닌 3으로 나눴을 때는 합동이 아니다.

### 증명

나는 방금 연산표에서 발견한 점을 정리해 봤다.

> 가정
>
> 합동식에서는 법과 서로소인 수를 써서 나눗셈을 할 수 있다.
> 즉, 다음 식이 성립할 때,
>
> $$a \times \mathrm{C} \equiv b \times \mathrm{C} \pmod{m}$$
>
> C와 $m$이 서로소(즉, $\mathrm{C} \perp m$)라면 다음 식이 성립한다.
>
> $$a \equiv b \pmod{m}$$

좋아, 이 가정을 증명해 보자. $\mathbb{Z}/12\mathbb{Z}$는 구체적으로 연산표를 쓸 수 있으니까 점검할 수 있었다. 하지만 일반적인 $\mathbb{Z}/m\mathbb{Z}$는 무수히 많으니까 구체적인 연산표는 쓸 수 없다. 그래서 제대로 증명을 해야 한다.

여기서부터 출발이다.

$$a \times \mathrm{C} \equiv b \times \mathrm{C} \pmod{m}$$

이 식은 다음과 같이 변형할 수 있다.

$$a \times \mathrm{C} - b \times \mathrm{C} \equiv 0 \pmod{m}$$

좌변을 C로 묶으면 다음 식이 나온다.

$$(a-b) \times \mathrm{C} \equiv 0 \pmod{m}$$

$m$을 법으로 하고 0에 합동이니까 $(a-b) \times \mathrm{C}$는 $m$의 배수라는 뜻이다. 결국 정수 J가 존재할 때 다음 식이 성립한다.

$$(a-b) \times \mathrm{C} = \mathrm{J} \times m$$

이제 모든 수가 정수이고 양변 모두 곱의 꼴이 되었다.

임의의 정수 K가 존재하고 다음 식이 성립한다는 사실을 이끌어 내고 싶다.

$$a - b = \mathrm{K} \times m$$

왜냐하면 $a-b$가 $m$의 배수라면 $a-b \equiv 0 \pmod{m}$이고, 그것은 다음 식을 뜻하기 때문이다.

$$a \equiv b \pmod{m}$$

지금은

$$(a-b) \times \mathrm{C} = \mathrm{J} \times m$$

위의 식이 성립하기 때문에 $(a-b)\times \mathrm{C}$는 $m$의 배수다. 만약 C가 $m$과 서로소라면 $a-b$가 $m$의 소인수를 모두 포함한다는 뜻이다. 달리 말하면, $a-b$는 $m$의 배수가 된다. 그래서 $a-b=\mathrm{K}\times m$이라는 형태로 쓸 수 있다.

여기서 또 '서로소란 공통 소인수가 없는 것'이라고 이해하면 도움이 될 것 같다.

풀이 7-1 합동식과 나눗셈

$a, b, \mathrm{C}, m$은 정수다. C가 $m$과 서로소일 때, 다음 식이 성립한다.

$$a\times \mathrm{C}\equiv b\times \mathrm{C} \pmod m$$
$$\Downarrow \text{ 그렇다면}$$
$$a\equiv b \pmod m$$

## 4. 군·환·체

### 기약잉여류군

이튿날 수업이 끝난 후, 나는 교실에서 미르카와 테트라에게 어젯밤의 성과를 설명했다.

"……이렇게 풀었어. 그러니까 법과 서로소인 정수라면 합동식의 양변이 나누어떨어져." 내가 말했다.

"증명인가……." 미르카가 말했다. "뭐, '$\mathbb{Z}/m\mathbb{Z}$는 결합법칙을 만족한다'를 증명하지 않고 지나쳤다는 점과 '역'을 분석하지 않았다는 것만 빼고는 괜찮아."

"뭔가…… 저……." 테트라가 말했다. "뭐랄까, 조금 아쉬워요. 전 합동식에서 나눗셈을 할 수 있는 조건을 찾지 못했거든요. 문제를 풀지 못한 셈이죠. 그것도 그렇고……."

노트를 만지작거리면서 말을 고르는 테트라. 평소와 분위기가 다르다.

"저기…… 아예 몰라서 못 풀었다면 괜찮아요. '난 ○○를 몰라서 문제를 못 푼 거야' 하고 인정할 수 있으니까요. 그런데 이번에 저는 모든 도구를 다 가지고 있었어요."

- 나머지와 mod
- 합동식
- 군(연산, 단위원, 결합법칙, 역원)
- 연산표
- 서로소

"하나씩 짚어 가며 '이건 뭐야?' 하고 묻는다면 전 대답할 수 있어요. 그런데도 저는 문제를 풀지 못했어요. 나눗셈을 할 수 있는 조건을 구하라는 문제에서 미르카 선배가 곱셈 연산표를 만드는 힌트를 줬는데도, 나눗셈이 곱셈의 역연산이라는 의미를 제대로 파악하지 못했어요. mod라는 연산이 얽히면서 모양새가 살짝 바뀌었을 뿐인데 저는 포기하고 말았죠. 나눗셈을 할 수 있는 조건으로 역수에 상당하는 원소, 즉 역원이 존재하는 조건을 알아보자는 발상을 하지 못했어요. 연산표 안에서 1을 포함하는 행을 찾으면 역원은 금방 나오는데……. 1, 5, 7, 11을 만났다면 저도 '서로소'라는 사실을 발견했을 텐데……."

테트라는 고개를 살짝 숙이더니 좌우로 내저었다.

우리는 말없이 그녀의 말을 들었다.

"대체 왜 그랬을까요? 왜 문제를 풀지 못했을까요? 저는 왜 중요한 포인트를 놓치는 걸까요? 습관……일까요? 아무리 시간이 걸리더라도 열심히 노력해서 돌파해 내는 게 제 특기라고 생각했어요. 이번에 저는 연산표도 만들었어요. 그건 잘 만들었지만, 거기서 끝이에요. '1을 찾자'라는 발상을 하지 못했어요. 더 깊게, 아주 깊게 수학을 읽는 힘을 갖고 싶어요."

테트라는 양손을 꾹 쥐었다.

"테트라……." 나는 말을 걸면서 미르카를 힐끔 쳐다봤다.

미르카는 나에게 고개를 끄덕여 보였다.

"테트라, 수학 문제는 풀릴 때도 있고 안 풀릴 때도 있어. 어려운 줄 알았던 문제가 간단히 풀릴 때도 있고, 쉬운 줄 알았던 문제를 가지고 고전할 때도 있잖아. 테트라도 내가 어렵다고 한 '5개의 격자점' 문제를 풀었잖아. 비둘기집 원리를 써서 말이야. 이번 문제도 마찬가지야. 테트라는 문제를 잘 이해했어. 해답도 이해했지. 중요한 포인트 정리도 아주 잘해. 그건 쓸모없는 게 아니야. 자, 고개를 들어 봐, 명랑 소녀! 풀죽은 모습은 테트라답지 않아."

테트라는 고개를 천천히 들었다. 멋쩍은 듯한 표정이다.

"제가 이상한 말을 했죠. 죄송해요." 테트라는 다시 고개를 숙였다.

나는 미르카에게 눈짓을 했다. 그러자 미르카가 담담히 말을 꺼냈다.

"문제가 안 풀린다고 기가 죽으면 끝이 없어. 게다가 문제를 푼 철부지 왕자도 과연 연산표를 제대로 확인했을까?"

"응? ……그게 무슨 말이야?"

화살이 나에게 날아올지는 몰랐다고.

미르카는 $\varphi$(파이)를 그리듯 손가락을 흔들면서 말을 이었다.

"예를 들어 넌…… '집합 $\mathbb{Z}/12\mathbb{Z}$는 $\boxtimes$에 관하여 군이 아니다'라는 사실을 알고 있었어?"

"아!"

미르카의 질문에 나는 불에 덴 것처럼 놀랐다. 맞다, 나는 역원이 있는 조건을 구하려고 했다. 즉 집합 $\mathbb{Z}/12\mathbb{Z}$에는 역원이 있는 원소와 없는 원소가 있다. 따라서 이 집합은 군이 아니다. 군이라면 모든 원소에 역원이 필요하기 때문이다. 듣고 보니 이 당연한 사실을 나는 깨닫지 못하고 있었다.

"흠…… 놀라는 걸 보니 '집합 $\{1, 5, 7, 11\}$이 군을 이룬다'는 사실도 의식하지 못했다는 말인가?"

"앗!" 나는 또 다시 놀랐다.

12와 서로소인 정수의 집합 $\{1, 5, 7, 11\}$이 군을 이룬다고? 미르카가 '군을 이룬다'라는 말을 하는 순간, 이 집합에 구조가 들어 있다는 생각이 스쳤다. 집합의 원소가 꽉 들어차 있는 느낌.

"맞네, 맞네, 확실히 군이 맞네!!" 내가 말했다.

"'맞네'가 세 번, 소수네." 미르카가 내가 자주 쓰는 말을 흉내 내며 말했다.

"어떤 연산에 관한 군이에요?" 테트라가 물었다.

"테트라, 좋은 질문이야. 군이라는 말을 들었다면 당연히 어떤 집합인지, 어떤 연산인지 물어봐야지. 그건 군의 정의가 몸에 배어 있다는 증거야."

"에헤헤……."

"테트라, 이리 와 봐." 미르카가 다가오라는 손짓을 했다.

"네…… 아차! 아뇨, 아, 괜찮아요."

테트라는 붉어진 얼굴로 양손을 휘휘 저었다. ……한 번의 강렬한 경험이 학습 효과를 준 모양이다.

"집합 $\{1, 5, 7, 11\}$은 연산 $\boxtimes$에 관해 군을 이뤄. 즉 일반적으로 곱셈을 한 후에 법 12로 곱셈과 나눗셈을 하는 연산이야. 연산표는 이렇게 돼."

| $\boxtimes$ | 1 | 5 | 7 | 11 |
|---|---|---|---|---|
| 1 | 1 | 5 | 7 | 11 |
| 5 | 5 | 1 | 11 | 7 |
| 7 | 7 | 11 | 1 | 5 |
| 11 | 11 | 7 | 5 | 1 |

"그렇구나……."

나는 머릿속으로 군의 공리를 체크했다. 집합 $\{1, 5, 7, 11\}$은 $\boxtimes$에 대하여 닫혀 있다, 항등원은 물론 1이다, 각 원소에 역원도 있다(자신이 역원이다), 결합법칙도 만족하겠지. 확실히 군이 맞구나…….

$\mathbb{Z}/12\mathbb{Z}$의 원소에는 역원을 갖는 것과 갖지 않는 것이 있었다. $\{1, 5, 7, 11\}$처럼 역원을 가지는 원소만 빼내서 부분 집합을 만들면 군이 될 수도 있구나. 꽤나 흥미로운걸.

"이 군을 **기약잉여류군**이라고 해. $\mathbb{Z}/12\mathbb{Z}$에 대한 기약잉여류군을 수식으로는 $(\mathbb{Z}/12\mathbb{Z})^{\times}$라고 쓰지."

"미르카 선배! 이 군은 가환군이죠?"

"왜 그렇게 생각했지?"

"이 연산표는 대각선을 축으로 대칭이잖아요. 그건 교환법칙이 성립한다는 뜻이거든요!"

"빙고! 연산표를 제대로 읽는구나, 테트라."

그 말에 테트라가 기분 좋은 듯 미소를 지었다.

### 군에서 환으로

이제부터 **환** 이야기를 해 볼게.

군에서는 집합에 연산이 한 종류밖에 들어 있지 않았어. 반면 환에서는 두 종류의 연산을 집합에 넣어. 군의 경우와 마찬가지로 이 연산이 실제로 무엇인지는 중요하지 않아. 여기서는 연산이 '환의 공리'를 만족하는지가 중요해.

두 종류의 연산을 나타내는 기호는 이제부터 $+$와 $\times$를 쓰도록 하자. 가장 많이 쓰는 기호라 눈에 익숙하니까. 그리고 두 종류의 연산을 덧셈과 곱셈이라고 부르겠어. 하지만 이 두 종류의 연산은 수의 덧셈과 곱셈을 나타내는 게 아니라는 걸 잊어서는 안 돼. 그러니까 매번 환의 공리로 돌아가 확인하는 게 중요해.

여기에는 테트라가 말한 '관대한 동일시'가 필요해. 말하자면 덧셈이라고 단정짓지 않는 어떤 연산을 덧셈이라 하고 기호 $+$를 쓰고, 반드시 곱셈이라고 단정짓지 않는 어떤 연산을 곱셈이라 하고 기호 $\times$를 쓸게.

동일시를 더 진행해 보자. 덧셈의 항등원을 0이라 하고 곱셈의 항등원을 1이라 치자. 0으로 단정하지 않지만 0이라 부르고, 1로 단정하지 않지만 1로 불러. 이건 수학을 사용한 '비유' 같은 거야. 알겠니?

환의 공리를 말하기 전에 '분배법칙'을 소개할게. 우리는 수의 세계에서 분배법칙을 이미 알고 있어. 환의 세계에서 분배법칙도 완전히 똑같은 형태를 띠고 있어.

분배법칙은 연산 두 개를 묶는 법칙이야. 연산이 두 개 필요하기 때문에 군의 경우에는 분배법칙이 나오지 않았던 거지.

분배법칙

$$(a+b)\times c=(a\times c)+(b\times c)$$

자, 이게 환의 공리야.

환의 정의(환의 공리)

다음 공리를 만족하는 집합을 환이라고 부른다.

▶ **연산 +(덧셈)에 대하여**
- 닫혀 있다
- 항등원이 존재한다(0이라 부른다)
- 모든 원소에 대하여 결합법칙이 성립한다
- 모든 원소에 대하여 교환법칙이 성립한다
- 모든 원소에 대하여 역원이 존재한다

▶ **연산 ×(곱셈)에 대하여**
- 닫혀 있다
- 항등원이 존재한다(1이라 부른다)
- 모든 원소에 대하여 결합법칙이 성립한다
- 모든 원소에 대하여 교환법칙이 성립한다

▶ **연산 +와 ×에 대하여**
- 모든 원소에 대하여 분배법칙이 성립한다

이 내용은 엄밀히 따지면 '곱셈의 항등원이 존재하는 가환환'이라 불리는 환의 정의야. 환의 용어는 수학책마다 조금씩 다르지만 보통 정의도 같이 알려주니까 큰 문제는 되지 않아.

◆◆◆

"그럼 환에 대한 문제를 내 볼게."

'환은 덧셈에 대하여 가환군인가?'

"무슨 뜻인지를 모르겠어요."

"그래? 환에는 연산이 두 개 들어 있어. 덧셈과 곱셈이라는 이름을 붙였지. 그중에 덧셈에 주목해서 이 연산에 대하여 가환군을 이루는지 묻고 있는 거야. 테트라, 가환군인지 아닌지 알아보는 방법은?"

"아! 알아요. 공리를 비교하면 돼죠. 잠깐만요. 가환군의 공리를 생각해 볼게요. 가환군이란 집합이고, 연산에 대하여 닫혀 있고, 그리고 항등원이 있고, 어떤 원소에 대해서도 결합법칙이 성립하고, 어떤 원소에 대해서도 교환법칙이 성립하고, 그리고…… 맞다, 맞다. 어떤 원소에 대해서도 가환군의 공리가 성립해요. 따라서 '환은 덧셈에 대하여 가환군'이죠."

"좋아, 이번에는 곱셈에 주목하자."

'환은 곱셈에 대하여 가환군인가?'

"네, 물론 가환군이죠."

"왜?"

"환은 덧셈에 대하여 가환군이니까 곱셈에 대해서도……."

"환의 공리 확인했니?"

"아니요……."

"왜?" 미르카가 책상을 가볍게 두드렸다. "눈앞에 명제가 널려 있는데 왜 읽지 않지? '더 깊게, 아주 깊게 수학을 읽는 힘'을 갖고 싶었던 거 아니니?"

"죄송해요. 읽을게요…… 으앗! 제가 깜박했어요. 환에는 연산이 두 개 들어 있지만, 곱셈……이라 불리는 연산에는 '모든 원소에 대하여 역원이 존재한다'라는 공리가 없어요!"

"그래, 환에는 덧셈과 곱셈이 있어. 하지만 그 공리는 대칭이 아니야. 곱셈에서는 역원이 꼭 없어도 되거든. 즉 환은 애초에 곱셈에 대하여 군이 아닐 수도 있어. 따라서 반드시 가환군이라고는 할 수 없지."

환과 군

환은 덧셈에 대하여 가환군이다.
환은 곱셈에 대하여 반드시 가환군이라고는 할 수 없다.

"왜 또 그런 어중간한……." 테트라가 중얼거렸다.

"어중간하다니?"

"굳이 비대칭인 공리로 하지 않아도 될 텐데 싶어서요……."

"테트라는 대표적인 환을 알고 있어. 어중간하기는커녕 아름답고 깊은 세계를 만들어 내는 환을 말이야." 미르카의 눈이 즐거운 듯이 빛났다.

"그게 무슨 말이에요?" 미심쩍은 듯한 표정의 테트라.

"덧셈을 할 수 있어. 덧셈에 대하여 역원이 반드시 존재하니까 뺄셈도 할 수 있지. 곱셈도 가능해. 덧셈과 곱셈으로 분배법칙도 성립해. 하지만 곱셈에 대하여 반드시 역원이 있다고는 할 수 없으니까 나눗셈도 가능하다고는 할 수 없다는 말이야. 그런 집합을 테트라는 잘 알고 있어."

"나눗셈이 불가능한 집합이요? $a$에 대하여 $\frac{1}{a}$이 불가능하다는 의미를 저는 잘……."

"아직 모르겠니? $\frac{1}{a}$을 만들어도 되지만, 그게 집합 밖으로 떨어져 나가면 안 돼. 연산의 전제는 주목하고 있는 집합에 대해 닫혀 있다는 것이니까. 집합 중에 $\frac{1}{a}$에 상당하는 원소가 없는 집합…… 자, 그런 집합은 무엇일까?"

"아…… 모르겠어요. 죄송해요."

"정수야. 정수 전체의 집합 $\mathbb{Z}$는 덧셈 $+$와 곱셈 $\times$에 대하여 환을 이뤄. 하지만 정수 $a \neq 0$에 대하여 곱셈의 역원이 되는 $\frac{1}{a}$은 꼭 $\mathbb{Z}$ 안에 있다고 할 수 없어. $a = \pm 1$일 때만 역원 $\frac{1}{a} \in \mathbb{Z}$가 되지. 나눗셈이 불가능하다고 해서 정수 전체의 집합이 '어중간'한 건 아니야. 나눗셈이 불가능해도 정수의 세계는 풍부하거든."

나는 미르카와 테트라의 대화를 듣다가 문득 깨달았다.

"미르카, 혹시 환은 집합 $\mathbb{Z}$을 추상화한 걸까?"

"뭐, 그렇게 생각해도 나쁘진 않아. 집합 $\mathbb{Z}$는 덧셈 $+$와 곱셈 $\times$에 대하여 환이 돼. 이걸 정수환이라고 해. 그리고 집합 $\mathbb{Z}/m\mathbb{Z}=\{0, 1, 2, \cdots, m-1\}$도 덧셈 $+$와 곱셈 $\times$를 mod $m$으로 생각하면 환이 돼. 이걸 잉여환이라고 해. 환이라는 이름으로 $\mathbb{Z}$와 $\mathbb{Z}/m\mathbb{Z}$를 동일시할 수 있는 거지."

"왜 환이라는 이름이 붙었을까요?"

"나도 몰라. 혹시 잉여환 $\mathbb{Z}/m\mathbb{Z}$가 가진 둥근 고리의 이미지에서 왔을지도 모르지."*

"영어로는 뭐라고 해요?"

"링(ring)." 갑자기 미르카의 말이 빨라졌다.

"정수환 $\mathbb{Z}$와 잉여환 $\mathbb{Z}/m\mathbb{Z}$는 둘 다 '환의 공리'를 만족해. 하지만 이 두 개는 상당히 달라. $\mathbb{Z}$는 수직선 위에 연속되는 점이 그려지지만 $\mathbb{Z}/m\mathbb{Z}$는 시계의 문자판처럼 둥글게 배치된 점이 그려져. $\mathbb{Z}$는 무한 집합, $\mathbb{Z}/m\mathbb{Z}$는 유한 집합. $\mathbb{Z}$는 무한성을 가지고 $\mathbb{Z}/m\mathbb{Z}$는 주기성을 가져. 둘은 이렇게 다르지만 둘 다 환의 공리를 만족해. 환의 공리에서 이끌어 낸 정리가 있다면, 그 정리는 $\mathbb{Z}$에 대해서도 적용되고 $\mathbb{Z}/m\mathbb{Z}$에 대해서도 적용된다는 뜻이지. 둘 다 '환'이니까 말이야. 이게 바로 추상 대수학이라는 거야."

그렇구나……. 내가 어떠한 집합을 생각하고 연산을 넣었을 때 그 집합이 환의 공리를 만족한다면, 수학자가 증명해 준 환의 정리를 쓸 수 있는 것이다.

수많은 명제가 숲처럼, 그리고 별자리처럼 퍼져 커다란 체계를 만드는 모습이 스쳐 지나갔다. 나는 환에 관한 정리를 모른다. 하지만 분명 수학자들은 환의 공리 위에 환에 관한 많은 정리들을 쌓아 올리고 있을 것이다. 그들은 장대한 건축물을 만들고 있는 것이다. 나는 그렇게 확신했다.

### 환에서 체로

"환에서 곱셈에 대하여 역원이 반드시 존재한다고는 할 수 없어. 환의 공리에 적혀 있지 않으니까. 따라서 환에서 반드시 나눗셈이 가능하다고도 할

* 힐베르트가 '환'을 나타내는 용어로 "Zahlring"(수의 고리)을 처음 사용했다.

수 없어. 이제부터 나눗셈에 대해 생각해 보자. 0 이외의 원소에 대해 나눗셈이 가능한 환을 **체(體)**라고 해. 영어로는 '필드(field)'라고 하지. 어떻게 이런 명칭이 지어졌는지는 모르겠어."*

테트라가 고개를 끄덕였다. 미르카는 갑자기 목소리를 낮췄다.

"군에서는 집합에 연산 한 개를 넣었어. 환에서는 집합에 연산 두 개를 넣었지. 그리고 체에서는 집합에……."

"연산 세 개를 넣는군요."

"틀렸어. 연산을 늘리는 게 아니야. 예를 들어 '덧셈'과 '덧셈에 대한 역원'이 있으면 뺄셈이 가능한 것처럼 '곱셈'과 '곱셈에 대한 역원'이 있으면 나눗셈이 가능하게 돼. '곱셈에 대하여 역원이 존재하는가, 존재하지 않는가' 이것이 바로 환과 체의 차이점이야. 곱셈에 대하여…… 환에서는 역원이 존재하지 않는 원소가 있어도 돼. 하지만 체에서는 0 이외의 모든 원소에 역원이 반드시 존재해야 해."

"0 이외의……라는 조건이 붙는군요."

"맞아. 0의 역원은 존재하지 않아도 돼. 이건 '0으로 나누기'를 제외한다는 말이지. 자, 지금까지 했던 것처럼 체의 예시를 만들어 보자. '예시는 이해를 돕는 시금석'이니까."

미르카가 양손을 펼치며 테트라를 재촉했다.

"생각해 볼게요……."

테트라는 웅얼거리면서 노트에 뭔가를 적었다. 잠시 후 손을 휙 들었다.

"저기…… 예를 들어 분수 $\frac{a}{b}$의 집합은 '체'인가요?"

"$a$와 $b$는 뭐야?" 미르카가 바로 되물었다.

"$a$랑 $b$는 정수예요. 그래서 $\frac{\text{정수}}{\text{정수}}$ 전체의 집합인 셈이죠. 이 집합은 체라고 생각해요."

"넌 테트라의 말을 어떻게 생각해?" 미르카가 나에게 물었다.

"두 가지 문제가 있어. 하나는 분모에 0이 올 위험성을 놓친 것 같아.

* 데데킨트가 '체'를 나타내는 용어로 "Körper"(몸)를 처음 사용했다.

$\frac{\text{정수}}{\text{0 이외의 정수}}$로 해야지. 그리고 다른 하나는 이 집합에 이미 유리수 전체의 집합 $\mathbb{Q}$라는 이름이 있다는 거야."

"아, 그러네요. **유리수** 전체의 집합은 '체'라고 해야 되겠네요."

테트라의 대답에 미르카는 고개를 끄덕였다.

"맞아, **유리수체** $\mathbb{Q}$라고 해. 생각해 보니 원시 피타고라스 수의 무한성 증명에서 유리수 전체의 집합이 체라는 사실을 이용했지?"

"아, 맞아. 단위원을 직선으로 절단하는 증명이었지." 나는 고개를 끄덕였다.

"그럼 정수환 $\mathbb{Z}$에 자연스러운 나눗셈을 넣은 것이 유리수체 $\mathbb{Q}$네. 그렇다면 잉여환 $\mathbb{Z}/m\mathbb{Z}$에 자연스러운 나눗셈을 넣고 싶은데 어떻게 할까? 이게 다음 문제야."

**문제 7-2** 잉여환을 체로 만들기

다음 잉여환이 체가 되는 법 $m$의 조건을 제시하라.

$$\mathbb{Z}/m\mathbb{Z} = \{0, 1, 2, \cdots, m-1\}$$

"시간 좀 주세요. 아직 환과 체의 정의가 와 닿지 않아서……."

"좋을 대로 해."

나도 궁리하기 시작했다. 힌트는 이미 많이 나와 있으니 해답은 예측할 수 있었다. 나는 노트에 몇 가지 잉여환 연산표를 만들고 생각에 잠겼다.

"혹시 이런 조건인가요?" 테트라가 쭈뼛거리며 말했다.

"어떤 조건?" 미르카가 말했다.

"법 $m$의 조건이죠? 음, 어떤 정수에 대해서도……가 아니라 집합의 원소만 있으면 되고, 아, 그리고 0도 빼야 하죠. 따라서 $m-1$개의 정수 $1, 2, \cdots, m-1$ 하나하나가 법 $m$과 서로소라면 $\mathbb{Z}/m\mathbb{Z}$는 체가 된다고 생각해요."

"흠……."

"왜냐하면 합동식에서의 나눗셈 조건을 생각했을 때 법과 서로소인 수만 나눗셈을 할 수 있었잖아요. 그래서 그……."

"테트라, 그건 말이야……으읍."

내가 말을 꺼내려 하자 미르카가 내 입을 막았다. 손이 따뜻하다.

"넌 침묵을 지키도록 해."

미르카는 내 입을 막은 채 노래 부르듯 말했다.

"테트라, 테트라, 용어를 좋아하는 테트라. '정수 $1, 2, \cdots, m-1$과 법 $m$이 서로소다.' 이런 표현에 마음이 설레지 않니?"

"네? 그게…… 1과 $m$은 서로소, 2와 $m$은 서로소, 3과 $m$은 서로소, 4와 $m$은 서로……."

테트라가 말을 멈췄다.

3초가 흘렀다.

테트라의 눈이 천천히 커지고

테트라의 입이 천천히 벌어지더니

테트라의 양손이 그 입을 막았다.

"이건…… 소수!?"

"그래."

미르카가 고개를 끄덕였다.

"웁웁!"

나도 고개를 끄덕였다. 이제 손을 좀 내려 달라고.

"그건 $m$이 소수라는 걸 뜻하죠? 아, 그럼…… **잉여환 $\mathbb{Z}/m\mathbb{Z}$는 $m$이 소수일 때 체가 된다**는 건가요?"

"빙고! $m$이 소수일 때 잉여환 $\mathbb{Z}/m\mathbb{Z}$에서 0을 제외한 모든 원소가 곱셈에 대하여 역원을 가져. 그게 바로 체야. 반대로도 말할 수 있어. 잉여환 $\mathbb{Z}/m\mathbb{Z}$가 체가 될 때 $m$은 소수야. $m=1$이라는 특수한 경우도 있지만."

테트라는 눈물까지 글썽이고 있다.

"어떻게, 어떻게…… 이렇게 감동적일까요. 여기서 소수가 나오다니요. 환의 공리 어디에도, 체의 공리 어디에도 소수라는 말은 나오지 않아요. 그런데 잉여환에서 체를 만들려고 할 때 원소의 수가 소수라는 사실이 효력을 나타내다니, 정말 신기해요!"

미르카는 드디어 내 입에서 손을 뗐다. 휴…….

"소수 $p$에 대하여 잉여환 $\mathbb{Z}/p\mathbb{Z}$를 체로 간주할 때, 그걸 **유한체** $\mathrm{F}_p$라고 해."

$$\mathrm{F}_p = \mathbb{Z}/p\mathbb{Z}$$

"시계처럼 빙글빙글 도는 잉여환을 정수의 모형이라고 한다면, 소수 $p$를 사용해서 만들어 낸 유한체 $\mathrm{F}_p$는 유리수의 모형이라고도 할 수 있을까? 시계에서 mod로, 그리고 군·환·체 세계로, 꽤 많은 영역을 돌았네."

미르카는 이렇게 말하고 만족스러운 듯 이야기를 마무리했다.

풀이 7-2 잉여환을 체로 만들기

법 $m$이 소수일 때, 잉여환 $\mathbb{Z}/m\mathbb{Z}$는 체가 된다.

## 5. 헤어스타일을 법으로 하여

"……이야기가 여기까지 발전했다고."

오늘은 주말. 나는 나머지와 합동, 군·환·체 이야기를 유리에게 들려주었다.

"대단하다……. 후!"

유리는 깊게 한숨을 쉬었다.

"오빠는 늘 도서실에서 그런 이야기를 나누는구나. 미르카 님이나 테트라 언니와 그런 이야기를 할 수 있다니, 부러워……."

"합동 이야기는 이해됐어?"

"응. 오빠 설명은 이해가 잘 되는걸. 요컨대 나머지로 덧셈이나 뺄셈을 할 수 있다는 거지? 곱셈도 할 수 있고, 서로소라는 조건이 있으면 나눗셈도 할 수 있고. 동일시 이야기도 재미있었어. 차이를 무시하고 동일시하는 것, 그리고 유한체 $\mathrm{F}_p$ 이야기까지. 오빠! 언젠가 오빠가 '무한을 접는다'고 했던 말, 그거야말로 합동을 말하는 거 아니야?"

무한의 시간을 고이 접어서 봉투에 넣을 수도 있다.
무한의 우주를 손 위에 올려 놓고 노래를 부르게 할 수도 있다.

"확실히 합동을 사용하면 무한한 것들이 유한개로 포함되지. 정수환 $\mathbb{Z}$와 잉여환 $\mathbb{Z}/m\mathbb{Z}$, 유한수체 $\mathbb{Q}$와 유한체 $\mathrm{F}_p$……."

"그렇구나……."

유리는 진지한 얼굴로 포니테일을 만지작거리며 생각에 잠겼다.

"아, 맞다. 네가 해 준 조언이 도움 됐어." 내가 말했다.

"어떤 조언?"

"여자들에게는 '잘 어울리네'라고 칭찬해야 한다는 말."

"그런 말을 진짜 했다고? 누구한테?"

"테트라한테……. 머리를 짧게 잘랐길래 잘 어울린다고 했더니 엄청 좋아하더라……."

"오빠! 그런 말은 가볍게 하는 게 아니야. 아, 내가 바보였네. 설마 진짜 말할 줄이야. 그런데 테트라 언니 헤어스타일 바꿨어?"

"응, 머리가 길어서 잘랐대."

"테트라 언니의 달라진 점은 그것뿐이야?"

"그게 무슨 말이야?"

"여자들은…… 어렵다는 뜻이야!"

"?"

"헤어스타일을 법으로 할 때 과거의 테트라 언니와 현재의 테트라 언니는 합동이냐옹?"

저는 공부와 연구의 차이가 뭘까 생각한 적이 있습니다.<br>
수학 수업은 교과서에 적힌 것을 읽고 공식을 외우고<br>
그 공식을 사용해서 문제를 풀고 답을 확인하면 끝입니다.<br>
하지만 연구는 '미지의 답'을 찾아 파고드는 것이라고 생각합니다.<br>
답을 모르니까 재미있지요. 그 답을 스스로 발견하는 데 저는 매력을 느낍니다.<br>
_야마모토 유코

# 무한강하법

아니, 증명하는 데 필요하네.
우리가 보면 여기는 두껍고 훌륭한 지층이고
120만 년쯤 전에 생겼다는 증거도 여러 가지 있지만,
우리와 다른 녀석들이 봐도 똑같이 이런 지층으로 보이는지,
아니면 바람이나 물이나 텅 빈 하늘로 보이지는 않는지
그런 것일세.
_미야자와 겐지, 『은하철도의 밤』

## 1. 페르마의 마지막 정리

"오빠, 질문 하나 해도 돼?" 유리가 말했다.

"응."

지금은 11월, 토요일 오후. 이곳은 내 방. 평소처럼 유리가 놀러 왔다. 점심으로 필래프를 같이 먹고 나서 유리는 뒹굴거리며 책을 읽고 나는 유한체 $F_p$의 연산표를 적어 나가던 중이었다.

"**페르마의 마지막 정리**라는 게 있잖아, 오빠."

"있지."

> 페르마의 마지막 정리
>
> 다음 방정식은 $n \geqq 3$일 때 자연수 해를 가지지 않는다.
>
> $$x^n + y^n = z^n$$

"페르마의 마지막 정리가 유명한 이유가 뭐야?"

"글쎄…… 이유는 세 가지일 것 같아."

- 문제 자체는 누구든 이해할 수 있다.
- 페르마가 '놀랄 만한 증명을 발견했다'라는 글을 남겼다.
- 그런데 350년 이상 아무도 증명하지 못했다.

"최근 난제로 남겨진 수학 문제는 전문 수학자 말고는 아무도 이해하지 못해. 문제를 풀기는커녕 문제의 뜻도 이해하기 어렵다고. 하지만 페르마의 마지막 정리는 달라. 문제의 뜻은 누구나 알지만 수학자들도 풀지 못하지."

"응, 나도 수학엔 젬병이지만 페르마의 마지막 정리가 무슨 뜻인지는 알겠어."

"젬병이라니? 그렇지 않아. 그건 그렇고, 페르마가 수학 책의 여백에 남긴 메모는 사람들의 관심을 불러일으켰어."

> 나는 깜짝 놀랄 만한 증명을 발견했지만, 그걸 다 쓰기에 이 여백은 비좁다.

"혹시 증명을 못 해서 허세 부린 거 아닐까?"

"그렇게 생각할 수도 있겠지만 페르마는 17세기 최고의 수학자였어."

"저기, 오빠……. 이 책에는 페르마를 '아마추어'라고 소개하고 있어."

유리는 읽고 있던 책을 보여줬다.

"그건 직업적인 수학자가 아니었다는 뜻이야. 페르마가 살던 시대에는 전문 수학자가 드물었어. 페르마는 법률가였고, 여가 시간에 취미로 수학을 했어. 하지만 당시 최고 수준의 수학을 제시한 사람을 아마추어라고 하면 오해를 불러일으킬 것 같은데……. 페르마는 수학 책의 여백에 몇 개의 메모를 남겼고, 그것들은 예기치 않게 '시대를 뛰어넘은 문제집'이 되었어. 후세의 수학자들은 페르마가 남긴 문제들을 풀었지만, 아무도 풀지 못한 문제가 딱 하나 남았어."

"그게 '페르마의 마지막 정리'야?"

"맞아."

"마지막까지 남아서 마지막 정리인 거구나. 끝판왕이네."

"페르마는 1637년쯤에 이 문제를 남겼는데, 그걸 증명한 **와일즈**의 논문은 1994년에 제출됐어. 그러니까 증명하는 데 350년 이상이나 걸린 셈이지. 와일즈의 증명으로 페르마의 마지막 정리는 진짜 정리가 됐어."

"정리가 됐다는 게 무슨 말이야?"

"증명되지 않으면 정리라고 부를 수 없거든. '$x^n+y^n=z^n$은 $n \geqq 3$으로 자연수 해를 갖지 않는다'라고 페르마는 주장했지만, 증명은 남기지 않았어. 수학적인 주장, 즉 명제는 증명을 하지 않으면 그저 가설일 뿐이야. '페르마의 마지막 정리'는 증명될 때까지 '페르마의 가설'이라 불렸다는 말이지."

"오빠, 질문 하나 더. 여기에 페르마의 마지막 정리 연표가 있는데……."

유리는 책을 펼쳐 보였다.

| | | |
|---|---|---|
| 1640년 | FLT(4) | 페르마가 증명 |
| 1753년 | FLT(3) | 오일러가 증명 |
| 1825년 | FLT(5) | 디리클레와 르장드르가 증명 |
| 1832년 | FLT(14) | 디리클레가 증명 |
| 1839년 | FLT(7) | 라메가 증명 |

**'페르마의 마지막 정리'의 해결 연표**

"여기에 쓰여 있는 FLT(3)이나 FLT(4)는 뭐야?"

"FLT는 페르마의 마지막 정리(Fermat's Last Theorem)의 머리글자야. 페르마의 방정식에는 변수 $n$이 나오지?"

"응."

"페르마의 마지막 정리란 $n=3, 4, 5, 6, 7, \cdots$일 때 어떤 $n$에 대해서도 $x^n+y^n=z^n$의 식을 만족하는 자연수 조합 $(x, y, z)$은 존재하지 않는다는 정리야."

"그래서?"

"페르마의 마지막 정리는 3 이상의 모든 $n$에 대한 명제인데, FLT(3)은 개별 수인 $n=3$에 관한 명제야. 즉, '$x^3+y^3=z^3$을 만족하는 자연수 조합 $(x, y, z)$는 존재하지 않는다'라는 명제가 FLT(3)이야."

$x^3+y^3=z^3$은 자연수 해를 가지지 않는다 $\Leftrightarrow$ FLT(3)
$x^4+y^4=z^4$은 자연수 해를 가지지 않는다 $\Leftrightarrow$ FLT(4)
$x^5+y^5=z^5$은 자연수 해를 가지지 않는다 $\Leftrightarrow$ FLT(5)
$x^6+y^6=z^6$은 자연수 해를 가지지 않는다 $\Leftrightarrow$ FLT(6)
$x^7+y^7=z^7$은 자연수 해를 가지지 않는다 $\Leftrightarrow$ FLT(7)

"흠, 알았어……. 어? 해결 연표에는 FLT(6)이 빠져 있어."

"유리 대단한데? 대충 보지 않고 꼼꼼히 확인하다니."

"냐항…… 쑥스럽게."

"FLT(6)을 증명한 사람은 오일러라고 할 수 있어."

"하지만 오일러의 증명은 FLT(3)이야."

"FLT(3)을 증명할 수 있으면 FLT(6)도 증명한 셈이 되거든."

"왜 그럴까?"

"그럼 방정식 $x^3+y^3=z^3$이 자연수 해를 가지지 않는다면 방정식 $x^6+y^6=z^6$도 자연수 해를 가지지 않는다는 걸 증명해 보자."

"증명이 어려울 텐데, 나도 이해할 수 있을까?"

"이해하지. 여기서는 귀류법을 사용할 거야."

◆◆◆

'방정식 $x^3+y^3=z^3$은 자연수 해를 가지지 않는다'가 증명되어 있다는 걸 전제로 이야기할게.

증명하고 싶은 명제는 '방정식 $x^6+y^6=z^6$은 자연수 해를 갖지 않는다'야. 귀류법의 가정은 이 명제의 부정이야.

귀류법의 가정: '방정식 $x^6+y^6=z^6$은 자연수 해를 가진다.'

그리고 자연수 해를 $(x, y, z)=(a, b, c)$로 놓자. 이런 조합$(a, b, c)$은 사실 존재하지 않지만, 만약 존재한다면 무엇을 이끌어 낼 수 있는지 알아보고, 모순에 도달하는지 확인하는 거야. 그게 바로 귀류법이야.

그럼 $(a, b, c)$의 정의에 따르면 다음 식이 성립하겠지.

$$a^6+b^6=c^6$$

이 식은 다음과 같이 변형할 수 있어.

$$(a^2)^3+(b^2)^3=(c^2)^3$$

왜냐하면 $x^6=(x^2)^3$이 성립하기 때문이야. 6제곱을 한다는 것은 2제곱한 것을 3제곱하면 된다는 뜻이지. 이건 지수법칙이야. 그러면 여기서 자연수 A, B, C를 다음과 같이 정의할게.

$$(\mathrm{A}, \mathrm{B}, \mathrm{C})=(a^2, b^2, c^2)$$

그러면……

| | |
|---|---|
| $a^6+b^6=c^6$ | $a, b, c$의 정의 |
| $(a^2)^3+(b^2)^3=(c^2)^3$ | 지수법칙 |
| $\mathrm{A}^3+\mathrm{B}^3=\mathrm{C}^3$ | A, B, C의 정의 |

즉 (A, B, C)는 방정식 $x^3+y^3=z^3$의 자연수 해가 돼.

이끌어 낸 명제: '방정식 $x^3+y^3=z^3$은 자연수 해를 가진다.'

그런데 처음에 우리는 FLT(3)이 이미 증명되었다고 전제했잖아.

전제: '방정식 $x^3+y^3=z^3$은 자연수 해를 가지지 않는다.'

그렇다면 모순이야. 따라서 귀류법을 통해 귀류법의 가정은 부정되었어. 이걸로 '방정식 $x^3+y^3=z^3$은 자연수 해를 가지지 않는다'가 증명되었어.

◆◆◆

"그렇구나. $x^6+y^6=z^6$에 자연수 해가 있다면, 거기서 $x^3+y^3=z^3$의 자연수 해를 만들 수 있다는 뜻이야?"

"응. 더 나아가 일반화도 할 수 있어. 즉 $n \geqq 5$에 대하여 FLT$(n)$을 증명하고 싶을 때, 모든 $n$에 대해 증명할 필요는 없어. 소수 $p=5, 7, 11, 13, \cdots$에 대해서만 FLT$(p)$를 증명하면 돼."

"우와, 소수만 하면 되는구나. 어? 그런데 디리클레는 왜 FLT(14)를 증명했을까? 14는 $7 \times 2$이니까 소수가 아니잖아. FLT(7)을 먼저 증명해야 하는 거 아니야?"

"그럴 수도 있지만, 디리클레는 아마 FLT(7)을 증명하지 못했을 거야."

"아, 그런가." 유리는 어깨를 으쓱했다.

"어쨌든 수학자들은 정말 생각을 많이 하는 것 같아. 그리고 그런 빈틈 없는 논리가 맘에 들어. 뭐랄까, 아무 변명도 못하게 만드는 법정 드라마 같아. 수학은 엄밀한 논리로 이루어져 있구나……. 으음, 으으으읏."

유리는 가느다란 팔을 들어 올려 기지개를 켰다. 늘씬한 고양이 같다.

"그런데 유리야, 수학의 길은 그게 전부가 아니야. 엄밀한 논리에 이르기까지 숲속을 헤매는 일도 있어."

"아, 그런가. 절대 실패하지 않는 우등생들이잖아."

"수학자도 생각하는 동안에는 많이 실수할 거야. 물론 마지막에 발표하는 논문에 실수가 있어서는 안 되겠지만……."

"노 미스, 퍼펙트, 미르카 님. 정말 멋있어."

"유리는 시험 볼 때 잘못 계산한 적 없어?"

"그런 실수는 거의 없지만 문제를 전혀 이해하지 못할 때는 많아. 수학엔 젬병이라서."

"아니야, 유리는 수학을 못하는 게 아니야. 이 오빠는 알 수 있어. 그러니까 그런 말 하면 안 돼. 유리는 똑똑하다고."

"오빠……."

"유리는 똑똑해. 정말 똑똑한 고양이 소녀야."

"감동받고 있었는데…… '고양이 소녀'라니, 흥!"

## 2. 테트라의 삼각형

도서실

다음 주 금요일, 수업이 끝난 후 평소처럼 도서실에 갔더니 테트라가 먼저 와서 무언가 열심히 적고 있다.

"일찍 왔네."

"아, 선배! 미르카 선배도 여기 있었는데 예예 선배랑 연습이 있다고 나갔어요."

"테트라, 그거 무라키 선생님한테 받은 문제야?"

"맞아요. 또 삼각형 문제예요."

**문제 8-1** 세 변이 자연수이고 넓이가 제곱수인 직각삼각형은 존재하는가?

"어때, 풀 수 있을 것 같아?" 내가 물었다.

"지금 예를 만들어서 제대로 이해했는지 확인하는 중이에요! 그러니까 아무 말도 하지 마세요."

테트라는 검지를 입술에 갖다 댔다. 왠지 모르게 심장이 두근거렸다.

"그럼 난 저쪽에서 내 공부 하고 있을게. 나중에 같이 가자."

"넵." 테트라가 생긋 웃었다.

나는 유한체 $F_p$ 계산을 할 생각이었지만 방금 전에 본 테트라의 카드가 궁금해졌다.

'세 변이 자연수이고 넓이가 제곱수인 직각삼각형은 존재하는가?'

직각삼각형이라 했으니 세 변의 길이는 피타고라스 수일 것이다. 세 변의 길이를 변수로 나타내고 조건을 알아보면 풀 수 있으려나?

하지만 일단 예를 만들어서 이해했는지 확인해 보자.

세 변의 길이를 $a, b, c$($c$는 빗변의 길이)라고 하자. 전형적인 피타고라스 수로 알아보자.

$$a, b, c = (3, 4, 5)$$

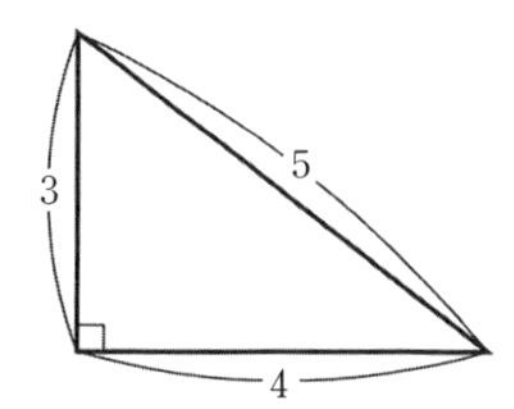


그럼 직각삼각형의 넓이는

$$\frac{ab}{2} = \frac{3 \times 4}{2} = 6$$

제곱해서 6이 되는 정수는 없으니까 6은 제곱수가 아니다. 그렇구나.

다른 예를 알아보자. $(a, b, c) = (5, 12, 13)$이라 하면 직각삼각형의 넓이는

$$\frac{5 \times 12}{2} = 30$$

30도 제곱수가 아니다. 아하!

나는 몇 가지 피타고라스 수를 표로 정리해 봤다.

| $(a, b, c)$ | 직각삼각형의 넓이 | 제곱수인가? |
|---|---|---|
| $(3, 4, 5)$ | $\frac{3 \times 4}{2} = 6$ | $\times$ |
| $(5, 12, 13)$ | $\frac{5 \times 12}{2} = 30$ | $\times$ |
| $(7, 24, 25)$ | $\frac{7 \times 24}{25} = 84$ | $\times$ |
| $(8, 15, 17)$ | $\frac{8 \times 15}{2} = 60$ | $\times$ |
| $(9, 40, 41)$ | $\frac{9 \times 40}{2} = 180$ | $\times$ |

역시…… 넓이는 제곱수가 되지 않는다. 하지만 고작 5개 예시로 '절대 제곱수가 되지 않는다'라고 단정할 수 없다. 증명을 하지 않으면 예상일 뿐이다.

좋아, 그럼 이 문제의 명제 자체를 증명해 보자.

증명 방식은 역시 귀류법으로 하자. 넓이가 제곱수인 직각삼각형이 있다고 가정하고 모순을 이끌어 내는 게 가능성이 높을 것 같다. 증명할 명제의 부정은 이렇게 된다.

증명할 명제: '세 변이 자연수이고 넓이가 제곱수인 직각삼각형은 존재하지 않는다.'

이제 역으로 가정하자.

귀류법의 가정: '세 변이 자연수이고 넓이가 제곱수인 직각삼각형은 존재한다.'

그럼 명제의 핵심을 **수식으로 표현**해 보자.

먼저 '직각삼각형'이다. 세 변을 자연수 $a, b, c$로 두고, $c$는 빗변이다. 그럼 피타고라스의 정리에 따라 다음 식으로 표현할 수 있다.

$$a^2+b^2=c^2$$

가능하면 단순한 형태로 생각하고 싶으니까 $a$, $b$를 서로소인 두 수로 변환하자. 서로소로 하려면 $a$와 $b$의 최대공약수로 나누면 된다. $a$와 $b$의 최대공약수를 $g$로 놓으면 다음과 같은 자연수 A, B가 존재한다.

$$a=g\mathrm{A},\ b=g\mathrm{B},\ \mathrm{A}\perp\mathrm{B}\ (\mathrm{A}\text{와 }\mathrm{B}\text{는 서로소})$$

$a$와 $b$의 공통인수를 모두 $g$라는 형태로 바깥에 뺐으니, 이제 A와 B는 공통인수를 갖지 않는다. 즉 A와 B란 서로소가 되었다($\mathrm{A}\perp\mathrm{B}$).

피타고라스의 정리에 $a=g\mathrm{A}$, $b=g\mathrm{B}$를 써 본다.

| | |
|---|---|
| $a^2+b^2=c^2$ | 피타고라스의 정리 |
| $(g\mathrm{A})^2+(g\mathrm{B})^2=c^2$ | $a=g\mathrm{A}$, $b=g\mathrm{B}$를 대입 |
| $g^2(\mathrm{A}^2+\mathrm{B}^2)=c^2$ | $g$로 묶음 |

$c^2$는 $g^2$의 배수다. 따라서 $c$는 $g$의 배수가 되고 다음과 같이 정수 C가 존재하게 된다.

$$c=g\mathrm{C}$$

좋아, 마저 계산하자.

| | |
|---|---|
| $g^2(\mathrm{A}^2+\mathrm{B}^2)=c^2$ | 위의 식 |
| $g^2(\mathrm{A}^2+\mathrm{B}^2)=(g\mathrm{C})^2$ | $c=g\mathrm{C}$를 대입 |
| $g^2(\mathrm{A}^2+\mathrm{B}^2)=g^2\mathrm{C}^2$ | 우변을 전개 |
| $\mathrm{A}^2+\mathrm{B}^2=\mathrm{C}^2$ | $g^2$로 양변을 나눔 |

여기서 A⊥B와 $A^2+B^2=C^2$라는 식 때문에 B⊥C, C⊥A임을 바로 알 수 있다. $a, b, c$ 대신 아무거나 두 개를 취해도 서로소인 세 수 A, B, C를 도입할 수 있다. (A, B, C)는 원시 피타고라스 수.

여기까지 곧게 뻗은 길을 따라왔다. 이제 어느 쪽으로 가야 할까……. 이번에는 '넓이가 제곱수'인 부분을 A, B를 써서 연구해 보자. 이제 탄력이 붙기 시작했다. $d$를 어떤 자연수로 하고, 다음과 같이 쓰면 '넓이는 제곱수'가 수식으로 표현된다.

$$\frac{ab}{2}=d^2$$

$a=g\mathrm{A}, b=g\mathrm{B}$를 대입한다.

$$\frac{(gA)(gB)}{2}=d^2$$

계산한다.

$$g^2\times\frac{AB}{2}=d^2$$

(A, B, C)는 원시 피타고라스 수이니까 A와 B 중 하나는 짝수다. 즉 $\frac{AB}{2}$는 자연수. 따라서 $d^2$는 $g^2$의 배수가 되고 $d$는 $g$의 배수. 그러므로 $d=g\mathrm{D}$로 놓을 수 있다. 이때 D는 자연수다.

$$g^2\times\frac{AB}{2}=(g\mathrm{D})^2$$

분모를 없애고 양변을 $g^2$으로 나누면 다음 식이 나온다.

$$\mathrm{AB}=2\mathrm{D}^2$$

이렇게 해서 주어진 수 사이에 '서로소'라는 조건이 붙은 새로운 문제를 만들어 낸 셈이다. 이 문제는 테트라의 카드를 다른 표현으로 바꾼 것이다.

여기까지는 꽤 수월하게 왔다. 하지만 중요한 모순이 아직 발견되지 않았다.

**문제 8-2** 문제 8-1의 다른 표현

다음 식을 만족하는 자연수 A, B, C, D는 존재하는가.

$$A^2+B^2=C^2,\ AB=2D^2,\ A\perp B$$

($A\perp B$는 A와 B가 서로소라는 사실을 나타낸다)

"퇴실 시간입니다."

미즈타니 선생님의 목소리에 고개를 들었다.

벌써 밖은 깜깜하다. 수학에 한번 빠져들면 시간 가는 줄 모르고 꿈 같은 세계를 여행한다. 그리고 이쪽 세계로 돌아오고 나서야 그 사실을 깨닫는다. 이쪽 세계…… 내가 있고 테트라가 있고 미르카가 있고…….

"선배?" 테트라가 내 앞에 섰다.

"이제 가야죠."

나는 잠시 말없이 테트라를 응시했다. 그러자 테트라는 살짝 얼굴을 붉히며 고개를 갸웃거렸다.

"선배?"

"응, 가자. 고마워, 테트라."

"네? 뭐가요?"

"아니야, 그냥."

## 골목길

집에 가는 길. 구불구불한 주택가 골목길을 나란히 걸었다.

"저는 왜 이렇게…… 여유가 없을까요. 수식이 하나 나오면 그걸로 머리가 꽉 차서 조건을 까맣게 잊어버려요." 테트라가 말했다.

"그러고 보니 전에 변수가 많으면 어렵다고 했지?"

"맞아요! 선배도 미르카 선배도 쉽게 **정의식**을 쓰잖아요. '$m$=♡♡♡로 놓는다'나 '$b$=♠♠♠로 정의한다' 이런 거요. 전 그게 어려워요."

"정의식 때문에 변수가 늘어나긴 하지만 그때부터 식을 변형하는 게 편해지거든."

"그래서, 이번 문제에서는 열심히 정의식에 도전하고 있어요. 그 피타고라스 주스 메이커를 써서."

"응? 그게 뭐지?"

"그 '$m$과 $n$을 사용해서 원시 피타고라스 수 만들기' 방법이요! 원시 피타고라스 수의 일반형을 써서 생각하려 하고 있다고요."

"앗, 그렇구나. 그 방법이 있었지."

확실히 원시 피타고라스 수의 일반형을 사용하면 A, B, C를 $m$과 $n$으로 표현할 수 있다. 거기서 시작하면 모순을 이끌어 낼 수 있을까?

"힌트를 얻었네."

"아, 선배도 그 문제를 생각하고 있었나요? 저도 질 수는 없죠."

테트라는 그렇게 말하고 펀치 날리는 시늉을 했다.

## 3. 나의 여행

### 여행의 시작: A, B, C, D를 $m$, $n$으로 나타내기

늦은 밤, 나는 이제부터 모순을 이끌어 내는 여행을 떠나려 한다. 먼저 출발점을 확인하고 나서 모순을 이끌어 내자. 자연수 A, B, C, D는 다음과 같은 관계가 있다.

출발점

$$A^2+B^2=C^2,\ AB=2D^2,\ A\perp B$$

$A^2+B^2=C^2$와 $A\perp B$를 보면 A, B, C는 원시 피타고라스 수로 이루어졌음을 알 수 있다. 따라서 '원시 피타고라스 수의 일반형'을 써서 A, B, C를 $m$, $n$으로 나타낼 수 있다. 이게 테트라가 말한 피타고라 주스 메이커다.

원시 피타고라스 수의 일반형(피타고라 주스 메이커)

$$A^2+B^2=C^2,\ A\perp B \Leftrightarrow \begin{cases} A=m^2-n^2 \\ B=2mn \\ C=m^2+n^2 \end{cases}$$

자연수 $m$, $n$의 조건:

- $m>n$
- $m\perp n$
- $m$, $n$ 중 하나만 홀수(두 수의 홀짝은 불일치)

(63쪽 참조)

그럼 '넓이가 제곱수'라는 조건으로 만든 $AB=2D^2$이라는 식에 $m$, $n$을 적용해서 D의 성질을 알아보자.

테트라에게는 정의식의 효용에 대해 설명했지만, 사실 나도 변수를 도입할 때는 변수가 늘어나서 수습하기 힘들지도 모른다는 불안을 느낀다. 그럴 때마다 '수식에 대한 신뢰'를 다짐하면서 불안감을 떨치곤 한다. 수식의 장점은 의미를 떠나서 기계적인 조작으로 문제를 풀 수 있다는 점이다. 원시 피타고라스 수의 일반형을 식으로 하면 이제 직각삼각형은 잊어도 된다. 나머지는 수식을 무기로 활용할 수 있는가에 달려 있다.

먼저 $AB=2D^2$를 $m$, $n$으로 나타내자.

길 앞에 보이는 건 없지만…… 여행을 떠나 보자. 출발!

| | |
|---|---|
| $AB=2D^2$ | '넓이가 제곱수'로 만든 식 |
| $(m^2-n^2)B=2D^2$ | $A=m^2-n^2$를 대입 |

$$(m^2-n^2)(2mn)=2d\mathrm{D}^2 \qquad \mathrm{B}=2mn\text{을 대입}$$

$$mn(m^2-n^2)=\mathrm{D}^2 \qquad \text{양변을 2로 나눠 정리}$$

$$mn(m+n)(m-n)=\mathrm{D}^2 \qquad \text{'합과 차의 곱은 제곱의 차'}$$

자, 이런 식이 나왔다.

$$\mathrm{D}^2=mn(m+n)(m-n)$$

이건…… 전에 본 적이 있는 식이잖아.

좌변 $\mathrm{D}^2$는 '제곱수', 우변은 '서로소인 수의 곱'…… $m$과 $n$은 서로소니까 여기에 나오는 4개의 인자 $m, n, m+n, m-1$은 아무거나 둘을 골라도 서로소라고 할 수 있……겠지?

예를 들어 $(m+n)\perp(m-n)$은 성립할까?

불안하다.

여기서 $(m+n)\perp(m-n)$이 성립하지 않으면 중요한 무기를 잃게 된다. 귀류법을 써서 확실히 하자.

$m+n$과 $m-n$이 서로소가 아니라고 가정하자. 이때 어떤 소수 $p$와 자연수 J, K가 있고 다음 식이 성립한다.

$$\begin{cases} p\mathrm{J}=m+n \\ p\mathrm{K}=m-n \end{cases}$$

이 소수 $p$는 $m+n$과 $m-n$에 공통인 소인수다.

이 식에서 모순을 이끌어 낸다면 $m+n$과 $m-n$은 서로소라는 사실을 증명할 수 있게 된다. 자, 무기를 지킬 수 있을까?

두 식의 같은 변끼리 더해서 $p$와 $m$의 관계를 이끌어 낸다.

| | |
|---|---|
| $pJ+pK=(m+n)+(m-n)$ | 같은 변끼리 더함 |
| $p(J+K)=(m+n)+(m-n)$ | 좌변을 $p$로 묶음 |
| $p(J+K)=2m$ | 우변을 계산 |

같은 변끼리 빼서 $p$와 $n$의 관계를 이끌어 낸다.

| | |
|---|---|
| $pJ-pK=(m+n)-(m-n)$ | 같은 변끼리 뺌 |
| $p(J-K)=(m+n)-(m-n)$ | 좌변을 $p$로 묶음 |
| $p(J-K)=2n$ | 우변을 계산 |

그 결과 다음과 같은 관계를 얻었다.

$$\begin{cases} p(J+K)=2m \\ p(J-K)=2n \end{cases}$$

곱의 꼴이 되었다. 이제 알겠다.

먼저 $p=2$가 아니다. 왜냐하면 $m$과 $n$은 홀짝이 일치하지 않는다는 사실로 미루어 보아 $pJ=m+n$은 홀수가 된다. 따라서 $p$는 짝수가 아니다. 즉 $p=2$가 아니다.

그러나 $p \geqq 3$도 아니다. 왜냐하면 $m$과 $n$은 둘 다 $p$의 배수이기 때문이다. 하지만 $m \perp n$, 즉 $m$과 $n$에 공통하는 소인수는 없으니 $p \geqq 3$도 아니다.

그 결과 $(m+n) \perp (m-n)$이라는 결론을 얻어냈다.

후……. 혹시 모르니 $m+n$과 $m$이 서로소인지도 확인해 보자.

$m+n$과 $m$이 서로소가 아니라고 가정하자. 이때 어떤 소수 $p$와 자연수 J, K가 있고 다음 식이 성립한다.

$$\begin{cases} p\mathrm{J} = m + n \\ p\mathrm{K} = m \end{cases}$$

방금 전에 한 계산과 똑같이 다음 식을 얻는다.

$$\begin{cases} p\mathrm{K} = m \\ p(\mathrm{J} - \mathrm{K}) = n \end{cases}$$

$m, n$이 둘 다 $p$의 배수가 되었으니 $m \perp n$에 모순이 생긴다.

$m-n$과 $m$, $m+n$과 $n$, $m-n$과 $n$에 대해서도 마찬가지다.

좋아. $m$, $n$, $m+n$, $m-n$는 아무거나 둘을 선택해도 서로소다. 중요한 무기를 지켜 냈다.

그럼 다시 돌아가자. 다음 식을 검토하고 있었지.

$$\mathrm{D}^2 = mn(m+n)(m-n)$$

좌변 $\mathrm{D}^2$는 제곱수. 소인수분해를 하면 각 소인수는 짝수 개씩 포함된다.

한편 우변에 있는 4개의 인수 $m$, $n$, $m+n$, $m-n$은 아무거나 둘을 택해도 서로소, 즉 공통인 소인수가 없다.

좌변에 있는 소인수를 우변에 있는 4개의 인수에 분배한다면 4개의 인수는 각각 소인수를 짝수 개씩 포함하게 된다. 요컨대 '$m$, $n$, $m+n$, $m-n$은 모두 제곱수'인 것이다!

서로소라는 것은 정말로 쓸 만한 무기다. 서로소를 '최대공약수가 1'이라고 하면 잘 와 닿지 않지만, '공통인 소인수가 없다'라고 하면 완전히 기능이 달라진다. 뭐든 잘 베는 장검 같다.

### 원자와 소립자의 관계: $m$, $n$을 $e$, $f$, $s$, $t$로 나타내기

그럼 $m$, $n$, $m+n$, $m-n$이 제곱수라는 사실을 수식으로 표현해 보자.

아까는 A, B, C, D를 $m, n$으로 나타냈다.

이번에는 $m, n$을 $e, f, s, t$로 나타내 보자.

아, 지금 나는 **아주 작은 구조를 발견하는 여행**을 하고 있는 건가?

분자(A, B, C, D)를 살펴보다가 작은 원자$(m, n)$를 발견했다.

원자$(m, n)$을 살펴보다가 더 작은 소립자$(e, f, s, t)$를 발견했다.

이번 여행은 그런 느낌이다.

혹시 더 작은 쿼크가 있는 거 아닐까?

본론으로 돌아가자.

$m, n, m+n, m-n$이 제곱수이므로 다음과 같은 자연수 $e, f, s, t$가 존재한다.

> $m, n, m+n, m-n$을 $e, f, s, t$로 나타내기(원자와 소립자의 관계)
>
> $$\begin{cases} m &= e^2 \\ n &= f^2 \\ m+n &= s^2 \\ m-n &= t^2 \end{cases}$$
>
> $e, f, s, t$는 아무거나 둘을 택해도 서로소

또 새로운 변수를 도입한 건가. 그것도 네 개씩이나. 하지만 분명 잘될 거다. 수식을 믿자, 수식을 믿어…….

다음은 어느 쪽으로 가야 할까? 나는 수식을 다시 읽으며 생각했다.

$m$을 $e, f, s, t$로 나타내 보자. 이미 $m=e^2$라는 등식이 있지만, 다음과 같은 식으로 무엇을 알아낼 수 있을까?

$$\begin{cases} m+n=s^2 \\ m-n=t^2 \end{cases}$$

이 두 식을 같은 변끼리 더하거나 빼면 $m$, $n$을 $s$로 나타낼 수 있다. 이른바 원자의 구조를 소립자로 표현하는 것이다.

$$\begin{cases} 2m = s^2 + t^2 \\ 2n = s^2 - t^2 \end{cases}$$

$2n = s^2 - t^2$에서 우변은 '합과 차의 곱은 제곱의 차'를 사용해서 곱의 꼴로 나타낼 수 있다. 곱의 꼴로 만드는 이유는 정수의 구조를 알아보기 위함이다.

| | |
|---|---|
| $2n = s^2 - t^2$ | 위의 식 |
| $2n = (s+t)(s-t)$ | '합과 차의 곱은 제곱의 차' |
| $2f^2 = (s+t)(s-t)$ | $n = f^2$를 대입 |

$f$와 $s+t$, $s-t$의 관계를 얻었다. 이른바 두 소립자의 관계다.

$f$와 $s+t$, $s-t$의 관계(두 소립자의 관계)

$$2f^2 = (s+t)(s-t)$$

### 소립자 $s+t$, $s-t$ 알아보기

앞에서 얻은 식 $2f^2 = (s+t)(s-t)$를 파헤쳐 보자. 먼저 우변을 구성하는 인자, $s+t$와 $s-t$는 정수다. 그렇다면 '홀짝 알아보기'를 해 보자.

$s$의 홀짝은 어떨까? '원자와 소립자의 관계'에서 $m+n=s^2$이 성립한다. $m+n$의 홀짝은…… 알 수 있어. $m$과 $n$의 홀짝이 불일치하므로 짝수+홀수 또는 홀수+짝수 중 하나다. 어찌 됐든 $m+n$은 홀수다. 자동으로 $s^2$도 홀수다. 제곱해서 홀수가 되기 때문에 $s$도 홀수다. 좋아, **$s$는 홀수**라는 사실이 밝

혀졌다!

$t$의 홀수도 똑같이 생각할 수 있다. $m-n=t^2$이 성립한다. $m$과 $n$의 홀짝은 불일치한다. $t^2$은 홀수이고 제곱해서 홀수가 되기 때문에 **$t$도 홀수**다.

따라서 $s$와 $t$는 둘 다 홀수. 좋아, 거의 다 왔다!

$s$도 $t$도 홀수이므로 **$s+t$와 $s-t$는 둘 다 짝수다**.

그런데 $s$와 $t$는 서로소일까?

$(m+n)\perp(m-n)$이므로 $s^2\perp t^2$이 된다. 제곱한 수끼리 서로소이기 때문에 원래 수끼리도 서로소다. 공통인 소인수가 없다는 것에는 변함이 없으니까. 즉 **$s$와 $t$는 서로소다**.

좋아, $s\perp t$라는 사실이 밝혀졌다!

어? 그런데 '원자와 소립자의 관계'에서 '$e, f, s, t$는 아무거나 둘을 택해도 서로소'라고 하고 변수를 도입했지……. 뭐, 아무튼 $s\perp t$라는 사실에는 변함이 없다.

$s, t$에 대해 꽤 많이 알게 됐다.

$s, t$에 대해 알 수 있는 사실

- $s$는 홀수
- $t$는 홀수
- $s+t$는 짝수
- $s-t$는 짝수
- $s$와 $t$는 서로소 $(s\perp t)$

나는 적어 놓은 것을 다시 읽고, 지금 발견한 $s+t$와 $s-t$의 내용을 어느 식에 적용해야 할지 생각했다.

$s+t$와 $s-t$를 인수로 지닌 수는…… 이 '소립자들의 관계'에 있다.

$$2f^2=(s+t)(s-t)$$

$s+t$, $s-t$는 짝수이므로 $\boldsymbol{\frac{s+t}{2}}$와 $\boldsymbol{\frac{s-t}{2}}$는 정수가 된다. 따라서

$$2f^2 = 2 \cdot \frac{s+t}{2} \cdot 2 \cdot \frac{s-t}{2}$$

이렇게 썼을 때, 우변은 네 정수의 곱의 꼴이 되었다.

양변을 2로 나눈다.

$$f^2 = \frac{s+t}{2} \cdot \frac{s-t}{2}$$

좌변은 제곱수다……. 어라? 이건 아까 한 거잖아. 같은 자리를 맴돌고 있는 건가?

아니야, 괜찮다. 좌변은 $f^2$이므로 제곱수. 우변에는 2가 소인수로 포함되어 있다. 우변도 제곱수가 될 테니 또 다른 소인수 2가 두 개의 인수 $\frac{s+t}{2}$ 또는 $\frac{s-t}{2}$ 중 하나에 틀림없이 있을 거다.

**즉 $\boldsymbol{\frac{s+t}{2}}$와 $\boldsymbol{\frac{s-t}{2}}$ 중 하나는 짝수다.**

$\frac{s+t}{2}$와 $\frac{s-t}{2}$는 서로소일까?

일단 서로소가 아니라고 가정해 보자. 이런 확인을 벌써 몇 번째 하고 있는지 모르겠다. 두 인수는 공통인 소인수 $p$를 갖게 되는 것이니 어떤 정수 J, K에 대해 다음과 같이 쓸 수 있다.

$$\begin{cases} p\mathrm{J} = \frac{s+t}{2} \\ p\mathrm{K} = \frac{s-t}{2} \end{cases}$$

같은 변끼리 더하고 같은 변끼리 빼서 다음 식을 얻는다.

$$\begin{cases} p(\mathrm{J}+\mathrm{K}) = \dfrac{s+t}{2} + \dfrac{s-t}{2} = s \\ p(\mathrm{J}-\mathrm{K}) = \dfrac{s+t}{2} + \dfrac{s-t}{2} = t \end{cases}$$

이제 알았다. 위의 식에서 $s$도 $t$도 $p$의 배수가 된다. $s$도 $t$도 공통인 소인수 $p$를 갖게 되니까 $s \perp t$와 모순이다. 따라서 $\boldsymbol{\frac{s+t}{2}}$**와** $\boldsymbol{\frac{s-t}{2}}$**는 서로소**가 된다. 공통인 소인수가 없으니까 짝수가 아닌 쪽은 홀수.

하던 대로 소인수분해를 하면…… 짝수 쪽은 '$2 \times$ 제곱수'의 꼴이고, 홀수 쪽은 '홀수의 제곱수'가 된다.

말로 표현하려니 복잡하다. '소립자' $s, t$의 구조를 만드는 '쿼크' $u, v$를 도입하면 어떨까? $u, v$는 서로소인 자연수다. 그렇게 하면 '$2 \times$ 제곱수'는 $2u^2$으로 쓸 수 있고 '홀수의 제곱수'는 $v^2$으로 쓸 수 있다.

$\frac{s+t}{2}$와 $\frac{s-t}{2}$ 중에서 하나는 $2u^2$이고 다른 하나는 $v^2$이 된다.

후…….

#### 소립자와 쿼크의 관계: $s$, $t$를 $u$, $v$로 나타내기

문자들이 계속 늘어나니까 어려워지는걸. 지금까지 정리한 내용을 다시 한 번 천천히 읽고 쿼크에 대해 정리하기로 하자.

> $\frac{s+t}{2}$, $\frac{s-t}{2}$에 대하여 (소립자 $s$, $t$와 쿼크 $u$, $v$의 관계)
>
> - $\frac{s+t}{2}$, $\frac{s-t}{2}$는 서로소다.
> - $\frac{s+t}{2}$, $\frac{s-t}{2}$ 중 하나는 $2u^2$이고 다른 하나는 $v^2$이다.
> - $u$와 $v$는 서로소다($u \perp v$).
> - $v$는 홀수다.

좋아, 됐다!

아니야, 큰일이다! 이걸로는 $\frac{s+t}{2}$와 $\frac{s-t}{2}$ 중에서 뭐가 $2u^2$이고 뭐가 $v^2$인지 알 수 없다. 이렇게 되면…… **두 가지 경우**가 발생한다.

나는 머리를 움켜쥐었다.

$$\text{경우 1} : \frac{s+t}{2}=2u^2, \frac{s-t}{2}=v^2 \text{일 때}$$

$$\begin{cases} s=2u^2+v^2 \\ t=2u^2-v^2 \end{cases}$$

$$\text{경우 2} : \frac{s+t}{2}=v^2, \frac{s-t}{2}=2u^2 \text{일 때}$$

$$\begin{cases} s=2u^2+v^2 \\ t=-2u^2+v^2 \end{cases}$$

이렇게 경우가 나뉘었다.

나는 숲속 갈림길 앞에 우두커니 서 있다.

두 길을 모두 가 보면 된다. 하지만 탐색하는 수고는 두 배가 든다.

음, 좋은 수가 없을까? 나는 지금까지 밟아 온 길을 다시 한 번 돌아보고 놓친 관계식은 없는지 찾았다.

가만있어 보자, $m$은? '원자와 소립자의 관계'에서 나온 $m=e^2$은 아무 곳에도 쓰이지 않았다. $m$은 소립자 $s, t$와 이어져 있을 텐데…….

$$\begin{cases} m+n=s^2 \\ m-n=t^2 \end{cases}$$

위의 식의 같은 변끼리 더해서 2로 나누면 다음 식이 나온다.

$$m=\frac{s^2+t^2}{2}$$

그리고 다음 식을 얻을 수 있다.

$$e^2 = m = \frac{s^2+t^2}{2}$$

결국 아래 식이 성립한다.

$$e^2 = \frac{s^2+t^2}{2}$$

좋아, 좋아, $s$와 $t$를 제곱해서 더했으니까 경우 1, 2를 하나의 식으로 합칠 수 있다. 이렇게 하면 힘든 과정을 피할 수 있다!

| | |
|---|---|
| $e^2 = \frac{s^2+t^2}{2}$ | 위의 식 |
| $e^2 = \frac{(2u^2+v^2)^2+(2u^2-v^2)^2}{2}$ | $s, t$를 $u, v$로 나타냄 |
| $e^2 = 4u^4+v^4$ | 계산 |

오, 꽤 심플한 식이 생겼다. 소립자 $e$와 쿼크 $u, v$의 관계식이다. 대만족이다.

잠깐, 애초에 내가 뭘 하려 했던 거지?

식 변형만 해 놓고 기뻐하면 안 된다. 난 모순을 찾아야 한다.

여기서 모순을 발견할 수 있을까?

소립자 $e$와 쿼크 $u$, $v$의 관계(여기서 모순을 발견할 수 있을까?)

$$e^2 = 4u^4+v^4$$

- $u \perp v$
- $v$는 홀수

음, 잠이 쏟아진다.

아쉽지만 오늘은 여기까지 하자.

## 4. 유리의 아이디어

### 방

이튿날 토요일 오후, 내 방이다.

"안녕!" 유리의 목소리.

책상을 향한 채 "응" 하고 대답하는 나.

"오빠, 귀여운 동생이 왔는데 쳐다보지도 않고 건성건성 대답하기야?"

"응."

"너, 너무햇. ……뭐 하는데?"

유리가 내 어깨 너머로 얼굴을 디민다.

"계산."

"손도 안 움직이는데."

"머리는 움직이고 있어."

"우와! 입도 잘 움직이는데."

"네, 네. 알겠습니다요."

나는 포기하고 뒤를 돌아봤다.

늘 그렇듯 찰랑거리는 포니테일, 청바지에 점퍼 차림의 유리가 양손을 허리에 짚고 있다. 셔츠 주머니에는 안경과 볼펜이 꽂혀 있다.

"오빠는 정말 수학에 파묻혀 사는구나. 어디 좀 놀러 가자."

"밖이 얼마나 추운데 그래."

"겨울이니까 당연히 춥다옹."

"그럼 서점 갈래?"

"윽…… 그래, 내가 봐줬다."

### 초등학교

유리와 함께 서점으로 걸어가는 중이다.

"그런데 무슨 계산을 하고 있었어?"

나는 '세 변이 자연수인 직각삼각형의 넓이는 제곱수가 되는가'에 대해 이야기했다. 수식은 생략하고 풀이 과정을 간추려서 설명했다.

"……그런 식으로 이런저런 계산을 했더니 의미심장한 식 '소립자 $e$와 쿼크 $u, v$의 관계'가 생겼어. 거기서 모순을 이끌어 내면 증명은 끝이야. 이끌어 내지 못한다면 다른 길을 찾아야지……. 뭐, 그런 단계."

"흠." 육교 근처까지 왔을 때 유리가 말했다. "오빠. 초등학교 안 가 볼래? 운동장에서 놀자."

"뭐? 난 서점 가고 싶은데……. 그래, 가자."

육교를 건너면 바로 초등학교다. 정문은 닫혀 있지만 뒷문으로 운동장에 들어갈 수 있다. 그리 크지 않은 육상용 트랙이 있고, 한쪽에는 저학년을 위한 그네, 구름사다리, 정십이면체의 철제 회전 기구, 미끄럼틀이 있다. 쌀쌀한 겨울날의 토요일, 텅빈 운동장을 둘러보니 어린 시절 추억이 떠올랐다.

"오빠 얘기를 듣다가 생각했는데, 그 카드 문제는 '……존재하는가'였지?"

"그런데?"

"음…… '존재하지 않는다는 것을 증명하라'가 아닌 거지?"

유리는 이렇게 말하고는 그네를 향해 달렸다.

"와, 그네가 이렇게 작았나?"

유리가 그네에 서서 발을 굴렀다.

나도 옆자리 그네에 앉았다. 작긴 작구나.

"유리는 내 예상이 틀렸다는 말을 하고 싶은 거야? 넓이가 제곱수인 직각삼각형은 존재한다고?" 내가 물었다.

"응? 뭐라고? 안 들려!" 유리의 그네는 높이 날아오르고 있었다.

유리가 지적했듯이 무라키 선생님의 카드에는 '존재하는가'라고 적혀 있었다. 내가 직접 확인한 직각삼각형은 몇 개밖에 되지 않는다. 어쩌면 넓이가 제곱수인 삼각형은 존재할지도 모른다. 그 가능성은 부정할 수 없다. 하지만…… 혹시 그런 직각삼각형이 존재한다면, '존재하지 않는다는 증명'은 불가능하다! 어젯밤에 그렇게 열심히 생각한 게 다 헛수고였던 걸지도…….

이것 참 골치 아픈데…….

"오—빠—."

유리는 어느새 미끄럼틀 꼭대기로 올라가 손을 흔들고 있다.

"야호! 진짜 높다!"

가볍게 미끄러져 내려오는 유리.

"아, 그런데 생각보다는 짧다옹. 속도도 느리고."

"처음 높이의 위치 에너지가……."

"아이고, 알겠습니다. 누가 이과생 아니랄까 봐."

## 자판기

한바탕 뛰어놀고 난 유리는 갈증이 난다며 음료수를 마시자고 했다. 학교에서 나온 우리는 근처 자판기에서 따뜻한 레몬차를 뽑아 들고 벤치에 앉았다.

"여기."

"고마…… 앗, 뜨거!"

유리는 양손으로 컵을 잡은 채 나를 올려다보며 쭈뼛쭈뼛 말했다.

"오빠…… 미안."

"뭐가?"

"공부하고 있는데 억지로 나오자고 해서."

"이제 와서 새삼스럽게……. 기분 전환도 되고 괜찮아."

"아까 말한 '소립자와 뭐의 관계'는 어떤 거야? 아, 종이가 없어서 설명하기 곤란한가?"

"수첩은 있어. 아, 그런데 펜이 없네."

"펜은 내가 갖고 있지. 그런데 수식을 기억하고 있어?"

"당연하지. 이게 식이야."

$$e^2 = 4u^4 + v^4$$

"흠, 이게 왜 의미심장한 식이야?"

"너무 간단하지도 않고 너무 복잡하지도 않으니까. 왠지 그런 것 같아."

"남자의 직감 같은 거야?"

"뭔 소리야? 아무튼 이 수식을 살펴보는 게 지금 가장 큰 과제야. ……그런데 지금 막힌 것 같아."

그렇다. $e^2=4u^4+v^4$을 $e^2-4u^4=v^4$으로 만들고 그다음에 $(e+2u^2)(e-2u^2)=v^4$과 같은 형태로 고쳐 보기도 했는데, 더 이상 앞으로 나가질 못하겠다.

"수식의 '진짜 모습'을 찾고 있는 거냐옹?"

"응?" 나는 의아한 눈으로 유리를 봤다.

"『은하철도의 밤』에 이런 말이 있잖아."

'사실이 무엇인지 알고 있나요?'

"아, 그런 말이 있었지."

"오빠, 수첩 좀 보여줘 봐."

내가 수첩을 건네자 수식을 뚫어져라 보는 유리.

"저기, 오빠…… 이 식 말이야, 좌우를 바꾸면 왠지……."

그리고 유리의 다음 한마디는 마치 하늘의 계시처럼 들렸다.

"피타고라스의 정리랑 비슷하지 않아?"

응? 피타고라스의 정리?

$$4u^4+v^4=e^2$$

확실히 비슷해!

나는 수첩에 메모를 했다. 지수법칙으로 제곱의 꼴을 만든다.

$$(2u^2)^2+(v^2)^2=e^2$$

다음과 같이 $\mathrm{A}_1, \mathrm{B}_1, \mathrm{C}_1$을 정의한다.

$$\mathrm{A}_1=2u^2, \mathrm{B}_1=v^2, \mathrm{C}_1=e$$

다음 식이 성립한다.

$$A_1^2+B_1^2=C_1^2$$

잠깐, 이번 여행의 출발점도 피타고라스의 정리였다. 나는 빠르게 기억을 더듬었다. 그렇다, 출발점……. 그토록 많이 썼으니 잊을 수 없는 수식이다.

$$A^2+B^2=C^2,\ AB=2D^2,\ A \perp B$$

혹시 $A_1B_1=2D_1^2$으로 해서 $D_1$도 정의할 수 있을까? $A_1=2u^2$, $B_1=v^2$이니까 확실히 다음 식이 생긴다.

$$A_1B_1=(2u^2)(v^2)=2(uv)^2$$

그렇다면 이렇게 두자.

$$D_1=uv$$

그러면 다음 식을 얻을 수 있다.

$$A_1B_1=2D_1^2$$

우와……. 그럼 이 식은 성립할까?

$$A_1 \perp B_1$$

성립……할 거다. $u \perp v$에서 $v$가 홀수니까.
변수는 다르지만 출발점과 모양이 완전히 같은 수식이 구성된 셈이다.

여행의 출발점과 이끌어 낸 수식

| | | | |
|---|---|---|---|
| $A^2+B^2=C^2$ | $AB=2D^2$ | $A\perp B$ | 여행의 출발점 |
| $A^2_1+B^2_1=C^2_1$ | $A_1B_1=2D^2_1$ | $A_1\perp B_1$ | 이끌어 낸 수식 |

여기엔 어떤 의미가 있을까? 같은 장소를 빙글빙글 돈 것뿐일까?

빙글빙글…… 돈다.

원환과 주기성.

직선과 무한성.

무한? 아니, 무한일 리 없어!

"오빠……?"

"쉿!"

출발점 A, B, C, D는 '분자' 수준의 크기였을 것이다. 나는 그걸 지금까지 '원자 $m, n$', '소립자 $e, f, s, t$', '쿼크 $u, v$'와 작은 구조로 분해해 왔다. $C_1=e$이므로 $C_1$도 소립자 수준. 그러니까…… 혹시 분자 수준인 C보다도 $C_1$이 더 작은 것 아닌가?

그렇다면……. 아, 정리해 둔 노트를 봐야 해.

"유리야, 집에 가자." 나는 당황한 유리를 일으켜 세웠다.

"잠깐만! 오빠."

"미안, 빨리 가야 해."

만약 $C>C_1$이 성립한다면…… 만약 성립한다면…….

집에 도착하자마자 나는 방으로 뛰어 들어갔다.

노트를 펼치고 적어 둔 곳을 찾기 시작했다.

어디야, 어디…… 여기다.

나오는 수는 모두 자연수니까…… 그래, 성립한다.

- $C=m^2+n^2$이니까 $C>m$이 성립한다.

• $m=e^2$이니까 $m \geqq e$가 성립한다.

여기에 $C_1=e$를 적용하면 $C > m \geqq e = C_1$이다. 그러면 $C > C_1$이 성립한다.

A, B, C, D라는 자연수를 '분해'하면 $A_1$, $B_1$ , $C_1$, $D_1$이라는 자연수가 만들어졌다. 게다가 출발점과 형태가 같은 관계식이 성립한다는 것은 비슷한 '분해'를 무한 반복한다는 것이기 때문에 $C_1, C_2, C_3, \cdots$을 만들어 낼 수 있다.

즉 다음에서 $C_k$는 얼마든지 작아진다.

$$C > C_1 > C_2 > C_3 > \cdots > C_k > \cdots$$

아니야, 그건 말도 안 돼. 자연수를 무한으로 작게 만들 수는 없기 때문이다. 자연수에는 최소수가 있다. 바로 1이다.

$$C > C_1 > C_2 > C_3 > \cdots > C_k > \cdots > 1$$

이걸로 모순을 이끌어 냈어!

자연수는 무한으로 작아질 수 없다. 그래서 $C > C_1 > C_2 > C_3 > \cdots$의 끝에는 '$C_k$가 최소다'라고 할 수 있는 자연수 $C_k$가 존재해야 한다.

이끌어 낸 명제: '$C_k$가 최소다.'

모순을 발견했다.

귀류법으로 세 변이 자연수인 직각삼각형의 넓이는 제곱수가 되지 않는다.

드디어 증명했다.

나는 따분한 듯 책을 읽고 있는 유리의 머리를 헝클어뜨렸다.

"유리! 성공했어!"

"응? 뭔데, 뭔데. 뭔지 모르겠다옹. 아, 머리 망가뜨리지 마."

풀이 8-2 다음 식을 만족하는 자연수 A, B, C, D는 존재하지 않는다.

$$A^2+B^2=C^2, \qquad AB=2D^2, \qquad A\perp B$$

풀이 8-1 세 변이 자연수이고 넓이가 제곱수인 직각삼각형은 존재하지 않는다.

여행 지도

증명하고 싶은 명제: 넓이는 제곱수가 아니다

↓ 귀류법
: 증명하고 싶은 명제의 부정을 가정

가정: 넓이는 제곱수다

↓ 〈수식으로 생각하기〉

직각삼각형은 잊어버리고 $a$, $b$, $c$로 생각하기

↓ 〈서로소〉

A, B, C로 생각한다 〈분자〉

↓ 원시 피타고라스 수의 일반형

A, B, C, D를 $m$, $n$으로 쓰기 〈피타고라 주스 메이커〉

↓ 〈정수의 구조는 소인수분해로 나타낸다〉

$m$, $n$을 $e$, $f$, $s$, $t$로 나타낸다 〈원자와 소립자의 관계〉

↓ 〈합과 차의 곱은 제곱의 차〉

$f$를 $s+t$와 $s-t$로 나타낸다 〈소립자들 사이의 관계〉

↓ 〈정수의 구조는
소인수분해로 나타낸다〉

$e$를 $u$와 $v$로 나타낸다 〈소립자와 쿼크의 관계〉

↓ 모순을 이끌어 내라

모양이 같은 $A_1$, $B_1$, $C_1$, $D_1$이 만들어지고, $C > C_1$이 된다

모순

가정은 거짓

증명 완료: 넓이는 제곱수가 되지 않는다

## 5. 미르카의 증명

### 결투를 준비하며

"휴……." 테트라가 크게 한숨을 내쉬었다.

"풀이 과정이 꽤 기네요? 게다가 문자가 이렇게 많이 나올 줄이야……."

월요일 방과 후 도서실. 나는 테트라에게 '세 변이 자연수이고 넓이가 제곱수인 직각삼각형은 존재하지 않는다'의 증명을 설명했다.

"전 포기하고 있었어요. 하지만 선배가 쓴 무기는 저도 갖고 있는 거네요."

- 원시 피타고라스 수의 일반형
- 서로소
- 합과 차의 곱은 제곱의 차
- 곱의 꼴
- 홀수 · 짝수
- 최대공약수
- 소인수분해
- 귀류법
- 모순

"그런데 저는 풀지 못했어요. 원시 피타고라스의 일반형을 쓰는 지점까지는 갔는데, 서로소라는 조건을 사용할 생각까진 못했어요. 그보다 중간에 서로소라는 조건도 잊어버려서……."

"내가 밝혀낸 증명이 길기도 하지만 실제로는 그 몇 배나 되는 과정을 거쳤어. 식을 변형해 보고, 노트 다시 읽어 보고, 무슨 발견이 있을까 생각하고, 계산하다가 실수해서 틀린 부분부터 다시 시작하고……. 그걸 계속 반복했어. 첫 힌트 '원시 피타고라스 수의 일반형'은 테트라에게 받았지."

"전개할 방향을 어떻게 알 수 있었나요?"

"글쎄…. 변수들의 관계를 처음부터 파악한 건 아니고 일단 해 본 거야. 그리고 나타난 식을 보고 다음에 어디로 가야 할지 생각했지. 이 증명은 마지막에 같은 형태의 수식을 끼워 맞추는 부분이 난관이었어. 사촌동생 유리에게 힌트를 얻어 모순을 이끌어 냈지."

'피타고라스의 정리랑 비슷하지 않아?'

"도형 문제에 수식을 적용하는 방법은 저도 조금 이해했어요. 하지만 힘들여서 적용했는데 거기서 막히면 의미가 없잖아요. 수식 다루는 게 익숙하지 않으면 무기를 효과적으로 활용할 수 없을 것 같아요."

"맞아. 테트라, 확실히 그럴 수 있어. 자기 손으로 직접 수식을 전개해 보는 연습은 꼭 필요해."

테트라는 생각을 더듬듯 천천히 이야기했다.

"저…… 수업 시간에 배우는 수학은 선배들과 하는 수학과 다르다고 생각했어요. 수업 시간에 배우는 수학은 무미건조하고 재미없지만 선배들과 하는 수학은 활기차고 재미있다고……. 그런데 잘못 생각한 것 같아요. 수업 시간에 배우는 수학은 무기의 기본 사용법 같은 거잖아요. 검도에서 목검 휘두르는 연습을 하거나 사격 연습을 하는 것처럼요. 특별한 게 없고 지루하기도 하지만 그런 연습을 하지 않으면 막상 결투에 나갔을 때 제대로 힘을 써 보지 못하겠죠."

테트라는 진지한 얼굴로 얘기하고 있지만, '검도 연습'이라 말할 때는 검을 휘두르는 시늉을 하고 '사격 연습'이라 말할 때는 한쪽 눈을 감고 나를 조준했다.

그야말로 착실한 제스처 소녀다.

### 미르카

"재미있는 문제?"

미르카가 책상에 양손을 올렸다. 팔의 깁스는 완전히 풀려 있다.

"미르카 선배, 안녕하세요! 증명 이야기를 듣고 있었어요. '세 변이 자연수이고 넓이가 제곱수인 직각삼각형은 존재하지 않는다'는 명제의 증명이요. 제목을 붙이자면 '넓이가 제곱수가 되지 못하는 직각삼각형의 정리'라고 말할 수 있을까요?"

"제목이라니…… 문제랑 같은 말이잖아?" 나는 쓴웃음을 지었다.

내가 증명을 요약해서 들려줬더니 미르카는 **무한강하법**이라고 말했다.

"무한강하법?"

이름이 지어져 있었구나.

"그래. 페르마의 특기였지. 먼저 자연수에 관한 수식을 만들어. 그리고 그 수식을 조작해서 같은 형태의 다른 수식을 만들지. 그때 작아지는 자연수를 포함하는 게 중요해. 같은 조작을 되풀이할수록 그 자연수는 더 작아지다가 무한히 작아져. 그런데 자연수에는 가장 작은 수가 있어. 자연수에서는 무한강하가 불가능한 거야. 거기서 모순을 이끌어 낼 수 있지. 이 증명법은 귀류법 혹은 수학적 귀납법의 특수한 패턴이라고 생각해도 돼. 페르마는 이걸 발견한 거야."

미르카는 말을 멈추고 눈을 감았다. 뭔가 어마어마한 게 나올 것만 같은 긴장된 기운이 주변을 가득 메웠다.

침묵.

몇 초 후, 검은 머리의 천재 소녀는 고개를 끄덕이며 눈을 떴다. 안경이 번쩍 빛났다.

"흠, 그럼 '넓이가 제곱수가 되지 못하는 직각삼각형의 정리' 같은 걸 빌려서 초등적으로 증명해 보자."

"초등적으로 증명한다니, 뭘?"

"페르마의 마지막 정리를." 미르카가 말했다.

"뭐?"

엄청난 말이었다.

"페르마의 마지막 정리를 초등적으로 증명할 거야. 단, 4차의 경우에 한해서."

미르카는 카드를 꺼내 책상 위에 가만히 놓았다.

"무라키 선생님, 요즘 취미에 푹 빠지신 것 같아. ……아무튼 귀류법을 사용할게."

◆◆◆

문제 8-3 다음 방정식은 자연수 해를 가지지 않는다는 사실을 증명하라.

$$x^4+y^4=z^4$$

증명할 명제는 '$x^4+y^4=z^4$은 자연수 해를 가지지 않는다'야. 이걸 부정한 '$x^4+y^4=z^4$은 자연수 해를 가진다'를 가정해서 모순을 이끌어 내자.

귀류법의 가정: '$x^4+y^4=z^4$은 자연수 해를 가진다.'

자연수 해를 $(x, y, z)=(a, b, c)$라고 할게. 서로소를 가정해도 좋지만, 반드시 그럴 필요는 없어. $a, b, c$는 다음 식을 만족하지.

$$a^4+b^4=c^4$$

다음 $a, c$를 사용해서 아래와 같이 $m, n$을 정의해.

$$\begin{cases} m=c^2 \\ n=a^2 \end{cases}$$

그리고 이 $m, n$을 사용해서 다음과 같이 A, B, C를 정의할 수 있지.

$$\begin{cases} \mathrm{A}=m^2-n^2 \\ \mathrm{B}=2mn \\ \mathrm{C}=m^2+n^2 \end{cases}$$

이 정의를 사용해서 A, B, C를 $a, b, c$로 나타내 보자.

| | |
|---|---|
| $\mathrm{A}=m-n$ | A의 정의에서 |
| $=(c^2)^2-(a^2)^2$ | $m, n$의 정의에서 |
| $=c^4-a^4$ | 계산 |

$$\mathrm{B}=2mn \quad \text{B의 정의에서}$$
$$=2c^2a^2 \quad m, n\text{의 정의에서}$$
$$\mathrm{C}=m^2+n^2 \quad \text{C의 정의에서}$$
$$=(c^2)^2+(a^2)^2 \quad m, n\text{의 정의에서}$$
$$=c^4+a^4 \quad \text{계산}$$

$(\mathrm{A}, \mathrm{B}, \mathrm{C})=(c^4-a^4, 2c^2a^2, c^4+a^4)$이 돼. $a, b, c$가 자연수이고 $c>a$이니까 A, B, C도 자연수야. 여기서 $\mathrm{A}^2+\mathrm{B}^2$을 계산해 보자.

$$\mathrm{A}^2+\mathrm{B}^2=(c^4-a^4)^2+(2c^2a^2)^2 \quad \mathrm{A}=c^4-a^4, \mathrm{B}=2c^2a^2\text{을 대입}$$
$$=(c^8-2c^4a^4+a^8)+(2c^2a^2)^2 \quad (c^4-a^4)^2\text{을 전개}$$
$$=(c^8-2c^4a^4+a^8)+4c^4a^4 \quad (2c^2a^2)^2\text{을 전개}$$
$$=c^8+2c^4a^4+a^8 \quad \text{계산}$$
$$=(c^4+a^4)^2 \quad \text{인수분해}$$
$$=\mathrm{C}^2 \quad \mathrm{C}=c^4+a^4\text{에서}$$

이것으로 A, B, C는 다음 식을 만족하는 자연수가 돼.

$$\mathrm{A}^2+\mathrm{B}^2=\mathrm{C}^2$$

즉 A, B, C는 직각삼각형의 세 변을 이루는 자연수야. C는 빗변이지. 그럼 이 직각삼각형의 넓이를 생각해 보자.

$$\text{넓이}=\frac{AB}{2} \quad \text{직각삼각형의 넓이}$$
$$=\frac{(c^4-a^4)(2c^2a^2)}{2} \quad \mathrm{A}=c^4-a^4, \mathrm{B}=2c^2a^2\text{을 대입}$$
$$=(c^4-a^4)c^2a^2 \quad \text{분자와 분모를 2로 나눔}$$

그런데 $a^4+b^4=c^4$이라는 식은 $c^4-a^4=b^4$과 같아.
이 사실을 이용해서 직각삼각형의 넓이를 구하는 계산을 마저 해 보자.

| | |
|---|---|
| 넓이$=\dfrac{AB}{2}$ | 직각삼각형의 넓이 |
| $=(c^4-a^4)c^2a^2$ | 방금 전의 계산 |
| $=b^4c^2a^2$ | $c^4-a^4$을 $b^4$으로 치환 |
| $=a^2b^4c^2$ | 순서를 바꿈 |
| $=(ab^2c)^2$ | 제곱수의 꼴로 |

그러므로 이 넓이는 제곱수. $\mathrm{D}=ab^2c$로 놓으면 확실히 보일 거야.

$$\frac{AB}{2}=\mathrm{D}^2$$

이렇게 해서 다음 명제를 이끌어 냈어.

'세 변이 자연수이고 넓이가 제곱수인 직각삼각형은 존재한다.'

그런데 '넓이가 제곱수가 되지 못하는 직각삼각형의 정리'에서 다음 명제가 성립해.

'세 변이 자연수이고 넓이가 제곱수인 직각삼각형은 존재하지 않는다.'

이건 모순이야. 따라서 귀류법으로 '$x^4+y^4=z^4$은 자연수 해를 가지지 않는다'라는 페르마의 마지막 정리(단, 4차인 경우)가 증명되었어.

자. 이것으로 하나 해결!

풀이 8-3 페르마의 마지막 정리(4차인 경우)
귀류법을 사용한다.

1. $x^4+y^4=z^4$이 자연수 해를 가진다고 가정한다.
2. 그 해를 $(x, y, z)=(a, b, c)$로 한다.
3. $m=c^2$, $n=a^2$으로 놓는다.
4. $\mathrm{A}=m^2-n^2$, $\mathrm{B}=2mn$, $\mathrm{C}=m^2+n^2$으로 놓는다.
5. $\mathrm{D}=ab^2c$로 놓는다.
6. 그러면 $\mathrm{A}^2+\mathrm{B}^2=\mathrm{C}^2$, $\frac{AB}{2}=\mathrm{D}^2$ 이 성립한다.
7. 이는 해답 8－1과 모순된다.
8. 따라서 $x^4+y^4=z^4$은 자연수 해를 가지지 않는다.

### 마지막 조각을 채웠을 뿐

"이렇게 간결하게 증명이 되는구나." 내가 말했다.

"너의 증명 덕분이야. 난 네가 증명한 명제에 맞서는 형태로 모순을 이끌어 냈어. 내가 한 일은 마지막 조각을 채운 것뿐이야." 미르카는 생글생글 웃고 있다.

"왠지 대단해요." 테트라가 말했다. "귀류법은 이미 증명된 명제와 모순되는 명제를 만들면 되는군요."

테트라는 열심히 미르카의 증명을 다시 계산하고 있다.

"이 카드, 무라키 선생님이 주신 거야?" 내가 물었다.

"응, 아까 교무실에 들렀을 때 받았어."

매우 재미있는 증명이다. 테트라의 카드는 '직각삼각형의 넓이'에 관한 문제였는데, 그걸 사용해서 FLT(4)가 증명되다니. 직각삼각형이라는 도형의 세계가 수식을 매개로 FLT(4)와 이어진 것이다. 명제는 뿔뿔이 흩어진 별이 아니라 별자리처럼 이어져 있다.

"아 참!" 미르카가 말했다. "무라키 선생님이 겨울 공개 세미나에 갈 거냐고 물으셨어."

"공개 세미나가 뭐예요?" 테트라가 고개를 들었다.

"대학에서 일반인들을 위해 여는 세미나야." 내가 대답했다.

"강의라고 볼 수 있지. 무라키 선생님은 매번 우리한테 가 보라고 하시지. 작년에는 나랑 미르카랑 쓰노미야랑 셋이 갔어. 올해도 12월에 하려나."

"저도 가고 싶어요!" 양손을 드는 테트라. "아…… 강의를 들으려면 시험 같은 걸 봐야 하나요?"

"없어, 없어. 누구든 참가할 수 있으니까 괜찮아. 그런데 올해의 테마는?"

내가 물었다.

"페르마의 마지막 정리." 미르카가 말했다.

그리고 이것을 무한하게 이어서
같은 조건을 만족하는 점점 작아지는 자연수를
항상 얻게 된다. 그러나 그것은 불가능하다.
왜냐하면 점점 작아지는 자연수의 무한 수열은
존재하지 않기 때문이다.
_『페르마의 대정리』

# 가장 아름다운 수식

> 캄파넬라는 그 아름다운 모래를 한 움큼
> 손바닥에 펼치고, 손가락으로 자글자글 만지면서
> 꿈꾸듯 말했습니다.
> "이 모래는 모두 수정이야. 안에서 작은 불이 타오르고 있지."
> _미야자와 겐지, 『은하철도의 밤』

## 1. 가장 아름다운 수식

### 오일러의 식

"오빠, 오빠."

여느 때와 다름없는 주말. 밖에는 초겨울의 찬바람이 불고 있지만 방 안은 따뜻하고 포근하다. 조용히 책을 읽던 유리가 느닷없이 벌떡 일어서더니 나를 불렀다. 내가 고개를 들어 바라보자 유리는 안경을 벗고 의미심장한 미소를 지으며 말했다.

"오빠, '가장 아름다운 수식'이 뭔지 알아?"

"알지. 오일러의 식, $e^{i\pi}=1$이잖아?"

> 가장 아름다운 수식(오일러의 식)
>
> $$e^{i\pi}=-1$$

"칫, 어떻게 아는 거야?"

실망스러운지 샐쭉한 표정이다.

"유명하니까. 이과 학생은 다 알지."

"그래? 그런데 이 수식, 무슨 뜻이야?"

"무슨 뜻이냐니, 그게 무슨 뜻이야?"

"봐, 피타고라스의 정리는 '직각삼각형의 세 변의 관계'라는 단서가 있잖아. 이 오일러의 식은?"

"글쎄……."

한마디로 설명하기엔 어렵군.

"예를 들어 $e$는 뭐야?"

"자연로그의 밑. 유명한 정수야. $e=2.71828\cdots$이라는 무리수."

"모르겠어. 그럼 $e^{i\pi}$의 $i$는 $i^2=-1$의 $i$야?"

"맞아, $i$는 허수 단위."

"$\pi$는 원주율 3.14…?"

"맞아. $\pi=3.14159265358979\cdots$로 이어지는 무리수."

"음…… 그래도 $e$의 $i\pi$ 제곱이라는 건 이해할 수가 없어."

"아, 그렇겠다."

"다들 이 수식이 무슨 뜻인지 알고 있어? 난 모르겠는데!" 유리는 팔짱을 끼고 다시 말했다. "이상하지 않아? $2^3$이면 이해가 가. 2의 세제곱. 2를 세 번 곱하면 되잖아. $e$도 이해해. 아무리 까다로워도 수는 수니까. 그런데 $i\pi$제곱은 대체 어떻게 하란 소리야? ……$i\pi$개를 곱하라니, 대체 무슨 말이냐고."

"무슨 말인지 알겠어."

"사실 '가장 아름다운 수식'이라고 하니까 궁금해지잖아. 그런데 나는 $e^{i\pi}=-1$이라는 식이 왜 가장 '아름다운' 수식인지 알 수가 없다고."

나는 왠지 즐거워졌다.

"유리는 정말 똑똑하구나……."

내가 머리를 쓰다듬으려고 손을 뻗자 유리는 팔을 들어 막았다.

"잠깐! 여자 머리를 그렇게 함부로 만지면 안 된다고!"

"알았어, 알았어. 우리는 보통 $2^3$이라는 식을 보면 '2를 3개 곱한다'라고 생각하지. 그런데 오일러의 식을 이해하려면 그 발상에서 벗어나야 해. 그러니까 말야…… 오일러의 식 $e^{i\pi}=-1$은 '오일러 공식'의 특별한 경우니까 오일러 공식을 먼저 배우는 게 좋겠다."

"그럼 $e$를 $i\pi$제곱하는 게 무슨 의미인지부터 알고 싶어. 어떤 의미가 있는 거지?"

"발상의 전환이 필요하지만, 물론 의미가 있어. 알고 싶어?"

"응! 그런데 나도 이해할 수 있을까?"

"그럼. 엄밀한 부분을 살짝 생략하면 이야기의 흐름을 이해하기는 어렵지 않을 거야."

나는 방의 중앙에 있는 작은 테이블로 자리를 옮겨 노트를 펼쳤다. 유리는 옆에 바짝 붙어 앉아 노트를 들여다봤다. 그때 노크 소리가 나더니 문이 열렸다. 엄마가 나를 향해 쿡쿡 웃으면서 물으신다.

"공부 중에 미안한데, 귀여운 스토커가 아까부터 현관 앞에서 서성거리고 있네. 네 친구니?"

스토커? 현관문을 열자 자그마한 여자아이가 문 앞에서 우왕좌왕하고 있었다. 테트라였다.

### 오일러 공식

테이블을 둘러싸고 나, 유리 그리고 테트라가 앉았다. 엄마가 홍차와 케이크를 갖고 오셨다.

"추웠지? 천천히 놀다 가렴."

"시, 시, 신경 안 쓰셔도 되는데."

테트라가 많이 긴장한 것 같다.

"죄, 죄, 죄송해요. 들어올 생각은 아니었는데……. 지나가다가……."

"상관없어. 지금 유리랑 같이 수학 이야기를 하고 있었거든."

"오랜만이에요. 테트라 언니." 유리가 인사했다.

유리가 발을 수술하느라 입원했을 때 한 번 보고는 처음이구나.

둘은 한참 얼굴을 마주 보고 있다가 서로 고개를 숙여 인사했다.

얘들이 왜 이러는 거지?

"무슨 문제를 풀고 있었나요?" 테트라가 나에게 물었다.

"오일러 공식을 설명하고 있었어……. 이게 오일러 공식이야."

오일러 공식(지수함수와 삼각함수)

$$e^{i\theta}=\cos\theta+i\sin\theta$$

우선 허수 단위 $i$는 잊어버리고 이 식을 살펴보자. 이 식의 좌변은 지수함수인데 우변은 삼각함수야.

지수함수는 급격히 커지는 함수야.

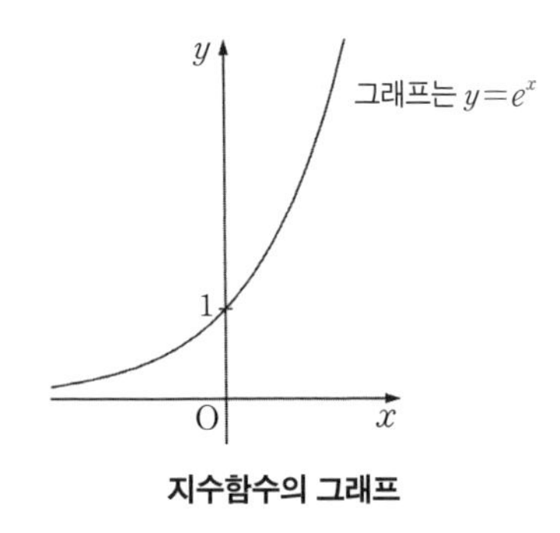


**지수함수의 그래프**

삼각함수는 물결치는 모양이야.

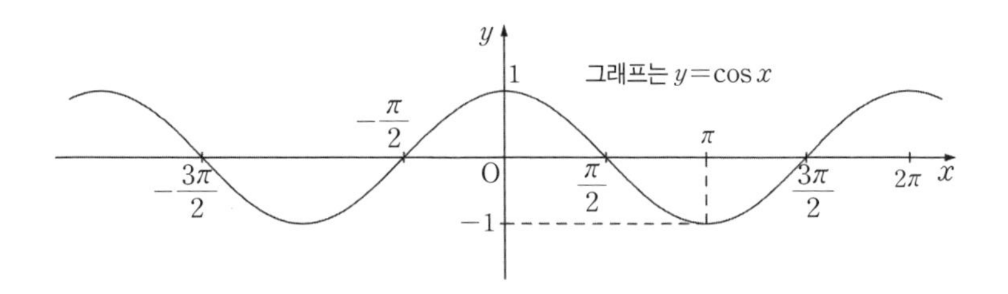

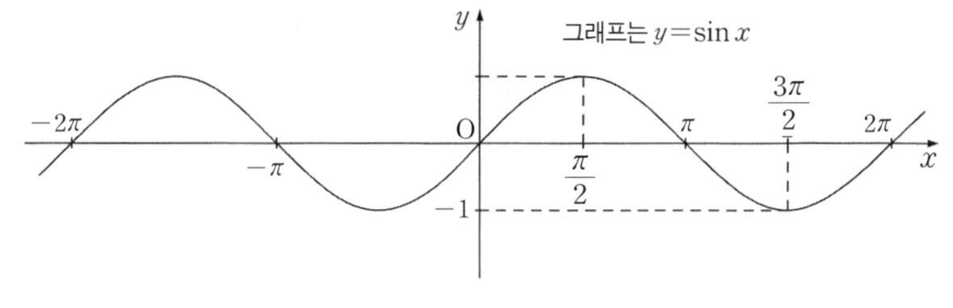


**삼각함수의 그래프**

지수함수와 삼각함수라는 완전히 다른 성질을 가진 함수가 오일러 공식에서는 등호로 묶여 있어. 기묘하지?

먼저 오일러 공식에서 오일러의 식을 이끌어 낼 수 있다는 걸 설명할까? 오일러 공식을 써 볼게.

$$e^{i\theta}=\cos\theta+i\sin\theta$$

변수 $\theta$(세타)에 원주율 $\pi$를 대입해.

$$e^{i\pi}=\cos\pi+i\sin\pi$$

$\cos\pi$의 값은 앞에 그린 $y=\cos x$의 그래프를 보면 알 수 있어. $x=\pi$일 때 $y=-1$이니까 $\cos\pi=-1$이지. 그래서 다음 식이 나와.

$$e^{i\pi}=-1+i\sin\pi$$

$y=\sin x$의 그래프를 보면 $\sin\pi$의 값을 알 수 있어. $x=\pi$일 때 $y=0$이니까 $\sin\pi=0$이야.

$$e^{i\pi}=-1+i\times 0$$

마지막으로, $i\times0=0$이니까, 이렇게 오일러의 식이 나오지.

$$e^{i\pi}=-1$$

즉 '가장 아름다운 수식'이란 오일러 공식에서 $\theta=\pi$인 식을 말해.

◆◆◆

"저기…… 잠깐만, 오일러 공식에서 오일러의 식이 나온다는 건 알겠는데, 지수함수나 삼각함수 같은 건 모르겠어. 난 아직 중학생이라고!"

"알았어, 알았어."

테트라는 웃으면서 유리와 나의 대화를 지켜 보고 있다.

"오빠, 애초에 $\sin x$는 sin과 $x$를 곱한 거 아니야?"

"아니야. $\sin x$는 함수야. $\sin(x)$처럼 괄호를 넣어야 이해가 잘 되려나? $x$의 값을 정하면 $\sin x$의 값이 하나 결정돼. 그게 함수야. 예를 들어 $\sin 0$의 값은 0이야. 이건 $x=0$일 때, $\sin x=0$이 된다는 뜻이야. $y=\sin x$의 그래프를 보면 $(x,y)=(0,0)$이라는 점을 확실히 통과하지."

"응."

"마찬가지로 $x=\frac{\pi}{2}$일 때 $\sin x=1$이고, $x=\pi$일 때 $\sin x=0$이 돼. 그래프로 읽을 수 있지?"

"응. 이걸 사인 곡선이라고 하지?"

"맞아. $y=\sin x$를 만족하는 점 $(x,y)$이 모여서 사인 곡선을 만드는 거야."

"알았다고."

"그럼, $\cos\pi$의 값은 뭘까?"

"몰라."

"대답하기 전에 그래프를 봐."

"아, 그렇구나. 어디 보자, 코사인 쪽이지? $\pi$일 때 곡선이 아래쪽에 있네. $-1$일까? 맞네. $\cos\pi=-1$이야."

"응, 정답이야. 잘 이해했네, 유리."

"말했잖아, 알고 있다고. 그보다 문제는 $e^{i\pi}$야."

"그래, 그래."

나와 유리의 대화를 들으면서 테트라는 조용히 홍차를 마시고 있었다. 분위기를 즐기는 듯 생글생글 웃고 있는 모습이 어쩐지 평소와 다른 느낌이다.

"이 방에 있으니까 왠지 마음이 편해요." 테트라가 말했다.

## 지수법칙

"그럼 오일러 공식에서 벗어나 기본적인 부분을 확실히 알고 가자. 모르겠으면 유리도 테트라도 바로 물어봐. $2^3$(2의 세제곱)이라는 수식을 봤을 때, 우리는 지수(2의 오른쪽 어깨에 올라가 있는 3을 말함)는 2를 '곱하는 개수'를 나타낸다고 배웠어."

$$2^3 = \underbrace{2 \times 2 \times 2}_{\text{2를 곱하는 개수는 3}}$$

"어머, 그게 잘못된 거야?" 유리가 말했다.

"아니, 잘못되었다는 게 아니야. 지수가 1, 2, 3, 4, …라고 할 때 지수는 '곱하는 개수'를 나타낸다는 거지. 그야 지수가 1일 때는 실질적으로 곱셈을 하지 않는다는 것 정도는 알고 있지?"

$$2^1 = \underbrace{2}_{\text{2를 곱하는 개수는 1}}$$

"응, 알아."

"그럼 지수가 0일 때는 어떨까? $2^0$의 값은?" 내가 물었다.

"그야 0이지." 유리가 말했다.

"1 아닌가요?" 테트라가 말했다.

"테트라가 맞혔어. $2^0$은 1과 같아."

$$2^0 = 1$$

"왜? 곱하는 개수가 0개잖아. 그런데 0이 아니라고?"

"테트라는 왜 $2^0=1$인지 설명할 수 있어?"

"네, 제……가요? 설명은 잘 못하겠어요. 죄송해요."

"이렇게 생각하면 이해가 갈 거야. $2^4$, $2^3$, $2^2$, $2^1$, $2^0$처럼 지수를 하나씩 줄인다고 해 보자. 그럼 계산 결과는 어떻게 변화할까?"

$$2^4=2\times2\times2\times2=16$$
$$2^3=2\times2\times2=8$$
$$2^2=2\times2=4$$
$$2^1=2=2$$
$$2^0=?$$

"16 → 8 → 4 → 2로 매번 절반씩 줄어들었네."

"맞아. $2^n$의 지수 $n$이 1 줄어들면 $2^n$의 값은 $\frac{1}{2}$이 돼. 그럼 $2^1$에서 지수를 1 줄여 보자. 그 법칙이 쭉 이어지려면 $2^0$의 값은 어떻게 되어야 할까?"

"2의 절반이니까…… 아, 1이 되겠네. 우와, $2^0=1$이구나."

"맞아. 따라서 $2^0=1$로 정하기로 해."

"하지만 뭔가 이상한걸?"

"저도 이야기를 듣다 보니 헷갈리기 시작했어요. 유리가 말한 것처럼 0개를 곱하면 1이 된다는 게 아무래도…… 마음에 걸려요. 억지스러운 것 같아서요."

"이것 봐, 개념이 또 '곱하는 개수'로 돌아갔잖아. 잘 봐, 지수를 '곱하는 개수'라고 생각하면 평생 이해 못 할 거야. 이해했다 해도 왠지 억지스럽다는 기분이 들 거고. '곱하는 개수'라고 생각하는 한, 자연수의 굴레에서 벗어날 수 없어. 다시 말해 1, 2, 3, 4, …라면 알겠는데, 0이나 −1처럼 자연수에서 벗어나면 의미가 흐릿해지거든."

"난 0개라면 이해가 돼. '없다'는 뜻이잖아."

"하지만 '0개를 곱한다'라는 의미는 확실하지 않았지?"

"그건 그렇지만……."

"그럼 −1개면 어떻게 될까?"

"−1개라는 건 1개를 빌린다는 뜻이다옹."

"응, 그런 해석은 경우에 따라서는 맞아." 나는 고개를 끄덕였다. "하지만 해석에는 한계가 있다는 사실을 알아 뒀으면 해. 0.5개는 어떻게 해석하지? $\pi$개는? $i$개는? $i\pi$개는 어떻게 말할 수 있어?"

"그렇구나…… 처음부터 그게 의문이었어."

"응, 그러니까 자연수일 때만 지수를 '곱하는 개수'라고 생각하자. 0개나 −1개에 대해서는 무리한 해석을 하지 말 것. 지수는 '곱하는 개수'로 정의하는 게 아니라, '수식'을 사용해서 정의한다는 생각을 하자고."

"수식을 사용해서 정의한다?" 테트라와 유리가 동시에 말했다.

"그래. 지금 우리는 $2^x$의 의미를 정하고 싶어. 그러면 지수를 아래와 같은 지수법칙을 만족하는 것으로 정의하는 거야."

지수법칙

$$\begin{cases} 2^1 = 2 \\ 2^s \times 2^t = 2^{s+t} \\ (2^s)^t = 2^{st} \end{cases}$$

"일반적인 양수 $a > 0$을 사용해서 지수법칙을 설명해도 되지만, 구체적인 게 훨씬 더 생각하기 쉬우니까 2라는 수로 설명할게."

"선배, 그 전에……." 테트라가 손을 들었다. "$2^3$의 3을 '지수'라고 하잖아요. 그럼 $2^3$의 2는 뭐라고 하나요?"

"**밑**이라고 해. '기수'라고 부를 때도 있고."

"테트라 언니는 이름이 궁금해요?" 유리가 물었다.

"응. 궁금해. 중요한 존재인데 어떻게 불러야 할지 모르면 불안하잖아. 이름을 알아야 안심이 돼. 유리는 그렇지 않아?"

"음, 그런가……."

테트라는 귀엽고 명랑한 여동생 같았는데 이렇게 유리랑 같이 있으니까 제법 어른스러워 보인다.

"오빠! 계속하자. 지수법칙을 사용해서 지수를 정의하고 그다음엔?"

"이를테면 $2^0$의 값을 알아보자. 지수는 지수법칙을 만족해."

$$2^s \times 2^t = 2^{s+t}$$

"따라서 지수법칙에 $s=1, t=0$을 대입한 등식도 성립하지 않으면 곤란하지."

$$2^1 \times 2^0 = 2^{1+0}$$

"우변의 지수 $1+0=1$을 계산하면 다음 등식이 성립해."

$$2^1 \times 2^0 = 2^1$$

"지수법칙으로 $2^1$의 값은 알 수 있어. $2^1=2$잖아. 따라서 다음 등식을 얻을 수 있어."

$$2 \times 2^0 = 2$$

"양변을 2로 나누면 $2^0$의 값이 1로 정해지지."

$$2^0 = 1$$

"잠깐, 잠깐." 유리가 말했다. "지금 뭘 한 거지? 지수를 '곱하는 개수'로 생각하지 않고 지수법칙으로 정의한다……고 했나?"

"그래, 맞아."

"지수법칙을 보고 지수에 0이 나오도록 만드는 거군요. 그리고 $2^1$의 값에서 $2^0$의 값을 정하고……." 테트라가 고개를 끄덕였다.

"바로 그거야. '2를 몇 번 곱하는가'라는 개념에서 벗어난 거지. 지수법칙을 바탕에 두고 값을 정한 거야."

"저…… 생각났어요. 전에 $2^{\frac{1}{2}}$은 $\sqrt{2}$와 같다는 이야기를 들었어요. 일관성…… 그걸 지키는 거네요. 지수법칙을 확실히 만족하도록 0제곱을 정하는 거죠." 테트라가 말했다.

테트라는 제대로 이해한 모양이다.

반면, 유리는 불만을 호소했다.

"오빠, 지금 테트라 언니가 한 이야기는 나도 알겠어. 그런데 이해가 안 된다옹. 지금 $s=1$, $t=0$을 대입했잖아. 그런데 우연히 떠오른 값으로 정해도 되는 건가? 다른 $s$, $t$를 쓰면 다른 값이 나오지 않을까? 아, 설명을 잘 못하겠어!"

나는 손을 들어 유리를 제지했다.

"예리한데…… 괜찮아, 무슨 말인지 알았어. 유리는 지수법칙이 애초에 일관성이 있는지에 대해 의문을 갖고 있구나. '지수법칙을 지키도록 지수를 정의한다'라는 건 좋지만, 그게 모든 지수에 들어맞느냐 하는 의문이 든 거지. 모든 경우에 들어맞는 정의를 수학에서는 '잘 정의되었다(Well-defined)'라고 해."

"잘 정의되었다." 유리가 따라 말했다.

"수학에서 무언가를 정의할 때는 그 정의가 잘 정의되었다라는 사실을 증명해야 돼. 법칙을 마음대로 만들고 마음대로 개념을 정의할 수는 없어. 일관성이 없어지니까. 지수법칙은 잘 정의된 경우야. 지금 증명할 순 없지만 말야."

나는 이렇게 둘에게 정의 개념을 설명하면서 미르카의 말을 떠올렸다.

'무모순성은 존재의 기초.'

무모순성이라니……. 나는 방금 전 '들어맞는다'라고 표현했다. 이것이야말로 무모순성 아닌가. 같은 지수법칙을 사용하는데 $2^0$의 값이 1이 되기도 하고 0이 되기도 하면 모순이다. 모순이 일어나는 법칙으로는 $2^0$이라는 개념이 존재하지 않는다고도 할 수 있다. 맞아, 확실히 '무모순성은 존재의 기초'라고 할 수 있어.

"Is the term 'Well-defined' well-defined?" 테트라가 영어로 말했다.

"뭐?"

"'잘 정의되었다'라는 개념은 잘 정의되었나 싶어서……."

"테트라…… 너 대체 왜 이러는 거야?"

### $-1$제곱, $\frac{1}{2}$제곱

"있잖아, 음수 제곱도 할 수 있지 않을까?" 유리가 물었다.

"해 볼까? 어디 보자, 예를 들어 $s=1, t=-1$이라고 하면……."

"안 돼, 내가 할래! 지수법칙을 이용하는 거지?"

| | |
|---|---|
| $2^s \times 2^t = 2^{s+t}$ | 지수법칙 |
| $2^1 \times 2^{-1} = 2^{1+(-1)}$ | $s=1, t=-1$을 대입 |
| $2^1 \times 2^{-1} = 2^0$ | $1+(-1)=0$을 계산 |
| $2 \times 2^{-1} = 1$ | $2^1=2, 2^0=1$을 사용 |
| $2^{-1} = \frac{1}{2}$ | 양변을 2로 나눔 |

"됐다. 우와, $2^{-1}=\frac{1}{2}$이구나."

"응. 잘했어." 내가 말했다.

"선배, 이걸로 모든 정수 $n=\cdots, -3, -2, -1, 0, 1, 2, \cdots$에 대해 $2^n$도 정해지네요."

"왜죠? 테트라 언니?"

"지수법칙으로 $2^1$을 곱하면 지수를 1 늘리는 거고, $2^{-1}$을 곱하면 지수를 1 줄이는 거잖아."

"아, 그렇구나. 이제 그걸 반복하면 되는군요." 유리가 고개를 끄덕였다.

"맞아. 지수법칙을 사용하면 정수 제곱뿐만 아니라 유리수 제곱도 할 수 있어. $2^{\frac{1}{2}}$으로 한번 해 보자."

| | |
|---|---|
| $(2^s)^t = 2^{st}$ | 지수법칙 |
| $(2^{\frac{1}{2}})^2 = 2^{\frac{1}{2}\cdot 2}$ | $s=\frac{1}{2}, t=2$를 대입 |
| $(2^{\frac{1}{2}})^2 = 2^1$ | $\frac{1}{2}\cdot 2=1$을 계산 |
| $(2^{\frac{1}{2}})^2 = 2$ | $2^1=2$를 계산 |
| $2^{\frac{1}{2}} = \sqrt{2}$ | 양변의 제곱근을 구함 |

"맞아요. $\frac{1}{2}$제곱은 제곱근이군요." 테트라가 말했다.

"어? 마지막에 이상하지 않아?" 유리가 말했다.

"응, 설명이 부족했어. 유리가 잘도 찾아냈네."

"뭐가 이상해요?" 테트라가 식을 다시 봤다.

"음, 루트를 구하는 부분." 유리가 말했다.

"그렇지. 제곱근을 구할 때 $2^{\frac{1}{2}}>0$이라는 사실을 말해야 돼. 제곱을 해서 2가 되는 수는 $+\sqrt{2}$도 있고 $-\sqrt{2}$도 있거든."

"아차! 또 조건을 깜박할 줄이야!" 테트라가 말했다.

### 지수함수

"우리의 목적은 오일러 공식을 밝혀내는 것이지? 그러니까 조금만 서두르자. $e^x$의 미분방정식으로 지수함수라는 걸 생각해 보는 거야."

"미분방정식?" 유리가 말했다.

$e^x$의 미분방정식

$$\begin{cases} e^0 = 1 \\ (e^x)' = e^x \text{ (미분을 해도 같은 형태)} \end{cases}$$

"지수함수는 이렇게 미분방정식을 만족하는 함수라고 하자."

"오빠, 나는 미분방정식에 대해 아는 게 없다고."

"그렇겠구나. 그래도 잠깐만 기다려. 미분방정식은 몰라도 식의 형태만 알면 되니까. 지수함수의 구체적인 형태를 구하기 위해 다음과 같이 지수함수를 **멱급수**로 쓸 수 있다고 가정하자."

$$e^x = a_0 + a_1x + a_2x^2 + a_3x^3 + \cdots$$

"또 새로운 용어가…… 멱급수?"

"우선 수식 형태에만 주목해서 들어 봐."

- $a_0$은 $x$의 0차식. 계수는 $a_0$.
- $a_1x$는 $x$의 1차식. 계수는 $a_1$.
- $a_2x^2$은 $x$의 2차식. 계수는 $a_2$…….

"$x$의 0차식, 1차식, 2차식……이라는 항을 무한으로 더한 식을 멱급수라고 해. 지수함수를 멱급수의 꼴로 표현하려는 거야."

"그런 게 가능해?"

"음, 유리의 지적이 상당히 날카로운데? 모든 함수를 멱급수로 표현할 수 있는 건 아니야. 하지만 그 설명은 지금 생략……해도 되겠지?"

"음, 알았어. 봐 줄게."

"미분을 한다는 건 함수에서 함수를 만드는 방법 중 하나야. 프라임($'$)이라는 기호를 쓰지. 미분에 대해서는 지금 생각해야 할 법칙이 딱 2개 있어. 하나는 정수를 미분하면 값이 0과 같아진다는 것, 또 다른 하나는 $x^k$를 미분하면 값이 $kx^{k-1}$과 같아진다는 거야. 이 두 법칙은 수식으로 다음과 같이 표현할 수 있어."

$$\begin{cases}(a)'=0\\(x^k)'=kx^{k-1}\end{cases}$$

"이 법칙을 아까 본 '지수함수의 멱급수'에 사용해 보는 거야.(사실은 미분연산자의 선형성과 거듭제곱 급수에 대한 적용 가능성도 증명해야 하지만)"

"테트라 언니는 이런 내용 알고 있어요?"

"전에 조금 해 봤어."

"윽!"

| | |
|---|---|
| $e^x=a_0+a_1x+a_2x^2+a_3x^3+\cdots$ | 지수함수의 멱급수 |
| $(e^x)'=(a_0+a_1x+a_2x^2+a_3x^3+\cdots)'$ | 양변을 미분 |
| $(e^x)'=0+1a_1+2a_2x+3a_3x^2+\cdots$ | 우변을 계산 |

"미분을 해도 같은 꼴이라는 게 지수함수의 미분방정식이었어. $(e^x)'=e^x$라는 식이 성립한다는 거지. 양변을 거듭제곱 급수의 꼴로 나타내 보자."

$$(e^x)'=e^x$$
$$1a_1+2a_2x+3a_3x^2+\cdots=a_0+a_1x+a_2x^2+a_3x^3+\cdots$$

"이제 양변의 계수를 비교하면 다음 식을 얻을 수 있어."

$$\begin{cases}1a_1=a_0\\2a_2=a_1\\3a_3=a_2\\\quad\vdots\\ka_k=a_{k-1}\\\quad\vdots\end{cases}$$

"이걸 살짝 바꿔서 쓰면 다음 식을 얻을 수 있어."

$$\begin{cases} a_1 = \dfrac{a_0}{1} \\ a_2 = \dfrac{a_1}{2} \\ a_3 = \dfrac{a_2}{3} \\ \quad \vdots \\ a_k = \dfrac{a_{k-1}}{k} \end{cases}$$

"이 식을 자세히 보면, $a_0$이 정해지니까 $a_1$이 정해졌어. 그리고 $a_1$이 정해지니까 $a_2$가 정해졌어. 이런 식으로 도미노처럼 값이 결정된다는 사실을 알 수 있을 거야. 그럼 $a_0$은 무엇일까? 사실 $e^x$의 멱급수를 생각하면 $a_0$의 값을 결정하는 건 어렵지 않아."

$$e^x = a_0 + a_1x + a_2x^2 + a_3x^3 + \cdots$$

"여기에 $x=0$을 대입하면 $x$를 포함하는 $a_1x + a_2x^2 + a_3x^3 + \cdots$ 부분은 사라져. 미분방정식에서 $e^0 = 1$이라는 사실을 알고 있으니까……."

$$e^0 = a_0 + a_1 \cdot 0 + a_2 \cdot 0^2 + a_3 \cdot 0^3 + \cdots$$

$$1 = a_0$$

"즉 $a_0 = 1$이야. $a_0$이 정해졌으니……."

$$\begin{cases} a_1 = \frac{a_0}{1} = \frac{1}{1} \\ a_2 = \frac{a_1}{2} = \frac{1}{2 \cdot 1} \\ a_3 = \frac{a_2}{3} = \frac{1}{3 \cdot 2 \cdot 1} \\ \quad \vdots \\ a_k = \frac{a_{k-1}}{k} = \frac{1}{k \cdot (\cdots) 3 \cdot 2 \cdot 1} \end{cases}$$

$$e^x = 1 + \frac{x}{1} + \frac{x^2}{2 \cdot 1} + \frac{x^3}{3 \cdot 2 \cdot 1} + \cdots$$

"여기서 $k \cdot (\cdots) 3 \cdot 2 \cdot 1$은 제곱수를 사용해서 $k!$로 표현할 수 있으니까, 다음 식을 얻게 돼. 이게 지수함수 $e^x$를 테일러 전개해서 얻은 멱급수야."

$$e^x = +\frac{x^0}{0!} + \frac{x^1}{1!} + \frac{x^2}{2!} + \frac{x^3}{3!} + \cdots$$

"여기서는 $x^0$이나 $x^1$의 계수나 앞에 오는 부호 $+$를 명시적으로 쓰고, 또 1을 0!로 써서 패턴을 잘 알 수 있도록 표현했어."

지수함수 $e^x$의 테일러 전개

$$e^x = +\frac{x^0}{0!} + \frac{x^1}{1!} + \frac{x^2}{2!} + \frac{x^3}{3!} + \cdots$$

## 수식 지키기

"자, 이제부터 지수함수의 클라이맥스야. 아까 '지수는 곱하는 개수를 나타낸다'라는 생각을 버렸잖아? 그 대신 지수법칙이라는 수식의 꼴을 지키는 걸 도입했어. 수식이 지닌 일관성을 토대로 지수의 의미를 확장한 거지. 이번에도 아까 한 것처럼 똑같이 할 거야. 다시 말해 지수함수를 정의하는 데 수식을 이용하는 거야. 어떻게 하냐면, 앞서 말한 테일러 전개를 '지수함수의 정의'로 만들 거야."

"응? 잘 모르겠는데. 오빠, 지수함수가 먼저 있었고, 그걸 테일러 전개한 거 아니었어?"

"맞아. 그렇기는 하지만…… 테일러 전개를 했을 때 지수함수 $e^x$의 $x$는 어디까지나 실수의 범위였어. 하지만 지금 우리는 지수함수 $e^x$의 $x$에 복소수를 넣어야 해. 그래서 테일러 전개를 해서 얻은 멱급수라는 수식의 꼴을 이용해서 지수함수를 정의하는 거야."

"아하!"

"오일러 공식의 좌변 형태를 떠올려 보자."

$$e^{i\theta}$$

"기억나지? $e^{i\theta}$를 구해야 하니까 지수함수의 멱급수로 $x=i\theta$로 대입할 거야. 이건 수식의 힘을 신뢰한 '과감한 대입'이라고 할 수 있지."

$$e^x = +\frac{x^0}{0!}+\frac{x^1}{1!}+\frac{x^2}{2!}+\frac{x^3}{3!}+\cdots$$

$$e^{i\theta} = +\frac{(i\theta)^0}{0!}+\frac{(i\theta)^1}{1!}+\frac{(i\theta)^2}{2!}+\frac{(i\theta)^3}{3!}+\cdots$$

"$x=i\theta$를 대입하고 $i^2=-1$을 사용하면 $1 \to i \to -1 \to -i \to$ 으로 4개가 주기를 이루어 반복되니까……."

"으악!"

조용히 듣고 있던 테트라가 갑자기 소리를 질렀다.

"무슨 일이니?"

비명 소리에 놀란 엄마가 방문을 열고 들어오셨다.

"죄송해요, 죄송해요. 아무것도 아니에요. 잠깐 놀란 것뿐이에요."

테트라의 얼굴이 붉어졌다.

### 삼각함수에 다리 놓기

"테트라 언니, 왜 놀랐어요?" 유리가 물었다.

"$\cos\theta$와 $\sin\theta$의 테일러 전개를 알고 있어."

"역시 고등학생은 달라."

"아니, 선배한테…… 개인적으로 배운 적이 있거든."

순간 유리의 표정이 굳어졌다. 하지만 곧 원래대로 돌아왔다.

"$\cos\theta$와 $\sin\theta$의 테일러 전개가 어떤 거예요?" 유리가 테트라에게 물었다.

"이런 방식이야."

$\cos\theta$의 테일러 전개

$$\cos\theta = +\frac{\theta^0}{0!} - \frac{\theta^2}{2!} + \frac{\theta^4}{4!} - \frac{\theta^6}{6!} + \cdots$$

$\sin\theta$의 테일러 전개

$$\sin\theta = +\frac{\theta^1}{1!} - \frac{\theta^3}{3!} + \frac{\theta^5}{5!} - \frac{\theta^7}{7!} + \cdots$$

"흠…… 그렇군요." 유리가 말했다.

"유리는 놀랍지 않아?" 테트라가 물었다.

"뭐가요?"

"이미 오일러 공식이 나와 있잖아."

"엥……?"

"봐, $\cos\theta$쪽은 0, 2, 4, 6, …으로 짝수만 나왔어. 그런데 $\sin\theta$쪽은 1, 3, 5, 7, …로 홀수만 있잖아?"

유리는 아직 이해되지 않는 모양이다.

"맞아. 테트라가 먼저 눈치 챘구나. 그러니까 지수함수 $e^x$과 삼각함수 $\sin\theta$, $\cos\theta$의 테일러 전개를 잘 보면 오일러 공식을 찾을 수 있지." 내가 말했다.

"엥? 말로만 하니까 잘 모르겠어. 식으로 써서 설명해 줘."

"알았어, 알았다고……."

◆◆◆

그럼 먼저 $e^x$의 테일러 전개를 써 볼게.

$$e^x = +\frac{x^0}{0!}+\frac{x^1}{1!}+\frac{x^2}{2!}+\frac{x^3}{3!}+\frac{x^4}{4!}+\frac{x^5}{5!}+\cdots$$

그리고 $x=i\theta$를 대입해(과감한 대입).

$$e^{i\theta} = +\frac{(i\theta)^0}{0!}+\frac{(i\theta)^1}{1!}+\frac{(i\theta)^2}{2!}+\frac{(i\theta)^3}{3!}+\frac{(i\theta)^4}{4!}+\frac{(i\theta)^5}{5!}+\cdots$$

괄호를 제거해.

$$e^{i\theta} = +\frac{i^0\theta^0}{0!}+\frac{i^1\theta^1}{1!}+\frac{i^2\theta^2}{2!}+\frac{i^3\theta^3}{3!}+\frac{i^4\theta^4}{4!}+\frac{i^5\theta^5}{5!}+\cdots$$

그다음 $i^2=-1$을 사용하면 홀수제곱의 $i$만 남아. 이때 부호를 주의해서 봐야 해.

$$e^{i\theta} = +\frac{\theta^0}{0!}+\frac{i\theta^1}{1!}-\frac{\theta^2}{2!}-\frac{i\theta^3}{3!}+\frac{\theta^4}{4!}+\frac{i\theta^5}{5!}-\cdots$$

이제 $\theta$의 짝수제곱의 항과 홀수제곱의 항을 나눠서 나열해 보자.

$$\begin{cases} \theta\text{의 짝수제곱의 항} = +\dfrac{\theta^0}{0!}-\dfrac{\theta^2}{2!}+\dfrac{\theta^4}{4!}-\cdots \\ \theta\text{의 홀수제곱의 항} = +\dfrac{i\theta^1}{1!}-\dfrac{i\theta^3}{3!}+\dfrac{i\theta^5}{5!}-\cdots \end{cases}$$

이해하겠어? 먼저 지수함수 $e^x$의 멱급수에 $x=i\theta$를 대입했어. 그리고 $\theta$의 짝수제곱과 홀수제곱의 항을 나눴어. 테트라가 써 준 삼각함수의 테일러 전개와 비교하면 알겠지만, '$\theta$의 짝수제곱의 항'은 $\cos\theta$의 테일러 전개 그 자체이고, '$\theta$의 홀수제곱의 항'은 $\sin\theta$의 테일러 전개에 $i$를 곱한 거야. 그 둘을 더하면 오일러 공식이 나와.

$$
\begin{aligned}
e^{i\theta} &= +\frac{\theta^0}{0!}+\frac{i\theta^1}{1!}-\frac{\theta^2}{2!}-\frac{i\theta^3}{3!}+\frac{\theta^4}{4!}+\frac{i\theta^5}{5!}-\cdots \\
&=\left(+\frac{\theta^0}{0!}-\frac{\theta^2}{2!}+\frac{\theta^4}{4!}-\cdots\right) && \text{괄호 안은 } \cos\theta \\
&\quad +i\left(+\frac{i\theta^1}{1!}-\frac{i\theta^3}{3!}+\frac{i\theta^5}{5!}-\cdots\right) && \text{괄호 안은 } \sin\theta \\
&=\cos\theta+i\sin\theta
\end{aligned}
$$

까다롭고 세세한 부분은 생략했지만, 이런 결론이 나오지.

◆◆◆

"어때, 유리?"

유리는 눈썹을 찡그린 채 곰곰이 생각에 잠겨 있다.

"음……. 이번 오일러 공식 이야기는 이해하기 힘들어. 갑자기 지수함수, 삼각함수, 미분방정식이 나오니까 머리가 터질 것 같아."

유리는 팔짱을 끼더니 다시 말을 이었다.

"그런데…… 알게 된 사실이 하나 있어. 오빠 이야기를 들을 때까지는 $i\pi$ 제곱 같은 건 무의미하다고 생각했어. 지수는 '곱하는 개수'라고만 생각했으니까. 테트라 언니가 말했나? 억지스러운 느낌이라고. 그런데 멱급수를 사용한 설명을 듣고 나서 내가 틀렸다는 걸 깨달았어. 억지스러운 게 아니었어. '곱하는 개수'로 지수를 정의하는 게 아니라 지수법칙이라는 수식으로 정의하는 거니까. 그리고 지수함수 $e^x$은 멱급수라는 수식으로 정의하고."

유리는 여러 번 고개를 끄덕였다. 그에 맞춰 포니테일이 찰랑거렸다.

"유리는 정말 똑똑해. 거기까지 이해하다니." 내가 칭찬했다.

"선배, 지금 유리의 말을 듣고 느꼈는데요. 지수법칙으로 정의를 하거나 멱급수로 정의를 하는 걸 보니까 수식이 정말 소중한 거구나 하는 생각이 들어요." 테트라가 말했다.

"응, 바로 그거야. '수식에 대한 신뢰'라고 할 수 있지."

"그리고 멱급수는 정말 대단한 것 같아요. 지수함수와 삼각함수처럼 완전히 다르게 보이는 것을 관계 지을 수 있으니까요. 이것도…… 관대한 동일시라고 할 수 있겠네요. 멱급수가 지수함수와 삼각함수 사이에 다리를 놓은 셈이니까요."

"확실히 그러네." 나는 동의했다. "허수 단위 $i$도 재미있어. 단순히 $i^2=-1$일 뿐인데 나열하면 $1, i, -1, -i$가 반복돼."

$$
\begin{gathered}
i^0, i^1, i^2, i^3, i^4, i^5, i^6, i^7, \cdots \\
\Downarrow \\
1, i, -1, -i, 1, i, -1, -i, \cdots
\end{gathered}
$$

"이건 90° 회전으로 주기가 4가 되는 것, $x^4=1$의 해가 $x=1, i, -1, -i$가 되는 것, 삼각함수의 미분 주기가 4가 되는 것…… 등과 호응하지."

"그렇구나……." 테트라가 감탄했다.

"기하학적으로도 생각해 보자. 복소평면에 원점 중심의 단위원을 그려 볼게."

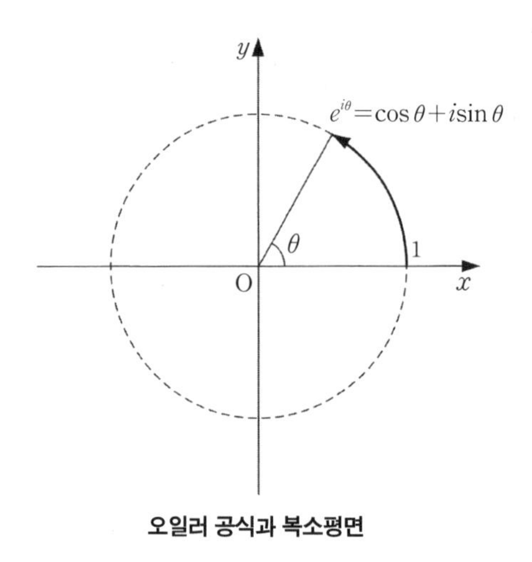


**오일러 공식과 복소평면**

"이 단위원 위의 점은 편각을 $\theta$로 해서 $\cos\theta+i\sin\theta$라는 복소수에 대응해. 오일러 공식에서 $e^{i\theta}=\cos\theta+i\sin\theta$니까 원둘레 위의 점은 $e^{i\theta}$라는 복소수에 대응한다고 할 수 있어. 즉 '가장 아름다운 수식'이라 불리는 오일러의 식 $e^{i\pi}=-1$은 이런 의미를 갖게 돼."

'단위원의 위에서 편각이 $\pi$인 복소수는 $-1$과 같다.'

"이게 '오일러 식은 무슨 뜻이야?'라는 유리의 질문에 대한 답이야."

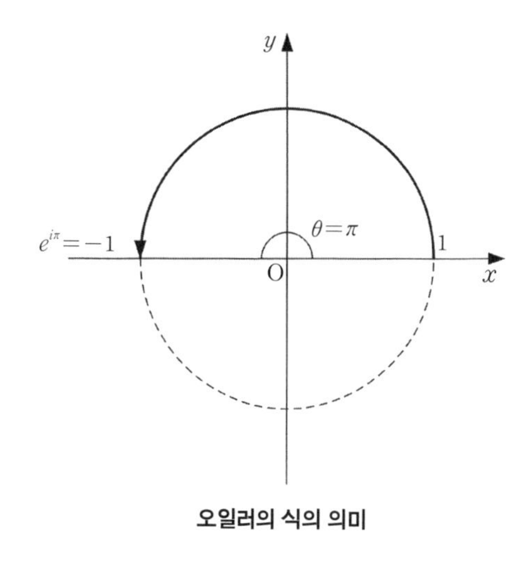


**오일러의 식의 의미**

"그럼 '오른쪽을 보고 있는 사람이 '뒤로 돌아'를 하면 왼쪽을 본다'라는 게 오일러의 식이라는 건가요?"

테트라가 고개를 좌우로 움직이며 말했다.

"뭐, 그렇지……." 나는 무심결에 웃음이 나왔다.

"와…… 대충 알겠어. 원리가 있다는 걸 알 것 같아." 유리가 말했다.

그때 문이 열리더니 엄마가 얼굴을 내밀고 말하셨다.

"얘들아, 이제 공부는 그만하고 나와서 차 한 잔 하겠니?"

"네. 조금 이따 갈게요."

나는 단위원으로 돌아갔다.

"그래서 $\theta$를 계속 늘리면 복소수 $e^{i\theta}$에 대응하는 점은 단위원 위를 빙글빙글 돌아. 각도 $\theta$가 360°, 즉 $2\pi$라디안을 늘릴 때마다 점은 같은 장소로 돌아오지. 다시 말해 주기성이 있다는 거야. 그걸 수식으로 확인해 보자!"

$$
\begin{aligned}
e^{i(\theta+2\pi)} &= e^{i\theta+2\pi i} && i(\theta+2\pi)\text{를 전개} \\
&= e^{i\theta}\cdot e^{2\pi i} && \text{지수법칙에서} \\
&= e^{i\theta}\cdot(\cos 2\pi + i\sin 2\pi) && \text{오일러 공식에서} \\
&= e^{i\theta}\cdot(1+i\times 0) && \cos 2\pi=1,\ \sin 2\pi=0\text{에서} \\
&= e^{i\theta} && 1+i\times 0=1\text{에서}
\end{aligned}
$$

"봐, 주기성이 확인됐어. 편각 $\theta+2\pi$의 복소수는 편각 $\theta$의 복소수와 같아."

"뭔가 전부 다 이어져 있네요……." 테트라가 말했다.

"오빠! 지금 막 배운 주제에 이런 말은 좀 건방지겠지만…… 오일러의 식 $e^{i\pi}=-1$은 아름다운 수식이라고 하는데 나는 왠지 오일러 공식이 더 좋아."

$$e^{i\theta}=\cos\theta+i\sin\theta$$

"오일러 공식, 정말 좋아. 아직 잘 모르겠지만, 고작 한 줄로 된 수식 안에 예쁜 게 가득 차 있는 것 같아. 오일러는 정말 대단하다옹."

"응, 대단하지." 나도 말했다.

"저기, 유리야. 선배한테 고맙다고 말해 볼까?"

"……그러네. 오빠, 고마워."

"선배, 항상 수학 이야기를 해 주셔서 감사합니다."

"아니야, 늘 들어 주니까 나야말로 고맙지."

문이 열리더니 엄마가 다시 고개를 불쑥 내미셨다.

"너희들, 안 나오면 엄마는 조금 섭섭한데……."

"지금 갈게요!" 유리가 말했다.

## 2. 뒤풀이 준비

### 음악실

“너네 집이 좋겠어.” 예예가 말했다.

귀여운 스토커 테트라가 우리 집에 찾아온 다음 주. 나, 미르카, 테트라, 그리고 예예는 음악실에 모여 기말시험 뒤풀이에 대해 이야기했다. 뒤풀이라 봤자 맛있는 음식을 먹으면서 이야기를 나누는 정도겠지만…….

발단은 예예에서 시작되었다.

“나랑 미르카랑 뒤풀이할 건데, 너 친구 없지? 불러 줄게. 그리고 테트라도.”

“친구가 없다니…… 무슨 말을 그렇게 하냐? 그리고 불러 주는 건 좋은데 왜 우리 집이야?”

“자잘한 건 신경 쓰지 마. 뭐, 어때. 좋잖아. 어머니가 잘해 주신다고 소문이 자자하던데. 예쁜 여학생들이 모이면 어머니도 기뻐하실 거야. 좋은 피아노도 있다고 들었어.”

“피아노가 중요해?”

“이 예예 님이 가시는데. 피아노는 필수지.”

부모님도 계신데 뒤풀이를 어떻게 한다는 건지…….

“그럼 결정.” 미르카가 말했다.

“하, 그럼 부모님한테 허락받아 놓을게.”

왠지 휩쓸려 버린 듯한 기분……. 뭐, 어쩔 수 없지.

“멤버는 나, 미르카랑 예예, 그리고 테트라. 이렇게 네 명인가?”

“유리는요?” 테트라가 말했다.

“혼자만 중학생인데 어색하지 않을까?” 내가 말했다.

“남친도 데려오라고 하죠.”

“남친이라니? 유리는 아직 중학생이라고.”

“그건 모를 일이지. 누가 보면 네가 부모님인 줄 알겠다.” 미르카가 말했다.

테트라가 ‘M’ 모양 액세서리가 달린 필통과 알록달록한 스케줄 수첩을 가방에서 꺼냈다.

"저기⋯⋯ 저 일요일은 안 돼요. 죄송합니다."

"그럼 토요일로 하자." 미르카가 못을 박았다.

"근데 테트라, 이 액세서리 뭐야? M이라는 건⋯⋯."

나는 말을 꺼냈지만⋯⋯ 뭐라고 물어봐야 할까?

'M은 누구 이니셜이야?' 한심하군. 도대체 왜 그런 게 궁금한 거야.

"아, 이거요⋯⋯ 사랑의 크기만큼 어긋나 있다는 거예요."

테트라가 생긋 웃었다.

'사랑의 크기만큼, 어긋나 있다?' 테트라의 남자친구 이니셜인가⋯⋯?

"모르겠어요?"

### 집

"뒤풀이? 물론 대환영이지!" 엄마는 내 이야기를 듣고 관심을 보이셨다.

"메뉴는 뭐가 좋을까? 너무 거창한 음식은 안 좋지? 무난하게 피자가 좋을까? 그래도 패스트푸드는 안 좋은데⋯⋯."

"엄마, 그냥 우리 놀 곳만 있으면 돼요."

"재료는 준비해 놓을 테니까 다 같이 김초밥 말아 먹는 건 어떨까? 아니면 회비를 걷어서 고급스럽게 준비해 볼까?"

"엄마, 내가 말했잖아요. 음식은 각자 갖고 오기로 했다고."

"피아노 치는 예예도 온다고? 연주도 하려나? 맞다, 조율해 놔야겠다. 너무 기대되는걸!"

엄마는 왜 이렇게 좋아하시는 걸까?

$e^{i\pi} = -1$

이 식은 수학에서 가장 유명하면서 가장 유용한 두 상수.

'네이피어 상수'와 '원주율'이 '허수'를 매개체로 연결되어 있는

참으로 경이로운 식이다. 이는 '보석'이다.

이 세상에 그 어떠한 다이아몬드와 에메랄드도 상대가 되지 않는다.

_요시다 다케시, 『허수의 정서』

# 페르마의 마지막 정리

결국 우리도 은하수 안에 사는 것입니다.
그리고 그 은하수 안에서 사방을 살피면
물이 깊을수록 파랗게 보이는 것처럼,
은하수 저 아래 깊고 먼 곳일수록 별이 가득 모여서
하얗고 뿌옇게 보이는 것입니다.
_미야자와 겐지, 『은하철도의 밤』

## 1. 오픈 세미나

"오빠…… 이해가 안 돼."

"선배…… 모르겠어요."

"미르카…… 알겠어?"

"재미있었어."

지금은 12월. 우리는 떠들썩한 크리스마스 분위기에 아랑곳하지 않고 대학 공개 세미나에 참가했다. 무라키 선생님이 소개해 준 이 세미나의 주제는 '페르마의 마지막 정리'였다. 대학 강당에 모인 200명 정도의 일반인 청중을 대상으로 대학 교수가 강의를 했다. 나와 같이 참석한 사람은 미르카, 테트라, 그리고…… 유리.

"오빠! 나도 가고 싶어!"

유리한테는 어려울 거라고 일러 줬지만 유리는 망설이지 않았다. 미르카를 만나는 게 좋은 모양이다. 뭐, 중학교 2학년이라도 조금은 이해할 수 있겠지……. 나는 가볍게 생각하기로 했다.

그런데 막상 들어 보니 와일즈의 증명을 후다닥 처리해 버리는 난해한 세미나였다. 유리에게 어려운 건 물론이고 나에게도 어려웠다. 그 자리에 참석한 다른 사람들도 조금 벅찼을 것이다. 하지만 자극을 받기에는 충분했다.

세미나가 끝난 뒤 우리는 점심을 먹으러 학교 안의 식당으로 갔다. 토요일이라 대학생들은 적었고, 세미나를 들으러 온 듯한 고등학생 그룹이 여기저기 눈에 띄었다.

언젠가 나는 대학 축제 때 이 캠퍼스에 와 본 적이 있다. 그때는 너무 시끌벅적해서 좀 실망스러웠는데 오늘은 완전히 딴판이다. 건물 안은 조용했고, 강당으로 향하는 복도에서 창문으로 들여다본 연구실에는 책장과 컴퓨터들이 즐비하게 놓여 있었다.

"나는 고작 다니야마, 시무라, 이와사와 같은 일본인 이름만 알아들을 수 있었어." 유리가 해물 스파게티를 먹으며 말했다. "내용은 어렵지, 선생님은 바닥만 쳐다보고 있지, 그렇게 알아들을 수 없는 상태에서 끝났다옹."

"새로운 용어가 홍수처럼 밀려와서 저도 따라가질 못했어요." 테트라가 오므라이스를 먹으면서 말했다. "어떤 용어가 익숙해지기도 전에 그 용어를 써서 다른 용어를 정의하는 바람에……. '잠깐, 아직 용어 정리가 안 됐는데' 하다가 끝나 버렸어요. 예습을 더 해 올걸 그랬어요."

"스크린에 뜬 수식 읽다가 뒤죽박죽이 되고 말았어. 테트라 말처럼 준비 좀 하고 왔어야 했어." 내가 게살 필래프를 먹으며 말했다.

"오늘 교수의 강의만 듣고 이해하는 건 무리야." 미르카가 티라미스를 먹으며 말했다. "예습 조금만 하는 정도로는 따라갈 수 없어. 각 용어나 수식 문제가 아니라 더 깊은 이해가 필요해. 와일즈의 증명은 꽤 전문적인 내용이라 따라가기 힘들거든. 하지만 와일즈의 증명으로 이어진 두 세계에 대해서는 알았어. 바닥만 보고 있던 선생님, 딱 한 번 고개 들었던 거 알아?"

'페르마의 마지막 정리 속에 있는 다니야마-시무라의 정리로 눈을 돌려라.'

"이 한마디는 공감됐어."

"미르카 님! 멍청한 나도 알 수 있는 해설을 좀 부탁드려요!"

"유리는 멍청이가 아니야."

나와 미르카가 동시에 말했다.

## 2. 역사

### 문제

식사를 마친 후 우리는 미르카의 설명에 귀를 기울였다.

“17세기의 수학자 페르마는 자신이 연구하던 『산술』이라는 책 여백에 문제를 남겼어. 그게 바로 유명한 ‘페르마의 마지막 정리’야.”

페르마의 마지막 정리

다음 방정식은 $n \geqq 3$일 때 자연수 해를 가지지 않는다.

$$x^n + y^n = z^n$$

“그는 이 수식과 같은 내용을 문장으로 표현하고, 유명한 한마디를 덧붙였어.”

나는 깜짝 놀랄 만한 증명을 발견했지만 그걸 다 적기에는 여백이 부족하다.

“그리고 페르마는 증명을 남기지 않았어. 이렇게 거창하게 썼으니 많은 수학 애호가들이 도전하고 싶은 것도 무리는 아니지. 그런데 페르마가 책의 여백에 남긴 개인적인 메모 내용을 후세 사람들은 어떻게 알게 되었을까?”

“그러고 보니 궁금하네요.” 테트라가 고개를 끄덕였다.

“페르마의 아들인 사뮤엘의 공이 컸어.” 미르카가 말했다. “그가 아버지의 메모가 담겨 있는 책 『산술』을 재출판했거든. 사라질 뻔했던 ‘페르마의 마지막 정리’를 사뮤엘이 부활시킨 셈이야. 『산술』을 쓴 사람은 3세기경의 수학자 디오판토스인데, 17세기에 바셰가 그리스어와 라틴어를 대조 번역해서 부활시켰지. 페르마는 바셰의 『산술』을 공부하면서 그 책에 메모를 남겼어. 사뮤엘이 재출판한 건 디오판토스 저, 바셰 대역, 페르마 메모가 들어간 『산술』인 거야."

"그렇구나……. 3세기의 디오판토스에서 바셰를 거쳐 17세기의 페르마까지, 그리고 사뮤엘을 통해 후대로……. 시대를 뛰어넘어 수학이 계승된 거구나……." 내가 말했다.

"그렇게 해서 현대의 우리에게 오다니…… 수학의 릴레이를 보는 것 같네요."

테트라가 바통을 이어받는 제스처를 취하며 말했다.

"이후 3세기 반 이상에 걸쳐 수학자들의 도전이 시작됐어."

미르카는 천천히 역사를 설명하기 시작했다.

"먼저 17세기부터 얘기할게."

### 초등 정수론 시대

17세기는 **초등 정수론 시대**야. 페르마의 마지막 정리는 '모든 $n$'에 대한 명제라서 한번에 증명하기가 어려워. 그래서 수학자는 개별 $n$에 대해 증명을 하려고 했어.

처음으로 페르마 자신이 FLT(4)를 증명했어. 사용한 도구는 무한강하법. 그러고 보니 얼마 전에 '넓이가 제곱수가 되지 못하는 직각삼각형의 정리'를 사용해서 FLT(4)를 증명한 적이 있었지? 18세기에는 오일러 선생이 FLT(3)을 증명했어. 19세기에는 디리클레가 FLT(5)를 증명했고, 르장드르가 그 증명을 보충했어. 하지만 라메가 FLT(7)을 증명한 후 그 뒤를 잇는 수학자가 없었어. 증명이 너무 복잡해졌기 때문이야. 이 시대에 사용된 무기는 배수, 약수, 최대공약수, 소수, 서로소, 그리고 무한강하법이야.

◆◆◆

"먼저 구체적인 예부터 풀어 보려고 했군요." 테트라가 말했다.

"우리가 문제를 풀 때와 똑같아. '특수에서 일반으로' 순서를 정한 거지.

새로운 시대는…… 소피 제르맹부터 시작해. 19세기에 접어든 때였지."

미르카가 이야기를 이었다.

### 대수적 정수론 시대

19세기는 **대수적 정수론의 시대**야. 1825년경 소피 제르맹은 FLT의 일반해에 관한 성과를 올렸어. 그녀는 '$p$와 $2p+1$이 모두 홀수인 소수라면 $x^p+y^p=z^p$은 자연수 해를 가지지 않는다'라는 정리를 증명했어. 하지만 $xyz \neq 0 \pmod{p}$라는 조건이 붙었지.

1847년 라메와 코시가 '페르마의 마지막 정리' 증명을 두고 선두 자리를 다투기 시작했어. 그때는 $x^p+y^p=z^p$을 쪼개는 복소수의 인수분해가 핵심 열쇠였어.

$$x^p+y^p=(x+\alpha^0 y)(x+\alpha^1 y)(x+\alpha^2 y)\cdots(x+\alpha^{p-1} y)=z^p$$

여기서 $\alpha$는 $\alpha=e^{\frac{2\pi i}{p}}$라는 복소수야. 오일러 공식에서 $\alpha=\cos+i\sin\frac{2\pi}{p}$니까 $\alpha$의 절댓값은 1이고 편각은 $\frac{2\pi}{p}$가 돼. 즉 $\alpha$는 1의 $p$제곱근 중 하나. 정수와 $\alpha$에서 자연스러운 덧셈과 곱셈을 사용해서 만들어지는 환 $\mathbb{Z}[\alpha]$는 **대수적 정수환**의 한 종류야.

$$\mathbb{Z}[\alpha]=\{a_a\alpha^0+a_1\alpha^1+a_2\alpha^2+\cdots+a_{p-1}\alpha^{p-1} \mid a_k \in \mathrm{Z}, \alpha=e^{\frac{2\pi i}{p}}\}$$

대수적 정수환 $\mathbb{Z}[\alpha]$ 위에서 $x^p+y^p$를 '소인수분해' 하고 인자 $(x+\alpha^k y)$끼리 '서로소'로 한 다음에 각 인자가 '$p$ 제곱수'라는 사실을 나타내 무한강하법을 이용하려고 했어. 그런데 실패. 왜인 줄 알아? 대수적 정수환에서는 '소인수분해의 유일성'이 반드시 성립한다고 볼 수 없기 때문이야. '소인수분해의 유일성'이 성립하지 않는다면 $p$제곱수의 각 인자가 서로소여도 각 인자가 반드시 $p$제곱이라고 할 수 없으니까. 쿠머의 지적으로 논쟁은 끝났어. 대수적 정수환에서 '소인수분해의 유일성'은 폐기되었지.

이 상황을 해결하기 위해 쿠머는 **이상수**를 생각해 냈고, 데데킨트가 이데알(ideal)로써 집합 형태로 정리했어. 이데알에는 이데알의 공리가 있고, 수처럼 계산법이 정의되어 있어. 이데알의 가장 중요한 성질은 물론 소인수분해의 유일성이야. 이데알 덕분에 '소인수분해의 유일성'이 부활했어. 쿠머는 정칙이라 불리는 소수에 관해서는 페르마의 마지막 정리가 성립한다는 사실을 증명했어.

페르마가 메모를 남긴 지 250년이 지난 시점이었지. 이렇게 19세기가 끝났어.

◆◆◆

"페르마의 마지막 정리는 그런 흐름 속에서 증명되었군요!" 테트라가 두 손을 맞잡으면서 말했다.

"그런데, 아니었어."

"아니었다구요?"

"쿠머의 대수적 정수론은 알찬 결실을 맺었어. 와일즈의 증명에서도 대수적 정수론은 기본적인 도구야. 하지만 대수적 정수론의 직접적인 확장으로 페르마의 마지막 정리가 증명된 건 아니었어. 이제 이야기는 기하학적 수론의 시대로 넘어가. 시대는 20세기, 무대는 일본이야."

### 기하학적 수론 시대

제2차 세계대전이 끝나고 10년이 지난 1955년 수학자들이 모인 국제학회가 일본에서 열렸어. **다니야마-시무라의 추론**이 등장한 것도 바로 그때지. 그리고 점차 다니야마-시무라의 추론이 '타원곡선'과 '보형 형식'이라는 두 세계를 잇는 큰 다리가 된다는 사실이 밝혀졌지. 그와 동시에 이 추론을 정리로 만드는 것이 수론의 중요한 과제가 되었는데, 그건 어마어마하게 어려운 일이었어. 그런데 이 과제가 페르마의 마지막 정리에서도 중요한 과제라는 사실은 아무도 눈치 채지 못했지.

1985년 **프라이**가 훌륭한 아이디어를 냈어. '페르마의 마지막 정리가 성립하지 않는다'라고 가정하면 다니야마-시무라의 추론에 모순되는 반례를 만들 수 있다는 거야. 페르마의 마지막 정리가 다니야마-시무라의 추론과 연결된 거지. 어쨌거나 어려운 문제가 어려운 문제로 바뀌었을 뿐, 문제가 간단해진 건 아니야.

그 문제에 도전한 사람이 바로 **와일즈**야. 그는 대학 강의를 하면서 7년 동안 집에서 혼자 연구를 했는데, 아무도 그가 페르마의 마지막 정리에 도전하고 있는 줄 몰랐어.

1993년에 와일즈는 증명에 성공했다고 선언했어. 하지만 그 증명에서 오류가 발견되었고, 다시 도전한 결과 드디어 1994년 테일러와 함께 오류를 수정해서 페르마의 마지막 정리를 완전히 증명했어.

◆◆◆

미르카는 역사에 대한 설명이 따분했는지 빠르게 설명을 마쳤다.

"빨리 수학 이야기로 넘어가고 싶다." 미르카가 나를 쳐다봤다.

"알았어. 노트 꺼낼게."

내가 노트와 샤프를 꺼내자 유리가 작은 소리로 내게 말했다.

"나 먼저 가도 돼? 역사 얘기 듣다가 지쳐 버렸어."

유리의 말을 들었는지 미르카가 대신 대답했다.

"알겠어. 그럼 유리가 풀 수 있을 만한 문제를 낼게."

## 3. 와일즈의 흥분

### 타임머신을 타고

미르카는 눈을 감고 크게 심호흡을 하더니 눈을 떴다.

"타임머신을 타자. 1986년으로 시간을 거슬러 올라갈게. 태양계의 제3행성에 사는 인류는 페르마의 마지막 정리를 아직 증명하지 못했지. 자, 유리는 이제부터 와일즈가 되어 다음에 증명해야 할 것을 생각해 봐. 자, 1986년은 이런 풍경이었어."

**1986년의 풍경**

**다니야마-시무라의 추론**

[미증명] 모든 타원곡선은 모듈러다.

**FLT(3), FLT(4), FLT(5), FLT(7)**

[증명 완료] $k=3, 4, 5, 7$에 대하여

$x^k+y^k=z^k$을 만족하는 $x, y, z$는 존재하지 않는다.

**프라이 곡선**

[증명 완료] $x^p+y^p=z^p$을 만족하는 $p, x, y, z$가 존재하면 프라이 곡선도 존재한다.

($x, y, z$는 자연수. $p \geqq 3$은 소수)

**프라이 곡선과 타원함수의 관계**

[증명 완료] 프라이 곡선은 타원곡선의 한 종류다.

**프라이 곡선과 모듈러의 관계**

[증명 완료] 프라이 곡선은 모듈러가 아니다.

"이게 '1986년의 풍경'이야. '증명 완료'란 직접 증명하지 않아도 쓸 수 있는 명제야. 이제 유리 차례야."

유리를 보는 미르카. 움찔해서 등줄기를 곧게 펴는 유리.

"모르는 용어가 있어도 유리라면 이 질문에 답할 수 있을 거야."

**문제 10-1** 타임머신을 타고

'1986년의 풍경'을 살펴보았을 때 이제 어떤 명제를 증명하면 페르마의 마지막 정리를 증명한 셈이 되는가.

### 풍경에서 문제 찾기

유리는 울상을 지으며 나를 바라보더니, 이내 다부진 표정으로 미르카의 문제에 눈을 돌렸다. "귀류법이니까……" 라고 중얼거리며 생각에 잠겼다. 나는 이 문제의 답을 바로 알 수 있었다. 미르카가 '1986년의 풍경'이라고 한 말이 중요한 힌트였다.

그건 그렇다 치고, 나는 조금 놀라운 사실을 깨달았다.

나는 수식을 좋아한다. 수식은 구체적이고 일관성이 있다. 수식을 분석해서 구조를 이해하고, 수식을 변형해서 사고를 이끌어 낸다. 수식이 있으면 이해가 되고, 없으면 불만이 생긴다. 하지만 '페르마의 마지막 정리' 증명은 너무나 어렵다. 안타깝게도 공개 세미나에서 교수님이 보여 준 수식을 거의 이해할 수 없었다. 그런데 미르카가 '1986년의 풍경'에서 보여 준 논리는 수월하게 좇아갈 수 있었다. 수식이 아닌 논리의 흐름을 따라가는 것에서 기쁨을 느낀 것이다. 별을 탐사하지는 못하더라도 밤하늘에 떠 있는 별자리를 즐기는 이치라고나 할까.

학교에서는 '이걸 증명하시오'라고 할 뿐 '무엇을 증명해야 하는지 생각하시오'라고 하지 않는다. 주어진 문제를 푸는 것도 중요하지만 풀어야 할 문제를 발견하는 것도 중요하지 않을까? 얽히고설킨 명제의 숲에서 빠져 나갈 오솔길을 찾아내는 것…….

"알겠어요."

"다니야마-시무라의 추론, 그러니까 '모든 타원곡선은 모듈러다'라는 명제를 증명하면 페르마의 마지막 정리를 증명한 셈이 돼요."

긴장한 듯한 유리의 목소리.

"그 이유는?" 미르카가 곧바로 물었다.

"귀류법……을 사용하니까요. 귀류법의 가정은 증명하고 싶은 명제의 반대…… 아니, 증명하고 싶은 명제의 부정이에요."

유리는 침착하게 말을 시작했다.

가정: '페르마의 마지막 정리는 성립하지 않는다.'

"그러면 $x^n+y^n=z^n$을 만족하는 $n, x, y, z$가 존재하게 돼요. 그러면…… 어? $p$는 소수인가? 아, 맞다, FLT(4)는 이미 증명되었으니까 $n \neq 4$라고 생각해도 돼요. 그 말은 $n$을 $n=mp$라는 식으로 쓸 수 있다는 말이에요. '자연수 $m$'

과 '$n$의 소인수 $p \geqq 3$'의 곱이에요. $x^n+y^n=z^n$을 만족하는 $n, x, y, z$가 존재한다면 $m, p$는 지수법칙에 따라 다음 식을 만족해요."

$$(x^m)^p+(y^m)^p=(z^m)^p$$

"결국 이 $x^m, y^m, z^m$에 다시 $x, y, z$라고 이름을 붙이면, $x^p+y^p=z^p$을 만족하는 $p, x, y, z$가 있어요."

유리는 나를 슬쩍 쳐다봤다. 나는 말없이 고개를 끄덕였다.

"흠, 그다음엔?" 미르카가 말했다.

"그다음엔 '1986년의 풍경'에 따라서…… 식 $x^p+y^p=z^p$을 만족하는 $p, x, y, z$가 존재한다면 프라이 곡선도 존재해요. 프라이 곡선은 타원곡선의 일종인데, 모듈러는 아니에요. 그러니까 프라이 곡선이라는 '모듈러가 아닌 타원곡선'이 존재한다는 뜻이에요. 논리적으로 그래요. 프라이 곡선, 타원곡선, 모듈러가 뭔지는 모르겠지만……."

이끌어 낸 명제: '모듈러가 아닌 타원곡선이 존재한다.'

"여기까지는 모두 '증명 완료'인 명제를 썼어요. 그리고 지금 제가 다니야마-시무라의 추론을 증명한다고 생각해 보세요. 그럼 '모든 타원곡선은 모듈러다'가 성립해요. 모든 타원곡선이 모듈러이니까 다음 명제를 이끌어 낼 수 있어요."

이끌어 낸 명제: '모듈러가 아닌 타원곡선은 존재하지 않는다.'

"모듈러가 아닌 타원곡선이 '존재한다'와 '존재하지 않는다'를 모두 이끌어 냈어요. 이건 모순이에요. 따라서 귀류법으로 한 가정은 부정되고, 페르마의 마지막 정리가 증명돼요."

가정의 부정: '페르마의 마지막 정리는 성립한다.'

"따라서 지금 말한 것처럼 다니야마-시무라의 추론을 증명하면 페르마의 마지막 정리도 증명한 셈이 돼요!"

유리는 눈을 반짝이며 미르카를 봤다.

나도 테트라도 미르카를 봤다.

미르카는 윙크하며 한마디 했다.

"완벽해."

(풀이 10-1) 타임머신을 타고

다니야마-시무라의 추론을 증명하면 페르마의 마지막 정리를 증명한 셈이 된다.

미르카는 미소를 지으며 조용한 목소리로 설명을 보충했다.

"프라이는 프라이 곡선을 생각해 냈어. 세르는 프라이 곡선이 페르마의 마지막 정리의 반례를 준다는 가설을 정식화했고, 리벳은 그 가설을 증명했어. 이 이야기를 들은 와일즈가 흥분한 이유를 유리도 이제 알겠지? 페르마의 마지막 정리…… 그건 350년 이상 그 누구도 풀지 못했던 지그소 퍼즐이었어. 단 하나의 조각을 채우면, 즉 다니야마-시무라의 추론을 증명하면 그 퍼즐이 완성된다는 사실을 와일즈는 깨달은 거야."

유리는 고개를 여러 번 끄덕였다.

### 반안정 타원곡선

"와일즈는 다니야마-시무라이 추론을 증명했군요!" 테트라가 두 손을 꼭 모아 쥐고 말했다.

"그런데 그게 아니야. 유리가 대답한 것처럼 다니야마-시무라의 추론이 증명됐다면 페르마의 마지막 정리도 증명된 셈이지만 실제 역사는 달랐어. 실제로 와일즈가 증명한 건 '모든 반안정 타원곡선은 모듈러다'라는 명제야. '반안정'이라는 제한이 붙어 있지."

미르카는 자리에서 일어나 우리 주위를 걸어 다니며 말을 이었다.

"왜 제한이 붙은 증명을 했을까? 제한이 없는 다니야마-시무라의 추론을 증명하기가 너무 어려웠기 때문이야. 그럼 왜 제한이 있는 증명이라도 상관이 없을까?"

"아, 전 …… 모르겠어요." 테트라가 대답했다.

"유리는?"

유리는 한참 말없이 생각하다가 이윽고 고개를 들더니 대답했다.

"프라이 곡선이 반안정 타원곡선이었기 때문이에요!"

"빙고!"

미르카는 가운뎃손가락으로 안경테를 밀어 올렸다.

"유리의 추측은 논리적이야. 와일즈는 귀류법을 사용하기 때문에 프라이 곡선의 존재에 부딪치는 명제를 증명하고 싶었어. 그런 그가 반안정이라는 제한이 있는 다니야마-시무라의 추론을 증명한 이유는 무엇일까? 프라이 곡선이 반안정이라는 성질을 갖고 있었기 때문이야. 봐, 그가 증명한 가장 중요한 정리는 이거야."

'와일즈의 정리: 반안정 타원곡선은 존재하지 않는다.'

"이 정리를 통해 모순을 이끌어 낼 수 있었어."

프라이 곡선에서: '모듈러가 아닌 반안정 타원곡선이 존재한다.'

와일스의 정리에서: '모듈러가 아닌 반안정 타원곡선은 존재하지 않는다.'

"모순이지. 귀류법으로 증명이 완성됐어. 페르마의 마지막 정리는 진짜 정리가 된 거야."

### 증명 요약

'페르마의 마지막 정리' 증명 요약

귀류법을 사용한다.

1. 가정: 페르마의 마지막 정리는 성립하지 않는다.
2. 가정을 바탕으로 프라이 곡선을 만들 수 있다.
3. 프라이 곡선: 반안정 타원곡선이지만 모듈러는 아니다.
4. 즉 '모듈러가 아닌 반안정 타원곡선이 존재한다.'
5. 와일즈의 정리: 모든 반안정 타원곡선은 모듈러다.
6. 즉 '모듈러가 아닌 반안정 타원곡선은 존재하지 않는다.'
7. 위의 4와 6은 모순이다.
8. 따라서 페르마의 마지막 정리는 성립한다.

미르카는 말없이 우리를 바라보았다.

"이 '증명 요약'은 논리적으로 옳아. 하지만 살짝 부족해. 물론 이건 요약일 뿐이니까 다니야마-시무라의 추론이 어떤 것인지도 알 수 없고, '타원곡선', '프라이 곡선', '모듈러'라는 중요 단어의 뜻도 알 수 없어. 와일즈의 증명은 이해하기 힘들다 해도 다니야마-시무라의 추론조차 접근할 수 없는 걸까? 최소한 한 걸음만 더 수학적으로 내디딜 수 없을까? 그런 생각이 들지 않아?"

미르카의 질문에 우리는 무심결에 고개를 끄덕였다.

"이제부터 아래 네 가지 테마에 대해 수학적인 이야기를 할게."

- 타원곡선의 세계
- 보형 형식의 세계
- 다니야마-시무라의 추론
- 프라이 곡선

"다니야마-시무라의 추론은 1999년에 완전히 증명되었으니 '다니야마-시무라의 정리'라고 부를게. 먼저 타원곡선이란…… 아, 얘기를 시작하기 전에 장소를 옮기자. 구경하는 사람들이 너무 많아." 미르카가 말했다.

식당 안, 어느새 우리 주변에는 많은 사람들이 모여 있었다. 주로 세미나에 참석한 고등학생들이 미르카의 이야기를 열심히 듣고 있었던 것이다.

## 4. 타원곡선의 세계

### 타원곡선이란

식당에서 2층 카페로 자리를 옮긴 우리는 널찍한 테이블을 차지하고 앉아 다 같이 커피(유리만 코코아)를 마시며 다시 이야기를 시작했다.

"유리, 집에 가고 싶어?" 미르카가 물었다.

"얘기 더 들어 볼래요. 이해할 수 있을지는 몰라도."

"좋아, 그럼 정의부터 시작할게. 타원곡선이란……."

◆◆◆

타원곡선이란 $a, b, c$가 유리수일 때 이런 방정식으로 표현되는 곡선을 말해.

$$y^2 = x^3 + ax^2 + bx + c$$

단, 이런 조건이 붙어.

'3차방정식 $x^3 + ax^2 + bx + c = 0$은 중근을 가지지 않는다.'

이게 타원곡선의 정의야. 엄밀히 따지면 '유리수체 $\mathbb{Q}$ 위의' 타원곡선의 정의지. 다시 말해 $x, y$를 유리수체 $\mathbb{Q}$의 원소로 생각하는 거야.

예를 들어 볼게. 다음 식은 타원곡선의 방정식이 돼.

$$y^2 = x^3 - x \qquad \text{타원곡선의 방정식의 예}$$

이건 방정식 $y^2=x^3+ax^2+bx+c$에서 $(a, b, c)=(0, -1, 0)$으로 놓은 거야. 우변의 $x^3-x$는 다음 식으로 인수분해할 수 있어.

$$x^3-x=(x-0)(x-1)(x+1)$$

3차방정식 $x^3-x=0$의 해는 $x=0, 1, -1$로 3개라서 중근을 가지지 않기 때문에 타원곡선의 조건을 만족해. 그래프를 그려 볼게.

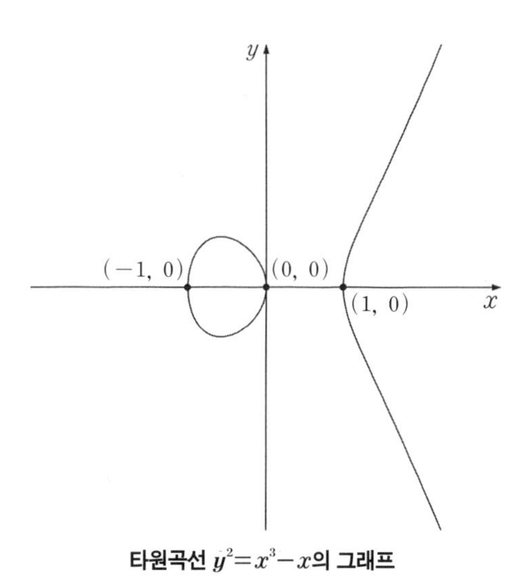


**타원곡선 $y^2=x^3-x$의 그래프**

◆◆◆

"여기 왼쪽의 둥근 것이 타원인가요?" 테트라가 물었다.

"아니야. '타원곡선'에 '타원'이라는 말이 들어간 데는 역사적인 사정이 있어. 타원곡선의 모양은 타원과 관계가 없어." 미르카가 대답했다.

### 유리수체에서 유한체로

그럼 타원곡선 $y^2=x^3-x$를 대수의 관점에서 연구해 보자.

먼저 수학의 분야에 대해 간단히 설명해 볼게.

- **대수**는 방정식과 그 해, 군·환·체 등에 관심이 있다.
- **기하**는 점, 선, 평면, 입체, 교차, 접하는 것 등에 관심이 있다.
- **해석**은 극한, 미분, 도함수, 적분 등에 관심이 있다.

물론 이 분야들은 서로 관련되어 있어. 예를 들어 방정식의 '중근'은 대수의 개념이지만, 곡선이 '접한다'라는 기하적인 개념이나 '도함수의 값이 0이 된다'는 해석적인 개념과 관련이 있어.

다행히도 다니야마-시무라의 정리의 분위기만 맛보고 싶다면 특별히 배워야 할 건 없어. 다만 **시간**, **끈기**, **상상력**이 필요할 뿐이야.

우리는 방금 타원곡선 $y^2=x^3-x$의 모습을 그려 보기 위해 3차식 $x^3-x$를 인수분해하고 3차방정식 $x^3-x=0$을 풀어서 $(0, 0)$, $(1, 0)$, $(-1, 0)$이라는 세 개의 유리점을 얻었어.

유리수체 $\mathbb{Q}$라는 체는 하나, 즉 유한개야. 하지만 유리수체의 원소 수는 무수히 있어. 유리수가 무수히 있다는 뜻이지.

여기서 발상을 전환해 보자. 말하자면 유한개의 원소를 가진 무수한 체를 생각하는 거야. 우리는 그런 체를 알고 있어. 바로 유한체야. 유한체 $\mathbb{F}_p$의 원소 수는 $p$개, 즉 유한개야. 하지만 소수 $p$는 무수히 있으니까 $\mathbb{F}_p$는 무수히 있어.

그럼 '유리수체 $\mathbb{Q}$의 세계'에서 '유한체 $\mathbb{F}_p$의 세계'로 공간 이동을 해 볼게.

타원곡선의 방정식을 만족하는 점 $(x, y)$를 유한체 $\mathbb{F}_p$ 중에서 찾는 거야.

$$y^2=x^3-x \ (x, y \in \mathbb{F}_p)$$

바꿔 말하면, 타원곡선의 방정식을 아래와 같은 합동식으로 간주하는 것과 동치야.

$$y^2 \equiv x^3-x \pmod{p}$$

유한체에 대해 간단히 복습할게. 유한체 $\mathbb{F}_p$는 원소가 $p$개인 집합에서 사칙연산을 mod $p$로 실행하는 체야.

$$\mathbb{F}_p = \{0, 1, 2, \cdots, p-1\}$$

0 이외의 원소에서 나눗셈을 할 수 있어야 하기 때문에 $p$는 소수야. 유한체 $\mathbb{F}_p$는 다음과 같이 무수히 존재해.

$$\begin{aligned}
&\mathbb{F}_2 = \{0, 1\} \\
&\mathbb{F}_3 = \{0, 1, 2\} \\
&\mathbb{F}_5 = \{0, 1, 2, 3, 4\} \\
&\mathbb{F}_7 = \{0, 1, 2, 3, 4, 5, 6\} \\
&\mathbb{F}_{11} = \{0, 1, 2, 3, 4, 5, 6, 7, 8, 9, 10\} \\
&\quad \vdots
\end{aligned}$$

체의 수는 무한하지만 각 체마다 원소의 수는 유한개라는 사실을 잊지 마.

◆◆◆

"왜 '유한개'가 중요한가요?" 테트라가 말했다.

"조사하면 다 나오니까. 유한체 $\mathbb{F}_p$의 원소는 $p$개밖에 없어. 그래서 $x$와 $y$에 $p$개의 원소를 대입해서 조사할 수 있어. 소수 $p$가 적으면 손으로 써서 계산할 수도 있어. 타원방정식을 만족하는 점 $(x, y)$를 한 점 한 점 찾는 거야."

"그래서 끈기가 필요하다고 했군요!" 유리가 외쳤다.

"맞아. 유한체 $\mathbb{F}_p$는 유리수체의 모형이라고 할 수 있어. 놀기에 가장 적합하지. 그럼 샅샅이 조사해 볼까?"

### 유한체 $\mathbb{F}_2$

가장 간단한 유한체 $\mathbb{F}_2 = \{0, 1\}$의 연산표는 다음과 같아. 체이니까 덧셈과 곱셈이 있지. 그냥 계산한 다음에 2로 나눈 나머지를 구할게.

| $+$ | 0 | 1 |
|---|---|---|
| 0 | 0 | 1 |
| 1 | 1 | 0 |

| $\times$ | 0 | 1 |
|---|---|---|
| 0 | 0 | 0 |
| 1 | 0 | 1 |

$(x, y)$로 가능한 조합은 아래 네 가지.

$$(x, y) = (0, 0), (0, 1), (1, 0), (1, 1)$$

이 네 가지를 모두 방정식 $y^2 = x^3 - x$에 대입해서 등호가 성립하는지 알아보자. 단, 사칙연산에서는 위의 연산표를 써. 뺄셈은 덧셈의 역원을 더하면 되는데, 귀찮으니까 $x$를 이항한 다음 형태로 확인하도록 할게.

$$y^2 + x = x^3 \qquad \text{(}x\text{를 좌변에 이항해서 뺄셈을 없앤다)}$$

예를 들어 $(x, y) = (0, 0)$일 때, $y^2 + x = x^3$에 대입하면 $0^2 + 0 = 0^3$이 돼. 연산표를 써서 계산하면 좌변은 0과 같고 우변도 0과 같아. 좌변과 우변이 같아지니까 $\mathbb{F}_p$ 위의 점 $(0, 0)$에서 $y^2 = x^3 - x$는 성립해. 마찬가지 방법으로 네 가지의 $(x, y)$에 대해 확인해 보자.

| $(x, y)$ | $y^2 + x = x^3$ | 성립하는가? |
|---|---|---|
| $(0, 0)$ | $0^2 + 0 = 0^3$ | 성립한다 |
| $(1, 0)$ | $0^2 + 1 = 1^3$ | 성립한다 |
| $(0, 1)$ | $1^2 + 0 = 0^3$ | 성립하지 않는다 |
| $(1, 1)$ | $1^2 + 1 = 1^3$ | 성립하지 않는다 |

이것으로 $\mathbb{F}_2$ 위에서 방정식 $y^2 = x^3 - x$의 해는 아래 두 개가 존재한다는 사

실을 알아냈어.

$$(x, y)=(0, 0), (1, 0)$$

◆◆◆

"미르카 님! 공간 이동을 한 다음에 중근을 가지지 않는 조건을……."

"유리, 너 참 똑똑하다." 미르카가 곧바로 반응했다.

"그렇구나!" 나도 말했다. 유리 대단한걸?

"뭘 알아낸 건가요?" 테트라가 당혹스러워하며 물었다.

"유리?" 미르카가 유리에게 설명을 요구했다.

"음…… 공간 이동하기 전, 그러니까 타원곡선에는 $x^3+ax^2+bx+c=0$이 '중근을 가지지 않는다'라는 조건이 있었어요. 그런데 공간 이동을 하고 난 다음인 유한체의 세계에서는 그 조건을 다시 검토해야 한다고 생각했어요."

"유리 말이 맞아. 유한체에서 타원곡선을 생각할 때는 조건을 다시 알아봐야 해. 축소된 세계에 떨어뜨렸을 때는 타원곡선이 아닐지도 모르니까." 미르카가 말했다.

유리는 조건을 놓치지 않는다. 정말 빈틈이 없구나.

"실제로 $\mathbb{F}_2$일 때는?" 내가 물었다.

"$\mathbb{F}_2$ 위에서 $y^2=x^3-x$는 타원곡선이 되지 않아. 왜냐하면 $x^3-x$는 다음과 같이 인수분해를 할 수 있거든. 완전제곱 $(x-1)^2$이 중근을 만들어 내지."

$$x^3-x=(x-0)(x-1)^2 \qquad \mathbb{F}_2\text{에서의 인수분해}$$

"이 인수분해가 맞는 건가요?" 테트라가 말했다.

"맞아. 유리수체 위에서 인수분해했을 때를 떠올려 보자.

$$x^3-x=(x-0)(x-1)(x+1) \qquad \mathbb{Q}\text{에서의 인수분해}$$

"$\mathbb{F}_2$에서 1은 1 자신의 덧셈에서 역원이기 때문에 '1을 더하는 것'과 '1을 빼는 것'의 값이 같아. 즉, $x+1$은 $x-1$로 치환할 수 있어."

$$\begin{aligned} x^3-x &= (x-0)(x-1)(x+1) && \text{인수분해} \\ &= (x-0)(x-1)(x-1) && x+1\text{을 } x-1\text{로 치환 } (\mathbb{F}_2\text{에서}) \\ &= (x-0)(x-1)^2 && (x-1)\text{을 정리} \end{aligned}$$

"……알겠어요. 현재 생각하는 연산을 어떤 체 위에서 하는지가 중요하군요." 테트라도 이해한 모양이다.

### 유한체 $\mathbb{F}_3$

"이번에는 유한체 $\mathbb{F}_3=\{0,1,2\}$의 예를 들어 볼게. 연산표는 이렇게 돼.

| + | 0 | 1 | 2 |
|---|---|---|---|
| 0 | 0 | 1 | 2 |
| 1 | 1 | 2 | 0 |
| 2 | 2 | 0 | 1 |

| × | 0 | 1 | 2 |
|---|---|---|---|
| 0 | 0 | 0 | 0 |
| 1 | 0 | 1 | 2 |
| 2 | 0 | 2 | 1 |

아홉 가지 $(x,y)$에 대해 $y^2+x=x^3$이 성립하는지 확인할 거야."

| $(x,y)$ | $y^2+x=x^3$ | 성립하는가? |
|---|---|---|
| $(0,0)$ | $0^2+0=0^3$ | 성립한다 |
| $(1,0)$ | $0^2+1=1^3$ | 성립한다 |
| $(2,0)$ | $0^2+2=2^3$ | 성립한다 |
| $(0,1)$ | $1^2+0=0^3$ | 성립하지 않는다 |
| $(1,1)$ | $1^2+1=1^3$ | 성립하지 않는다 |
| $(2,1)$ | $1^2+2=2^3$ | 성립하지 않는다 |
| $(0,2)$ | $2^2+0=0^3$ | 성립하지 않는다 |

| | | |
|---|---|---|
| $(1, 2)$ | $2^2+1=1^3$ | 성립하지 않는다 |
| $(2, 2)$ | $2^2+2=2^3$ | 성립하지 않는다 |

"이렇게 $\mathbb{F}_3$ 위에서 방정식 $y^2=x^3-x$의 해는 세 개라는 사실을 알아냈어."

$$(x, y)=(0, 0), (1, 0), (2, 0)$$

"미르카 님, $\mathbb{F}_3$에서는 타원곡선이 그대로 유지되나요?"

"맞아. 방정식 $y^2=x^3-x$일 때 유한체로 떨어뜨리면 더 이상 타원곡선이 아닌 건 $\mathbb{F}_2$ 때뿐이야. 설명은 생략할게."

"유한체로 '떨어뜨린다는 것'은, 그러니까……."

용어가 신경 쓰이는 테트라가 물었다.

"올바른 용어는 **환원**이라고 해. 유리수체 위의 타원곡선을 유한체 위로 옮기는 걸 환원이라고 하거든. 소수 $p$로 타원곡선을 환원해도 중근이 생기지 않는다면 '$p$에서 **좋은 환원**을 가진다'라고 해. 반대로 중근이 생긴다면 '$p$에서 **나쁜 환원**을 가진다'라고 하지. 타원곡선 $y^2=x^3-x$는 2에서 나쁜 환원을 가져. $\mathbb{F}_2$에서 중근을 가지니까."

"'환원'이라고요? 화학용어 같네요." 테트라가 말했다.

"나쁜 환원에도 종류가 있어. $p$로 환원했을 때 중근이 이중근의 범위에 머무르는 경우 그 타원곡선은 '$p$에서 **곱셈 환원**을 가진다'라고 하고, 삼중근이 된다면 '$p$에서 **덧셈 환원**을 가진다'라고 해."

"복잡하다옹."

"그리고 어느 소수로 환원해도 '좋은 환원' 또는 '곱셈 환원'밖에 가지지 않을 때, 그 타원곡선을 **반안정** 타원곡선이라고 해."

"앗! 그건 혹시 와일즈가 증명한……." 나도 모르게 이런 말이 튀어 나왔다.

"맞아. 와일즈의 정리 '모든 반안정 타원곡선은 모듈러다'에 나온 '반안정'의 정의가 바로 이거야. 반안정 타원곡선이란 어떤 소수로 환원해도 중근은 고작 이중근에서 멈추는 타원곡선을 말하지."

### 유한체 $\mathbb{F}_5$

유한체 $\mathbb{F}_5 = \{0, 1, 2, 3, 4\}$의 연산표는 이렇게 돼.

| $+$ | 0 | 1 | 2 | 3 | 4 |
|---|---|---|---|---|---|
| 0 | 0 | 1 | 2 | 3 | 4 |
| 1 | 1 | 2 | 3 | 4 | 0 |
| 2 | 2 | 3 | 4 | 0 | 1 |
| 3 | 3 | 4 | 0 | 1 | 2 |
| 4 | 4 | 0 | 1 | 2 | 3 |

| $\times$ | 0 | 1 | 2 | 3 | 4 |
|---|---|---|---|---|---|
| 0 | 0 | 0 | 0 | 0 | 0 |
| 1 | 0 | 1 | 2 | 3 | 4 |
| 2 | 0 | 2 | 4 | 1 | 3 |
| 3 | 0 | 3 | 1 | 4 | 2 |
| 4 | 0 | 4 | 3 | 2 | 1 |

이번에는 $(x, y)$ 25가지를 하나하나 확인해 볼게.

| $(x, y)$ | $y^2 + x = x^3$ | 성립하는가? |
|---|---|---|
| $(0, 0)$ | $0^2 + 0 = 0^3$ | 성립한다 |
| $(1, 0)$ | $0^2 + 1 = 1^3$ | 성립한다 |
| $(2, 0)$ | $0^2 + 2 = 2^3$ | 성립하지 않는다 |
| $(3, 0)$ | $0^2 + 3 = 3^3$ | 성립하지 않는다 |
| $(4, 0)$ | $0^2 + 4 = 4^3$ | 성립한다 |
| $(0, 1)$ | $1^2 + 0 = 0^3$ | 성립하지 않는다 |
| $(1, 1)$ | $1^2 + 1 = 1^3$ | 성립하지 않는다 |
| $(2, 1)$ | $1^2 + 2 = 2^3$ | 성립한다 |
| $(3, 1)$ | $1^2 + 3 = 3^3$ | 성립하지 않는다 |
| $(4, 1)$ | $1^2 + 4 = 4^3$ | 성립하지 않는다 |
| $(0, 2)$ | $2^2 + 0 = 0^3$ | 성립하지 않는다 |
| $(1, 2)$ | $2^2 + 1 = 1^3$ | 성립하지 않는다 |

| | | |
|---|---|---|
| $(2, 2)$ | $2^2+2=2^3$ | 성립하지 않는다 |
| $(3, 2)$ | $2^2+3=3^3$ | 성립한다 |
| $(4, 2)$ | $2^2+4=4^3$ | 성립하지 않는다 |
| $(0, 3)$ | $3^2+0=0^3$ | 성립하지 않는다 |
| $(1, 3)$ | $3^2+1=1^3$ | 성립하지 않는다 |
| $(2, 3)$ | $3^2+2=2^3$ | 성립하지 않는다 |
| $(3, 3)$ | $3^2+3=3^3$ | 성립한다 |
| $(4, 3)$ | $3^2+4=4^3$ | 성립하지 않는다 |
| $(0, 4)$ | $4^2+0=0^3$ | 성립하지 않는다 |
| $(1, 4)$ | $4^2+1=1^3$ | 성립하지 않는다 |
| $(2, 4)$ | $4^2+2=2^3$ | 성립한다 |
| $(3, 4)$ | $4^2+3=3^3$ | 성립하지 않는다 |
| $(4, 4)$ | $4^2+4=4^3$ | 성립하지 않는다 |

이렇게 해서 $\mathbb{F}_5$ 위에 방정식 $y^2=x^3-x$의 해는 다음과 같이 7개라는 사실을 알았어.

$$(x, y)=(0, 0), (1, 0), (4, 0), (2, 1), (3, 2), (3, 3), (2, 4)$$

점의 개수는?

"이제 슬슬 직접 계산하고 싶어졌지? 유한체 $\mathbb{F}_p$ 위에서 방정식 $y^2=x^3-x$의 해의 개수를 $s(p)$라고 표현할게."

$$s(p)=(\text{유한체 } \mathbb{F}_p \text{ 위에서 방정식 } y^2=x^3-x\text{의 해의 개수})$$

"이미 $s(2), s(3), s(5)$에 대해서는 알아봤어. 다음 표의 빈칸을 채워 볼까?"

| $\mathbb{F}_p$ | $\mathbb{F}_2$ | $\mathbb{F}_3$ | $\mathbb{F}_5$ | $\mathbb{F}_7$ | $\mathbb{F}_{11}$ | $\mathbb{F}_{13}$ | $\mathbb{F}_{17}$ | $\mathbb{F}_{19}$ | $\mathbb{F}_{23}$ ⋯ |
|---|---|---|---|---|---|---|---|---|---|
| $s(p)$ | 2 | 3 | 7 | | | | | | |

"나눠서 해 보자. 유리는 $\mathbb{F}_7$과 $\mathbb{F}_{11}$. 테트라는 $\mathbb{F}_{13}$과 $\mathbb{F}_{17}$. 그리고 넌 $\mathbb{F}_{19}$과 $\mathbb{F}_{23}$이야."

"미르카 님은?" 유리가 물었다.

"낮잠 좀 잘게. 끝나면 깨워 줘." 미르카는 그렇게 말하고 눈을 감았다.

미르카를 제외한 우리는 묵묵히 유한체 계산을 했다. 타원곡선 $y^2=x^3-x$를 만족하는 점이 유한체 $\mathbb{F}_p$ 중에 몇 개 있는지 구하는 것이다.

$p$가 클수록 시간이 걸리기는 하지만 계산 자체는 그렇게 힘들지 않았다. 나는 계산하면서 미르카를 흘끔흘끔 쳐다봤다. 의자에 등을 기대고 앉아 눈을 감고 있는 미르카의 모습을 보니 진짜 잠들었는지 숨소리가 규칙적이다.

옆에 있던 테트라가 나를 쿡쿡 찔렀다.

"선배, 얼른 계산하세요."

점의 개수를 구한 후에 우리는 서로의 유한체를 교환해서 검산을 했다. 계산 실수는 내가 1개, 테트라가 3개, 유리가 0개였다.

"유리 정말 대단하네……." 테트라가 말했다.

"냐하하!"

"그럼 여왕님을 깨워 볼까?"

### 프리즘

"수열 $s(p)$ 표를 다 만들었어."

눈을 뜬 미르카는 바로 설명을 시작했다.

| $\mathbb{F}_p$ | $\mathbb{F}_2$ | $\mathbb{F}_3$ | $\mathbb{F}_5$ | $\mathbb{F}_7$ | $\mathbb{F}_{11}$ | $\mathbb{F}_{13}$ | $\mathbb{F}_{17}$ | $\mathbb{F}_{19}$ | $\mathbb{F}_{23}$ | $\cdots$ |
|---|---|---|---|---|---|---|---|---|---|---|
| $s(p)$ | 2 | 3 | 7 | 7 | 11 | 7 | 15 | 19 | 23 | $\cdots$ |

"우리는 타원곡선의 세계를 잠깐 거닐었어. $y^2=x^3-x$라는 타원곡선을 예로 들어서 유한체 $\mathbb{F}_p$에서 해의 개수를 셌어."

"$s(p)$에는 어떤 의미가 있나요?" 테트라가 손을 들고 물었다.

"소수처럼 생겼다옹."

"이 수열 $s(p)$는 타원곡선 $y^2=x^3-x$의 한 측면을 나타낸 거야. 무수히 많은 유한체를 사용해서 다양한 각도로 타원곡선을 보는 거지."

"프리즘 같아요! 햇빛을 프리즘에 통과시키면 무수히 많은 색으로 나뉘는데, 그 색을 전부 다 합치면 원래의 빛으로 돌아가죠. 왠지 그거랑 비슷하지 않나요? 유리수체 $\mathbb{Q}$가 햇빛이고 유한체 $\mathbb{F}_p$가 소수 $p$마다 색을 나타내고……." 테트라가 말했다.

"그 비유, 나쁘지 않은데? '타원곡선의 세계'는 이쯤 해 두고, 이번에는 초콜릿 무스를 먹으면서 '보형 형식의 세계'로 가 보자." 미르카가 말했다.

"초콜릿 무스라니?"

"지금 유리가 사러 갈 거야."

미르카에게 돈을 건네받은 유리는 포니테일을 찰랑거리며 디저트 코너로 달려갔다.

## 5. 보형 형식의 세계

### 형식 유지하기

초콜릿 무스를 먹고 나자 미르카는 보형 형식 이야기를 시작했다.

"아래 함수 $\Phi(z)$는 매우 흥미로운 성질을 가졌어."

$$\Phi(z)=e^{2\pi iz}\prod_{k=1}^{\infty}(1-e^{8k\pi iz})^2(1-e^{16k\pi iz})^2$$

"여기서 변수인 $z$는 복소수를 암시하는데…… 유리, 왜 그래?"

"미르카 님……. 이 수식은 전혀 모르겠어요."

"오빠가 간단히 설명해 줄 거야."

미르카가 나를 봤다. 매번 갑자기 화살을 돌린다니까.

"아……. 저기, 유리야. 이런 복잡한 수식을 봤을 때는 '전혀 모르겠어'라고 생각하면 안 돼."

"사실 다 모르는 건 아니야. 우선 여기 문($\Pi$)처럼 생긴 기호를 모르겠어."

"이건 파이라고 해. 곱셈을 나타내는 기호야. 아래에 $k=1$이라고 쓰여 있고 위에는 $\infty$라고 쓰여 있지? 이건 변수 $k$를 $1, 2, 3, \cdots$으로 바꿔서 $\Pi$의 오른쪽에 있는 인자를 모두 곱한다는 뜻이야. ……알겠어?"

"모르겠어. 구체적으로 설명해 줘." 유리는 입을 삐죽거렸다.

"$\Pi$를 쓰지 않고 $\Phi(z)$를 나타내 보자. 무한 곱이 될 거야."

$$\begin{aligned}\Phi(z)&=e^{2\pi iz}\prod_{k=1}^{\infty}(1-e^{8k\pi iz})^2(1-e^{16k\pi iz})^2\\&=e^{2\pi iz}\times(1-e^{8\times1\pi iz})^2\times(1-{}^{16\times1\pi iz})^2\\&\times(1-e^{8\times2\pi iz})^2\times(1-{}^{16\times2\pi iz})^2\\&\times(1-e^{8\times3\pi iz})^2\times(1-{}^{16\times2\pi iz})^2\\&\times\cdots\end{aligned}$$

"$\Pi$라는 기호는 이제 알겠는데…… 너무 복잡하다옹." 유리가 말했다.

"말했잖아! 간단하게 쓰기 위해 $\Pi$를 쓰는 거라고."

"$\Phi(z)$는 **보형 형식**의 일종이야. 특히 **모듈러 형식**이라고 하는 것의 친구지." 미르카가 설명을 이어 받았다. "$a, b, c, d$는 정수이고 $ad-bc=1$을 만족하고 $c$는 32의 배수야. 또한 $z=u+vi$이며 $v>0$이라는 조건에서…… 다음과 같은 등식이 성립한다고 알려져 있어."

$$\Phi\left(\frac{az+b}{cz+d}\right)=(cz+d)^2\phi(z)$$

"보형…… 형식?"

유리가 뜻을 모르겠다는 듯 중얼거렸다.

"형식을 보호, 즉 유지한다는 거야. $\Phi\left(\frac{az+b}{cz+d}\right)=(cz+d)^2\Phi(z)$라는 식은 '$\Phi$를 통해 보면 $z$와 $\frac{az+b}{cz+d}$는 같은 형태로 보인다'라고 해석할 수 있어. $z \to \frac{az+b}{cz+d}$라는 변환이 일어나도 원래 형식을 유지하기 때문에 보형 형식이라고 해. 그래도 $(cz+d)^2$ 정도 어긋나긴 해. $(cz+d)^2$의 지수 2는 **무게**라고 하고, $\Phi(z)$는 '무게가 2인 보형 형식'이라고 해. 여기까지 알겠어?"

"이미지가 전혀…… 그려지지 않아요." 테트라가 머리를 감싸 쥐었다.

"흠……. 그럼 간단한 예를 들어 볼게. '$a$, $b$, $c$, $d$는 정수이고 $ad-bc=1$을 만족하고 $c$는 32의 배수'이니까, 예를 들어 $\begin{pmatrix} a & b \\ c & d \end{pmatrix}=\begin{pmatrix} 1 & 1 \\ 0 & 1 \end{pmatrix}$을 생각해 보자. 그러면……."

| | |
|---|---|
| $\Phi\left(\frac{az+b}{cz+d}\right)=(cz+d)^2\Phi(z)$ | $\Phi(z)$의 등식 |
| $\Phi\left(\frac{1z+1}{0z+1}\right)=(0z+1)^2\Phi(z)$ | $\begin{pmatrix} a & b \\ c & d \end{pmatrix}=\begin{pmatrix} 1 & 1 \\ 0 & 1 \end{pmatrix}$을 대입 |
| $\Phi(z+1)=\Phi(z)$ | 계산 |

"즉 $z+1$과 $z$는 $\Phi$를 통과시키면 동일시할 수 있어. 바꿔 말하자면 실수축 방향으로 주기 1인 함수가 된다는 거야."

"잘 모르겠지만…… 그렇군요." 테트라가 말했다.

"여기서 더 복잡해지면 머리에서 연기가 날 것 같아요." 유리가 말했다.

"그럴 일은 없어. 이제부터 $\Phi(z)$를 간단하게 만들어 볼게."

미르카는 미소를 지으며 유리의 머리에 손을 올렸다.

### $q$ 전개

"함수 $\Phi(z)$의 정의식을 자세히 살펴보자." 미르카가 말을 이어 나갔다.

$$\Phi(z)=e^{2\pi iz}\prod_{k=1}^{\infty}(1-e^{8k\pi iz})^2(1-e^{16k\pi iz})^2$$

"여기서 $e^{2\pi iz}$이라는 식이 무수히 생겨난다는 사실을 알 수 있겠지? 그래서 $q$를 아래와 같이 정의할게."

$$q=e^{2\pi iz} \qquad \text{(q의 정의)}$$

"이제 $q$를 써서 $\Phi(z)$를 나타낼 수 있어. 이건 테트라가 한번 해 볼래?"

"어…… 제가요?"

테트라는 "그렇구나, 지수법칙……"이라고 말하면서 잠시 생각했다.

"이런 건가요……."

$$\Phi(z)=q\prod_{k=1}^{\infty}(1-q^{4k})^2(1-q^{8k})^2$$

"식 변형은 어렵지 않았어요. 그리고 지수법칙만 사용했어요."

$$\begin{aligned}
e^{2\pi iz}&=q\\
e^{8k\pi iz}&=(e^{2\pi iz})^{4k}=q^{4k}\\
e^{16k\pi iz}&=(e^{2\pi iz})^{8k}=q^{8k}
\end{aligned}$$

"좋아. 이렇게 $q=e^{2\pi iz}$를 써서 나타내는 걸 $q$ 전개라고 해. 여기부터는 $q$에만 주목하자." 미르카가 말했다.

### $\mathrm{F}(q)$에서 수열 $a(k)$로

"$\Phi(z)$를 잊고 $q$에 주목하기 위해 다시 $\mathrm{F}(q)$라는 이름을 붙일게."

$$\begin{aligned}
\mathrm{F}(q)&=q\prod_{k=1}^{\infty}(1-q^{4k})^2(1-q^{8k})^2\\
&=q(1-q^4)^2(1-q^8)^2
\end{aligned}$$

$$(1-q^8)^2(1-q^{16})^2$$
$$(1-q^{12})^2(1-q^{24})^2$$
$$\cdots$$

"$\mathrm{F}(q)$ 전체는 '곱의 꼴'을 하고 있어. 이제부터 이 $\mathrm{F}(q)$를 '합의 꼴'로 나타내려고 해. 유리, 곱을 합으로 바꾸는 걸 뭐라고 할까?"

"모르겠…… 아, 혹시 전개라고 하나요?"

"맞아. $\mathrm{F}(q)$를 전개하려고 해. 수식 마니아인 오빠가 제격이겠는데."

"잠깐만. $\mathrm{F}(q)$는 무한곱이야……. $q^1$부터 $q^{29}$까지의 계수가 맞으면 돼. 지수가 30 이상인 항은 무시해. 함수로서의 수렴도 무시. 형식적인 멱급수로 계산하는 거야." 내가 말했다.

세 여자가 지켜보는 가운데 수식을 전개하려니까 꽤 긴장이 되는군……. 잠시 어떻게 계산을 할지 생각하다가 일단 부딪쳐 보기로 했다. $q^{29}$까지만 하면 되니까 30차 이상의 항은 계산 중간에 무시하면 되겠지. 그럼 30차 이상의 항은 생략하고 $\mathrm{Q}_{30}$이라고 쓰기로 하자.

$$\mathrm{F}(q)=q\prod_{k=1}^{\infty}(1-q^{4k})^2(1-q^{8k})^2$$

$k=1$일 때의 인수를 $\Pi$ 앞으로 꺼낸다.

$$=q(1-q^4)^2(1-q^8)^2\prod_{k=2}^{\infty}(1-q^{4k})^2(1-q^{8k})^2$$

제곱 부분을 전개한다.

$$=q(1-2q^4+q^8)(1-2q^8+q^{16})\prod_{k=2}^{\infty}(1-q^{4k})^2(1-q^{8k})^2$$

$q$를 괄호 안에 넣는다.

$$=(q-2q^5+q^9)(1-2q^8+q^{16})\prod_{k=2}^{\infty}(1-q^{4k})^2(1-q^{8k})^2$$

처음에 나온 두 인수를 곱한다.

$$=(q-2q^5-q^9+4q^{13}-q^{17}-2q^{21}+q^{25})\times\prod_{k=2}^{\infty}(1-q^{4k})^2(1-q^{8k})^2$$

후……. 계속 해 보자.

$$\begin{aligned}
\mathrm{F}(q)&=(q-2q^5-q^9+4q^{13}-q^{17}-2q^{21}+q^{25})\\
&\quad\times(1-q^8)^2\,(1-q^{16})^2\prod_{k=3}^{\infty}(1-q^{4k})^2(1-q^{8k})^2\\
&=(q-2q^5-3q^9+8q^{13}-8q^{21}+8q^{25}-8q^{29}+\mathrm{Q}_{30})\\
&\quad\times\prod_{k=3}^{\infty}(1-q^{4k})^2(1-q^{8k})^2\\
&=(q-2q^5-3q^9+6q^{13}+4q^{17}-2q^{21}-9q^{25}-6q^{29}+\mathrm{Q}_{30})\\
&\quad\times\prod_{k=4}^{\infty}(1-q^{4k})^2(1-q^{8k})^2\\
&=(q-2q^5-3q^9+6q^{13}+2q^{17}+2q^{21}-3q^{25}-18q^{29}+\mathrm{Q}_{30})\\
&\quad\times\prod_{k=5}^{\infty}(1-q^{4k})^2(1-q^{8k})^2\\
&=(q-2q^5-3q^9+6q^{13}+2q^{17}+q^{25}-12q^{29}+\mathrm{Q}_{30})\\
&\quad\times\prod_{k=6}^{\infty}(1-q^{4k})^2(1-q^{8k})^2\\
&=(q-2q^5-3q^9+6q^{13}+2q^{17}-q^{25}-8q^{29}+\mathrm{Q}_{30})\\
&\quad\times\prod_{k=7}^{\infty}(1-q^{4k})^2(1-q^{8k})^2
\end{aligned}$$

$\prod_{k=8}^{\infty}(1-q^{4k})^2(1-q^{8k})^2$는 30차 이상의 항만 만들어 내니까 $k=8$부터는 전개하지 않아도 된다.

$$\begin{aligned}
\mathrm{F}(q)&=(q-2q^5-3q^9+6q^{13}+2q^{17}-q^{25}-8q^{29}+\mathrm{Q}_{30})\\
&\quad\times(1-q^{28})^2(1-q^{56})^2\prod_{k=8}^{\infty}(1-q^{4k})^2(1-q^{8k})^2\\
&=(q-2q^5-3q^9+6q^{13}+2q^{17}-q^{25}-10q^{29}+\mathrm{Q}_{30})\\
&\quad\times\prod_{k=8}^{\infty}(1-q^{4k})^2(1-q^{8k})^2
\end{aligned}$$

◆◆◆

"됐다. 이거면 됐지?" 내가 말했다.

$$F(q)=q-2q^5-3q^9+6q^{13}+2q^{17}-q^{25}-10q^{29}+\cdots$$

미르카가 고개를 끄덕였다.

"$q^k$의 계수를 $a(k)$라고 부르기로 하자. $F(q)$를 수열 $a(k)$의 **모함수**라고 간주하는 거야. 계수를 분명하게 써서……."

$$F(q)=1q-2q^5-3q^9+6q^{13}+2q^{17}-1q^{25}-10q^{29}+\cdots$$

"이걸 표로 정리할게."

| $k$ | 1 | 5 | 9 | 13 | 17 | 25 | 29 | $\cdots$ |
|---|---|---|---|---|---|---|---|---|
| $a(k)$ | 1 | $-2$ | $-3$ | 6 | 2 | $-1$ | $-10$ | $\cdots$ |

"$F(q)$는 수열 $a(k)$에서 복원할 수 있어. 즉 수열 $a(k)$에는 $F(q)$에 대한 정보가 유전자처럼 들어 있는 거야. 자, 이제 드디어 타원 함수와 보형 형식의 세계를 연결하는 '다니야마-시무라의 정리'에 대해 얘기해 보자."

## 6. 다니야마-시무라의 정리

### 두 개의 세계

"우리는 오늘 두 개의 세계를 달려왔어. '타원곡선의 세계'에서는 타원곡선 $y^2=x^3-x$로 수열 $s(p)$를 만들었어. '보형 형식의 세계'에서는 보형 형식 $\Phi(z)$로 $F(q)$를 만들고, 거기서 수열 $a(k)$를 만들었어. 다니야마-시무라의 정리는 이 두 세계가 대응한다는 주장이야."

타원곡선의 예          보형 형식의 예

$$y^2 = x^3 - x \rightarrow s(p) \quad (?) \quad a(k) \leftarrow q \prod_{k=1}^{\infty} (1-q^{4k})^2 (1-q^{8k})^2$$

"두 수열 $s(p)$와 $a(k)$를 표로 정리해 보자."

| $\mathbb{F}_p$ | $\mathbb{F}_2$ | $\mathbb{F}_3$ | $\mathbb{F}_5$ | $\mathbb{F}_7$ | $\mathbb{F}_{11}$ | $\mathbb{F}_{13}$ | $\mathbb{F}_{17}$ | $\mathbb{F}_{19}$ | $\mathbb{F}_{23}$ | $\cdots$ |
|---|---|---|---|---|---|---|---|---|---|---|
| $s(p)$ | 2 | 3 | 7 | 7 | 11 | 7 | 15 | 19 | 23 | |

| $k$ | 1 | 5 | 9 | 13 | 17 | 25 | 29 | $\cdots$ |
|---|---|---|---|---|---|---|---|---|
| $a(k)$ | 1 | $-2$ | $-3$ | 6 | 2 | $-1$ | $-10$ | $\cdots$ |

소수에 주목해서 하나의 표로 정리하면 두 세계가 연결돼.

**문제 10-2** 타원곡선과 보형 형식에 다리 놓기:
수열 $s(p)$와 수열 $a(p)$의 관계를 찾아라.

| $p$ | 2 | 3 | 5 | 7 | 11 | 13 | 17 | 19 | 23 | $\cdots$ |
|---|---|---|---|---|---|---|---|---|---|---|
| $s(p)$ | 2 | 3 | 7 | 7 | 11 | 7 | 15 | 19 | 23 | $\cdots$ |
| $a(p)$ | 0 | 0 | $-2$ | 0 | 0 | 6 | 2 | 0 | 0 | $\cdots$ |

"어? 알아냈어요." 유리가 말했다.

"미르카 선배, 저도 알아냈어요." 테트라가 말했다.

물론 나도 바로 알았다. $s(p)$는 타원함수에서 나온 수열. $a(p)$는 보형 형식에서 나온 수열. 그런데…… 왜 이렇게 간단한 관계가 될까?

나는 타원곡선과 보형 형식을 내가 다룰 수 있다는 사실에 놀랐다. 유한체나 $q$ 전개 계산을 내가 직접 시도할 수 있다니……. 애초에 미르카가 시작했기 때문에 가능했던 것인지도 모르지만.

"뭐 해? 빨리 대답해 봐, 유리." 미르카가 말했다.

"아, 수열 $s(p)$와 수열 $a(p)$ 사이에는 $s(p)+a(p)=p$라는 관계가 있어요. 하지만…… 정말 신기해요!"

(풀이 10-2) 타원곡선과 보형 형식에 다리 놓기:

수열 $s(p)$와 수열 $a(p)$ 사이에는 이러한 관계가 있다.

$$s(p)+a(p)=p$$

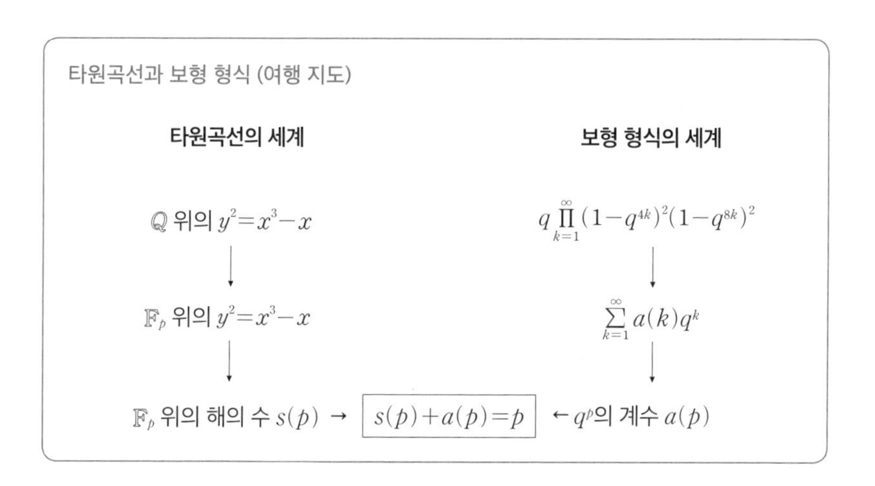


"타원곡선과 보형 형식은 완전히 다른 유래를 가지고 있어. 그런데 깊숙한 곳에서 관련이 있지. 우리는 한 예를 통해 그 사실에 접근했어. 타원곡선과 보형 형식 사이에 다리를 놓은 거지. 이런 대응이 모든 타원곡선에 대해 존재해. 이게 다니야마-시무라의 정리야. 타원곡선과 보형 형식이라는 두 세계를 연결하는 다리는 **제타**로 이루어져 있어." 미르카가 말했다.

"제타?" 내가 되물었다.

"그건 다음 기회에 얘기할게. 지금은 프라이 곡선 얘기를 하고 싶어."

### 프라이 곡선

프라이는 '페르마의 마지막 정리가 성립하지 않는다'라고 가정했을 때, 어떤 타원곡선을 구성할 수 있다는 사실을 알아차렸어. 이 타원곡선을 **프라이 곡선**이라고 해.

페르마의 마지막 정리가 성립하지 않는다고 하면 어떤 두 수를 골라도 서로소인 자연수 $a, b, c$와 3 이상의 소수 $p$가 존재하기 때문에 다음 식을 만족해.

$$a^p + b^p = c^p$$

프라이 곡선은 이 자연수 $a, b$를 써서 구성해.

$$y^2 = x(x+a^p)(x-b^p) \qquad \text{(프라이 곡선)}$$

### 반안정

"그럼 프라이 곡선이 반안정이라는 사실을 확인해 보자. 이제부터 환원에서 쓰는 소수를 $l$로 표시하도록 할게. 이건 프라이 곡선 $y^2=x(x+a^p)(x-b^p)$에 나오는 $p$와 헷갈리지 않기 위해서야. 자, 보자. 타원곡선이 '반안정'이라는 건 소수 $l$로 타원곡선을 복원했을 때 '좋은 환원' 아니면 '곱셈 환원'이 된다는 뜻이야. 바꿔 말하면, 타원곡선의 방정식 $y^2=x^3+ax^2+bx+c$를 유한체 $\mathbb{F}_l$ 위에서 생각했을 때, $x^3+ax^2+bx+c=0$이 중근을 가지지 않든지(좋은 환원), 중근은 가지지만 이중근에서 멈추든지(곱셈 환원) 둘 중 하나가 된다는 것. 즉, 삼중근을 가지지 않는다는 뜻이야."

여기서 미르카는 3초 정도 쉬었다가 다시 말을 이었다.

"프라이 곡선은 소수 $l$로 환원했을 때 삼중근을 가지지 않아. 왜냐하면 소수 $l$로 환원했을 때 삼중근을 가진다는 것은 3개의 해 $x=0, -a^p, b^p$이 소수 $l$을 법으로 했을 때, 합동이 된다는 말이거든. 이때 0은 $l$의 배수를 뜻해. 그렇다는 건 $a^p, b^p$이라는 두 수가 모두 $l$의 배수가 될 필요가 있다는 거야. 하지만 $a \perp b$이기 때문에 $a$와 $b$에 공통 소인수는 없어. 즉 $-a^p, b^p$이라는 두 수 모두 $l$의 배수가 될 일은 없지. 따라서 프라이 곡선은 중근을 가진다 해도 이

중근에 그치고 말지. 그 말은 프라이 곡선이 반안정이 된다는 뜻이야.

와일즈는 '반안정 타원곡선은 모듈러다'라는 정리를 증명했어. 타원곡선이 **모듈러**라는 건 그 타원곡선이 모듈러 형식이라는 보형 형식의 일종에 대응한다는 뜻이야. 이른바 '와일즈의 정리'는 반안정 타원곡선과 보형 형식을 연결하는 다리지. 이를 사용해서 반안정 프라이 곡선은 보형 형식과 대응할 수 있어. 보형 형식에는 '레벨'이라 불리는 수를 정의할 수 있는데, **세르와 리벳**은 프라이 곡선이 '무게가 2이고 레벨이 2인 보형 형식'이라고 대응했어. 하지만 보형 형식의 이론에 따르면 '무게가 2이고 레벨이 2인 보형 형식은 존재하지 않는다'라는 사실이 증명되었어. 여기서 모순이 발생하지.

정리하자면 이런 거야. 페르마의 마지막 정리가 성립하지 않는다고 가정하면 프라이 곡선을 만들 수 있어. 이건 '타원곡선의 세계'일 때 얘기야. 프라이 곡선이라는 티켓을 꼭 쥐고 와일즈의 정리라는 다리를 건너 '보형 형식의 세계'로 이동하는 거야. 거기에는 프라이 곡선에 대응하는 보형 형식이 존재해야 하는데 거기서 기다리고 있는 것은 '그러한 보형 형식은 존재하지 않는다'라는 사실이었어. 왜냐고? 처음의 가정, '페르마의 마지막 정리가 성립하지 않는다'라는 사실이 거짓이기 때문이야."

테트라가 조용히 손을 들고 말했다.

"이상한 질문일지도 모르겠는데…… 왜 무게가 2이고 레벨이 2인 보형 형식은 존재하지 않는 건가요?"

"테트라, 아주 좋은 질문이야. 하지만…… 그 뒷이야기는 바로 설명할 수 없어. 이제부터는 '아리아드네의 실타래'(미궁을 빠져나가는 실)를 준비해야만 타원곡선이나 보형 형식을 비롯한 수학의 숲으로 들어갈 수 있거든. 언젠가 같이 가자."

미르카는 우리를 향해 양팔을 넓게 벌렸다.

마치 천사의 날개처럼.

◆◆◆

"실례지만, 곧 문 닫을 시간이에요."

카페 종업원이 다가와 말했다. 정신 차려 보니 가게에는 우리 네 명뿐이었다. 메모지가 테이블 위에 흩어져 있었다.

"이제 그만 가자." 내가 말했다.

"미르카 선배, 감사합니다." 테트라가 인사를 했다.

"재미있었어요. 미르카 님." 유리가 말했다.

"정말 대단했어." 나도 덩달아 말했다.

"흠…… 그래?"

미르카는 쑥스러운지 시선을 피했다.

"다음에는 뒤풀이 때 미르카 님을 만날 수 있겠네요. 기대된다옹!"

"다음 주 토요일." 내가 말했다.

"뒤풀이 전에 기말시험이라는 게 있어요!" 테트라가 양손을 들고 말했다.

## 7. 뒤풀이

### 집

기말시험이 끝나고 뒤풀이를 하기로 한 토요일 저녁, 모두 우리 집에 모였다.

"안녕하세요." 미르카가 인사하며 들어섰다.

"어서 와!"

미르카는 반갑게 맞이하는 엄마의 얼굴을 물끄러미 쳐다봤다.

"어머…… 왜 그러니?"

"아드님이랑 귀 모양이 똑같네요."

"시, 시, 실례합니다." 테트라가 긴장한 모습으로 나타났다.

"코트는 저쪽 옷걸이에 걸어 두렴."

"다 같이 몰려와서 죄송해요." 이어서 예예가 왔다.

"예예의 피아노 연주 많이 기대하고 있단다."

엄마의 표정이 즐거워 보인다.

"안녕?" 유리가 왔다.

"남친 안 데리고 왔어?" 예예가 놀렸다.

"필요 없다고요."

"자, 여러분. 거실에서 피자 먹자!"

엄마는 분주하게 세팅을 하신다. 그런데 언제 피자로 결정된 거지?

"주스는 다 채웠니? 그럼 건배!"

건배 선창까지 엄마가 하다니…….

"기말시험 어땠니?"

"저기, 엄마…… 엄마!"

말릴 틈도 없이 엄마는 벌써 애들에게 말을 걸고 계신다. 이것 참…….

### 제타 베리에이션

"그럼 시작해 볼까?"

예예가 피아노 쪽으로 향했다.

한 음. 그리고 또 한 음.

예예는 간격을 두고 건반 여기저기를 두드렸다. 나는 예예가 피아노 소리를 점검하는 줄 알았다. 그런데 아니었다. 건반을 좌우로 움직이는 손이 서서히 빨라지더니 불규칙적인 음 사이에 다른 음들이 채워졌다. 제각각이던 음들이 반복되면서 작은 패턴이 생기기 시작했다. 그러고는 무수히 많은 패턴이 얽혀 더 큰 패턴이 생겨났다.

흩어진 것들이 이어지는 모습이다!

나는 마치 커다란 바다에 던져져 있는 것 같았다. 파도, 파도, 파도, 계속 휘몰아치는 파도. 예예가 만들어 내는 소리는 넘실넘실 차올라 나를 두둥실 떠오르게 했다. 급물살에 밀려 방향 감각을 완전히 잃은 순간…… 나는 정적에 휩싸인 해변에 서서 밤하늘을 올려다보고 있었다. 그곳에는 파도 하나하나, 작은 물살의 움직임 하나하나에 호응하듯 무수히 많은 별이 반짝이고 있었다. 그렇다. 규칙이 있는 것 같기도 하고 없는 것 같기도 한…….

'별을 세는 사람과 별자리를 그리는 사람 중에 오빠는 어느 쪽이야?'

정신을 차려 보니 예예의 연주는 어느새 끝나 있었다.

3초간 정적이 흐르다가 뜨거운 박수가 쏟아졌다.

우리 집 피아노도 이런 소리를 낼 수 있다니!

"대단해……. 정말 대단해요! 무슨 곡이에요?" 테트라가 물었다.

"미르카가 작곡한 제타 베리에이션." 예예가 말했다.

"제타 변주곡……인가요?" 테트라가 말했다.

"맞아. 수학에 널리 퍼져 있는 제타에서 따온 제목이야. 리만의 제타함수만 제타인 건 아니거든. 수많은 제타가 얽히고설키면서 존재하지." 미르카가 말했다.

"그러고 보니 다니야마-시무라의 정리에서 두 세계를 잇는 건 '제타'라고 했죠." 테트라가 말했다.

"그랬지. 간단히 설명할게. 타원곡선 $\mathbb{E}$에 대해 좋은 환원이 되는 소수를 써서 함수 $L_E(s)$를 정의하는 거야."

$$L_E(s) = \prod_{\text{좋은 환원이 되는 소수 } p}^{\infty} \frac{1}{1 - \frac{a(p)}{p^2} + \frac{p}{p^{2s}}}$$

"이 곱을 아래와 같은 형식적 급수로 표현해."

$$L_F(s) = \sum_{k=1}^{\infty} \frac{a(k)}{k^2}$$

"이 수열 $a(k)$를 사용해서 아래와 같은 $q$ 전개의 형태를 만들어."

$$F(q) = \sum_{k=1}^{\infty} a(k) q^k$$

"그러면 $F(q)$는 무게가 2인 보형 형식이 돼. $L_E(s)$는 타원곡선이라는 대수적 대상으로 이어지는 제타야. $L_F(s)$는 보형 형식이라는 해석적 대상으로 이어지는 제타이고. 모든 타원곡선에는 제타를 매개로 이어지는 보형 형식이 존재해. 이게 다니야마-시무라의 정리야."

대수적 제타=해석적 제타

$$\prod_{\text{좋은 환원이 되는 소수 } p}^{\infty} \frac{1}{1-\frac{a(p)}{p^2}+\frac{p}{p^{2s}}} = \sum_{\text{자연수 } k}^{\infty} \frac{a(k)}{k^2}$$

"이제 오일러 곱과 리만의 제타함수를 보자. 이쪽에서는 '소수를 둘러싼 곱'과 '자연수를 둘러싼 합'이 같아. 잘 봐, 비슷하지?"

오일러 곱=리만의 제타함수

$$\prod_{\text{소수 } p}^{\infty} \frac{1}{1-\frac{1}{p^s}} = \sum_{\text{자연수 } k}^{\infty} \frac{1}{k^s}$$

"닮기는 닮았는데…… 둘 다 '제타'라는 건 어마어마하게 '대범한 동일시'군요." 테트라가 말했다.

"저기, 유리야. 이렇게 어려운 이야기 알아듣겠니?" 엄마가 속삭였다.

"아니요, 모르겠어요."

"수학이 무슨 도움이 될까……."

엄마는 한숨을 쉬셨다.

"무슨 도움이 되는지는 모르겠지만……. 전 수학을 좋아해요!"

◆◆◆

"마지막 한 조각 내가 먹어도 돼?"

내가 이렇게 말하고 피자를 향해 손을 뻗는 순간 유리가 '아!' 하고 탄성을 질렀다.

"먹고 싶어? ……그럼 먹어."

"고맙다옹."

"그러고 보니 미르카가 들려준 원시 피타고라스 수의 해법도 재미있었어."

"미르카 님의 해법? 오빠, 그건 어떤 문제야?"

나는 유리에게 '원시 피타고라스 수는 무수히 존재하는가'라는 문제를 설명하고 나와 미르카의 해법을 간략하게 요약해서 들려주었다.

### 생산적 고독

"조명을 조금만 어둡게 해 줄래?"

예예는 바흐의 곡을 조용한 재즈풍으로 연주하면서 조명 밝기를 부탁했다. 오늘 예예는 배경 음악을 맡기로 작정한 모양이다. 실내 분위기가 한결 부드럽고 편안해졌다.

"왜 와일즈는……. 혼자서 증명을 완성하려고 했을까요? 7년 동안이나 서재에 틀어박혀서. 정말 고독한 일이잖아요. 다 같이 머리를 맞대고 연구했다면 빨리 증명할 수 있을 텐데." 테트라가 말을 꺼냈다.

"자신의 꿈을 혼자서 실현하고 싶은 것 아니었을까? 하지만 와일즈도 모든 것을 다 혼자서 한 건 아니야. 수학은 쌓고 쌓는 학문이니까. 결국 그 어떤 천재도 제로부터 수학을 만든 게 아니야. 다른 사람이 완성한 무수히 많은 증명 위에 서 있는 거지." 미르카가 말했다.

"고독이라……. 유리는 '같이 생각하는 걸 좋아한다'고 자주 말하는데, 아이디어는 개인의 두뇌에서 생기는 거잖아. 서로 이야기를 나누면서 같이 생각한다고 해도 말이야." 내가 말했다.

어? 유리 어디 있지……. 둘러보니 방구석에서 뭔가를 쓰고 있다.

"출산이랑 똑같네."

차를 들고 들어오면서 엄마가 말하셨다.

"사랑하는 남편이 있고 의사 선생님도 있지만 아이를 낳는 사람은 오직 '엄마'잖아. 대신해 줄 사람은 아무도 없어. 아이에게도 엄마는 오직 한 사람뿐이지."

"고독한 사람은 편지를 쓰지. 마찬가지로 고독한 수학자는 논문을 써. 미래의 누군가에게 전하기 위해 논문이라는 이름의 편지라고 할 수 있지." 미르카가 말했다.

"쓴다는 것은 고독을 사라지게 해요." 테트라가 툭 내뱉었다. "바로 받아

주지는 않더라도 말을 전하는 건 참 중요해요."

"확실히 사뮤엘이 출판을 하지 않았더라면 페르마의 마지막 정리는 우리에게 전해지지 못했을지도 몰라."

"역사란 기적과 기적이 쌓여서 이루어지는 거군요." 테트라가 말했다.

### 유리의 아이디어

"오빠, 오빠!" 조용하던 유리가 갑자기 소리쳤다.

"일단 제곱수를 나열하는 거야!"

"대체 무슨 얘기야?"

기침을 한 번 하고 나서 유리는 입을 열었다.

"아까 말한 문제 '원시 피타고라스 수는 무수히 존재하는가' 말이야. 제곱수를 쭉 나열한 다음에 옆에 있는 수랑 뺄셈을 했더니 홀수만 계속 나오네."

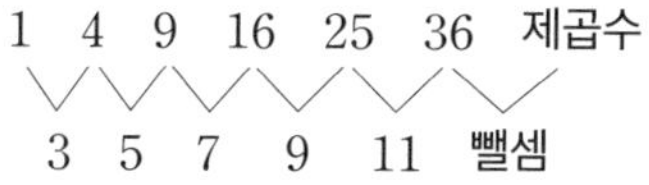

```
1   4   9   16   25   36   제곱수
 \/  \/  \/   \/   \/   \/
  3   5   7    9   11    뺄셈
```

"그걸 계차수열이라고 해." 내가 말했다.

"유리, 너 정말 똑똑하다." 미르카가 말했다.

미르카는 뭐에 감탄한 걸까?

"미르카 님은 벌써 내 생각을 읽으셨다옹. 뺄셈 부분…… 계차수열? 아무튼 뺄셈을 할 때마다 모두 홀수가 나오니까 홀수의 제곱수도 나오잖아. 예를 들면 이 수열에서도 9라는 홀수의 제곱수가 나왔어. $3^2=9$이니까 9는 제곱수야. 즉 제곱수에 홀수의 제곱수를 더하면 다음 제곱수가 된다는 거잖아. 이건 무수히 많은 원시 피타고라스 수를 만드는 것 아니야?"

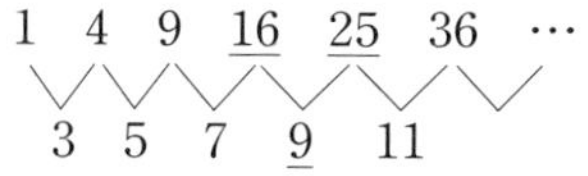

```
1   4   9   16   25   36   …
 \/  \/  \/   \/   \/   \/
  3   5   7    9   11
```

(16, 25, 9에 밑줄)

$$9 = 25 - 16 \quad \text{계차수열의 의미에서}$$
$$3^2 = 5^2 - 4^2 \quad \text{제곱의 꼴로 표현}$$
$$3^2 + 4^2 = 5^2 \quad \text{양변에 } 4^2 \text{을 더함}$$

"봐, 여기서는 원시 피타고라스 수$(3, 4, 5)$가 나왔어. 하지만 이건 우연히 발견한 게 아니야. 계차수열 부분에는 모든 홀수의 제곱수가 나와. 즉 이런 식으로 되어 있는 $(a, b, c)$가 무수히 발견된다는 뜻이지. 이제부터 어떻게 설명해야 할지 잘 모르겠지만……."

$$\begin{array}{ccccccc} \cdots & & a^2 & & c^2 & & \cdots \\ & \diagdown\diagup & & \diagdown\diagup & & \diagdown\diagup & \\ & \cdots & & b^2 & & \cdots & \end{array}$$

그렇구나. 유리의 방법으로 하면 무수히 존재하는 홀수의 제곱수에서 무수히 많은 원시 피타고라스 수를 구성할 수 있구나.

"정식화하기엔 약해. 게다가 서로소를 나타내지 않았고. 하지만 어떻게 생각을 풀어 나가야 하는지, 그 중요한 부분은 유리가 다 말했어." 미르카가 말했다.

"미르카 님…… 그다음을 부탁해도 될까요?" 유리가 말했다.

"바통은 오빠에게 넘기자." 미르카가 말했다.

"네, 네." 나는 설명을 시작했다.

◆◆◆

이제부터 원시 피타고라스 수가 무수히 존재한다는 사실을 보여줄게.

일단 제곱수의 열을 준비해.

$$\cdots, (2k)^2, (2k+1)^2, \cdots$$

계차수열은 $(2k+1)^2 - (2k)^2$를 계산해서 구할 수 있어.

$$\begin{aligned}(2k+1)^2-(2k)^2&=(4k^2+4k+1)-(2k)^2 && (2k+1)^2\text{을 전개}\\ &=(4k^2+4k+1)-4k^2 && (2k)^2\text{을 전개}\\ &=4k+1 && \text{계산해서 }4k^2\text{이 지워짐}\end{aligned}$$

즉, 이런 거야.

$$\cdots \quad \underline{(2k)^2} \quad \underline{(2k+1)^2} \quad \cdots$$

$$\cdots \quad \underline{4k+1} \quad \cdots$$

지금 얻은 $4k+1$이라는 식은 $k$에 적당한 수를 넣으면 홀수의 제곱수가 돼. $4k+1=(2j-1)^2$, 즉 $b=2j-1$로 두고 구체적으로 생각하자.

$$\begin{aligned}4k+1&=(2j-1)^2 && \text{홀수의 제곱수로 표현}\\ &=4j^2-4j+1 && \text{전개}\\ &=4j(j-1)+1 && \text{4j로 묶음}\end{aligned}$$

즉 $k=j(j-1)$이라고 하면 $4k+1$은 제곱수가 돼. $j=2$라면 $k=2$이고, 그때 $4k+1=9=3^2$이 돼. 그러니까 $j=2$이고 $(a, b, c)=(4, 3, 5)$라는 피타고라스 수를 얻게 돼.

$j=3$일 때 $k=6$이 되고, $(a, b, c)=(12, 5, 13)$이 되고,

$j=4$일 때 $k=12$가 되고, $(a, b, c)=(24, 7, 25)$가 되는 거야.

$j$를 늘리면 피타고라스 수를 무수히 만들 수 있다.

이제 만들어진 피타고라스 수가 원시 피타고라스 수가 되는지 표시하면 돼. 이를 위해 $(a, b, c)$ 중에 어떤 두 수를 조합해도 서로소라는 사실을 증명할게.

$c=a+1$이니까 $c\perp a$가 확실하지. 왜냐하면 $c$와 $a$라는 두 수가 공통 소인수 $p$를 가졌다면, $c-a$는 $p$의 배수가 될 테니까. 하지만 $c-a$는 1과 같아. 그래서 $c$와 $a$는 서로소가 돼.

이제 $b \perp c$를 증명할게. $b$와 $c$의 최대공약수를 $g$라 하고, $b=g\mathrm{B}$, $c=g\mathrm{C}$라고 놓을게.

| | |
|---|---|
| $a^2+b^2=c^2$ | $a, b, c$는 피타고라스 수이므로 |
| $a^2=c^2-b^2$ | $b^2$을 이항 |
| $a^2=(g\mathrm{C})^2-(g\mathrm{B})^2$ | $b=g\mathrm{B}$, $c=g\mathrm{C}$를 대입 |
| $a^2=g^2\mathrm{C}^2-g^2\mathrm{B}^2$ | 계산 |
| $a^2=g^2(\mathrm{C}^2-\mathrm{B}^2)$ | $g^2$으로 묶음 |

마지막 식 $a^2=g^2(\mathrm{C}^2-\mathrm{B}^2)$에서 $a^2$는 $g^2$의 배수야. 즉 $a$는 $g$의 배수가 되지. 그런데 $c=g\mathrm{C}$이니까 $c$도 $g$의 배수야. 그러니까 $g$는 $a$와 $c$의 공약수가 돼. 한편, $c \perp a$이니까 $a$와 $c$의 공약수 $g$는 1과 같아져.

$b$와 $c$의 최대공약수 $g$가 1과 같으니까 $b \perp c$라고 할 수 있지. 마찬가지로 $a \perp b$도 증명할 수 있어.

이상으로 무수히 많은 원시 피타고라스 수를 만들 수 있다는 사실을 증명했어.

◆◆◆

"선배! 이건 변의 차가 1인 직각삼각형이에요. 그게 단서가 아닐까 생각했거든요."

"그랬지." 나는 찾는 방법이 치우쳐 있는 줄로만 생각했다.

"난 똑똑한 애가 정말 좋더라. 유리, 이리 와 봐." 미르카가 말했다.

"네……?" 유리가 머뭇거리며 말했다.

"뽀뽀는 안 돼!" 나는 유리를 막았다.

### 우연이 아니라

예예의 피아노 연주를 듣고, 수다도 많이 떨고, 유리의 증명도 듣고……. 술도 없이 분위기에 취하는 기분이다. 나는 홀로 복도에 나와 '취기'를 떨쳤다.

후……. 벽에 기대어 그대로 주르륵 내려 앉았다. 정말이지 유리한테는 못

당하겠다. 나는 선생님인 양 '원시 피타고라스 수의 일반형'이나 '$t$로 매개 변수를 만드는 방법'을 유리에게 가르쳤다. 하지만 유리는 스스로 생각해서 자기 나름의 증명을 찾아냈다. 게다가 그건 테트라가 암시한 길이었다. 나는 테트라에게 걸림돌이었던 걸까? 얼마 전에 '교사로서 자격 미달'이라는 말을 미르카가 내게 한 적이 있었지. 어쩐지 점점 의기소침해지는걸…….

그때 테트라가 방에서 나왔다.

"왜 그러세요, 선배? 기분이 안 좋으세요?"

걱정스러운 얼굴로 내 앞에 웅크리고 앉는 테트라에게서 달콤한 향기가 났다.

"아니, 혼자 반성 좀 하고 있었어."

"……그러고 보니 선배. 그 'M의 수수께끼' 풀었어요?"

이니셜 M의 수수께끼. 테트라의 액세서리.

"포기할래. 사랑의 크기만큼 벗어나 있다……고 했나?"

"$i$의 편각만큼 벗어나 있어요. 그 액세서리, M이 아니에요. M을 90° 왼쪽으로 돌리면 $\sum$가 되잖아요. 수학을 좋아하는 마음에 $\sum$를 갖고 싶었지만 M으로 대신했어요."

"시그마 액세서리를 파는 데가 있을 리가 없지."

"그리스에서는 팔지도 모르죠."

"그럼 누군가의 이니셜이 아니구나……."

"누군가라니…… 아, 미르카 선배의 M이라든가?"

"아, 아니……. 그러고 보니 도서실에서 숨바꼭질했을 때 난 아무말도 못했지만……."

내가 말을 꺼내자 테트라는 얼굴이 발그레해지더니 양손을 펼쳐 파닥파닥 흔들었다. 말하지 말라는 신호다. 나는 입을 다물었다.

"선배, 만남은 우연이라고들 하잖아요. 하지만 선배를 만난 건 우연이 아니라…… 기적이에요!"

테트라는 새빨간 얼굴로 그렇게 말하고는 재빨리 거실로 뛰어갔다.

고요한 밤, 거룩한 밤

"마지막으로 다 같이 노래를 부르자!" 엄마가 제안하셨다.

노래는 〈고요한 밤 거룩한 밤〉.

이제 곧 막을 내리려는 올해…… 여러 일들이 있었다. 수학의 역사에 비하면 나의 1년은 찰나일 뿐이지만, 나에게…… 우리에게는 더없이 소중한 한 해였다.

노래가 끝났다. 박수! 하나같이 빰이 붉어졌다.

"자, 그럼…… 다 같이 청소 타임!" 엄마가 말했다.

"공주님들은 우리 기사가 데려다줄 테니 안심하렴!" 엄마는 내 어깨를 두드리셨다.

"엄마…… 오늘 왜 그렇게 신이 나신 걸까?" 내가 말했다.

"너랑 똑같네." 미르카가 말했다.

## 8. 안드로메다에서도 수학을

청소가 끝나고 우리는 전철역으로 향했다. 이미 밖은 땅거미가 내렸다. 아쉽지만 밤하늘에 별은 보이지 않는다. 모두들 하얀 입김을 내뿜고 있다.

"유리가 한 새로운 증명, 정말 대단했어." 테트라가 말했다.

"테트라 언니한테 칭찬 받았다."

"그건 나도 놓쳤던 거였어."

"오빠…… 내 머리 쓰다듬는 걸 허락할게."

나는 유리의 갈색 머리를 쓰다듬었다.

"페르마의 마지막 정리에 대해 다른 방식의 증명은 없나요?" 테트라가 말했다.

"초등적인 증명은 없어." 앞서 걷고 있던 미르카가 뒤를 돌아보더니 말했다.

"……라는 게 수학자의 의견이야. 아마 맞을 거야. 하지만 조금 더 간단한 증명을 만들 수 있는 새로운 수학이 앞으로 나올지도 모르지."

'음수'를 발견한 것처럼?

'복소수'를 발견한 것처럼?

"그런 일이 일어날까요?" 테트라가 말했다.

"피타고라스의 정리를 반대로 사용하면 직각을 만들 수 있어. 이건 당시의 최첨단 테크놀로지야. 하지만 지금은 초등학교에서도 배우잖아. 이차방정식의 해법, 복소수, 행렬, 미적분…… 이 모든 것들이 예전에는 가장 새로운 것들이었어. 하지만 지금은 중학교와 고등학교에서 배우지. 그렇다면 '페르마의 마지막 정리의 증명'을 학교에서 배우는 날이 올지도 모르지."

"그렇구나……." 테트라가 고개를 끄덕였다.

"우리는 현재에만 살 수 있어." 미르카가 말을 이었다. 추워서 그런지 볼이 빨갛다. "하지만 역사라는 시간축 위에 흩뿌려진 무수한 수학이 '지금'이라는 한 점에 투영되어 있어. 우리는 그걸 배우는 거야."

투영? 나는 걸음을 멈추고 말았다. 미르카의 그 한마디에 나는 과거에서 미래로 이어지는 빛의 화살을 보는 것 같았다.

'진짜 모습'…… 은하수를 이루고 있는 별들이 '점점이 박혀 있다'니, 당치도 않다. 우리가 바라보는 별들은 어마어마하게 큰 행성이다. 별이 '모여 있다'라니, 당치도 않다. 몇 광년씩 떨어져 있지 않은가.

점점이 보이는 것이나 모여 있는 것처럼 보이는 것이나 투영의 마술이다. 우리는 우리의 망막에 투영된, 먼 과거에서 온 별의 그림자를 보고 있는 것이다. 지구에서 멀리 떨어진 별의 주민들이 바라보는 밤하늘에는 완전히 다른 별자리가 펼쳐져 있을 것이다.

수학은 어떤가. 만약 다른 별에 사는 이들에게도 '수를 세다'라는 개념이 있다면 '소수'라는 개념도 있지 않을까? '나누어떨어진다'는 것에 특별한 의미를 느끼지 않을까? 아마 '서로소'라는 개념도 있을 것이다. '합동'을 사용해서 무한을 접으려고 하지 않을까?

페르마의 마지막 정리는 수학에 가장 큰 공헌을 한 문제다. 수많은 수학자와 수많은 수학을 만들어냈다.

**다음 방정식은 $n \geqq 3$일 때 자연수 해를 가지지 않는다.**

$$x^n + y^n = z^n$$

페르마의 마지막 정리는 다른 별에서도 잘 보이는 유난히 밝은 별이다.

다윗의 별이 동방 박사를 이끌었듯이, 페르마의 마지막 정리는 수학에 뜻을 둔 사람들을 이끄는 이정표가 되었다. 와일즈 자신도 페르마의 마지막 정리를 만나 수학에 뜻을 두었다. 그가 열 살쯤 되었을 때다.

공간적 거리는 본질이 아니다. 시간적 거리도 본질이 아니다.

아무리 떨어져 있어도 좋다. 아무리 벌어져 있어도 좋다.

수학은 우주와 역사를 가로지르는 공통의 언어다.

"안드로메다에서도 수학을 하고 있을 거야." 내가 말했다.

앞서 걸어가던 네 명의 여학생이 일제히 뒤를 돌아봤다.

"오빠, 무슨 소리야?" 유리가 말했다.

"안드로메다에서도 수학을 하는 모습이 보였어." 내가 말했다.

"거기에도 도서실이 있나요?" 테트라가 미소 지었다.

"사는 별을 법으로 하여 우리와 합동인 외계인은 있었니?" 미르카가 말했다.

우리는 수학을 만났다. 우리는 수학을 통해 만났다.

할 수 있는 것도 있고, 할 수 없는 것도 있다. 아는 것도 있고, 모르는 것도 있다. 하지만 그것으로 충분하다. 수학을 즐기자. 시공을 뛰어넘는 친구들과 함께 별을 세고, 별자리를 그리자!

"아!" 테트라가 위를 가리켰다.

"흠……." 미르카가 미소 지으며 밤하늘을 올려다봤다.

"절묘한 타이밍이네." 예예가 휘파람을 불었다.

"오빠!" 유리가 외쳤다.

나는 하늘을 올려다봤다.

아, 하늘도……

하늘도 역시 수학을 즐기고 있어.

무수히 많은 정육각형의 결정체가 흩날리듯 떨어지고 있다.
"오빠, 눈 온다!"

(수학을 생생하게 받아들이려면)
공부한 것을 자신만의 방법으로 재편성해서 보고,
나아가 새로운 방법을 생각한다. 최소한 생각하려고 노력할 것,
한마디로 말하자면 '연구'라는 것이 가장 도움이 된다.
_다니야마 유타카

# 에필로그 수학, 그 무한의 세계에서

빛나는 은하수.

따뜻한 손.

희미하게 떨리는 목소리.

빛에 닿아 금색으로 보이는 갈색 머리…….

"선생님?"

"응?"

"선생님! 교무실에서 낮잠 주무시면 안 돼요."

소녀의 목소리.

"……안 잤어."

"$x^2+y^2=1$의 원 위에는 무수히 많은 유리수 점……."

소녀는 시를 읊듯이 말했다.

"정답. 두 번째 문제는?"

"$x^2+y^2=3$의 원 위에는 0개의 유리수 점."

"정답."

"원은 정말 심오하네요." 소녀는 웃으며 말했다.

"맞아. 무한이 엮이면 '진짜 모습'을 파악하기가 어려워. 봐, 페르마의 마지막 정리가 증명됐다는 소문이 20세기 말에 돌았잖아. 그것도 무한이 엮여 있었기 때문이야."

"소문이라뇨…… 실제로 증명됐어요."

불만스러운 목소리.

"응? 반례가 발견됐다는 이야기 모르니?"

소녀에게 카드를 건넸다.

"반례……라니요?"

페르마의 마지막 정리의 반례 (?)

$$951413^7+853562^7=1005025^7$$

$$\begin{aligned} &7056406135759420556613798029086379852067\,17 \\ &+3300999864183759232011403520822885432142\,08 \\ &=10357405999943179788625201549909265284209\,25 \end{aligned}$$

"거짓말 같은데…… 951413, 853562, 1005025의 일의 자리로 검산해 볼게요."

$$\begin{aligned} 951413^7 &\equiv 3^7 \equiv 2187 \equiv 7 && \pmod{10} \\ 853562^7 &\equiv 2^7 \equiv 128 \equiv 8 && \pmod{10} \\ 1005025^7 &\equiv 5^7 \equiv 78125 \equiv 5 && \pmod{10} \end{aligned}$$

"음, $7+8 \equiv 5 \pmod{10}$이니까, 확실히 다음 식이 되네요."

$$951413^7+853562^7 \equiv 1005025^7 \pmod{10}$$

잠시 후 소녀는 웃음을 터뜨렸다.

"선생님! 951413은 원주율 3.14159를 거꾸로 한 거잖아요! 농담이 너무 심한데요."

"눈치 챘구나……."

$$951413^7 + 853562^7 = \underline{10357}405999943179788625201549909265284209\underline{25}$$
$$1005025^7 = \underline{10357}097264618589680992322822351135253906\underline{25}$$

"이거 일부러 찾으신 거예요?"

"뭐, 그렇지."

"그런데 선생님, 벽에 붙어 있는 저건 별자리예요?"

"아니야. 이건 타원곡선 $y^2 = x^3 - x$를 23으로 환원했을 때의 점이야."

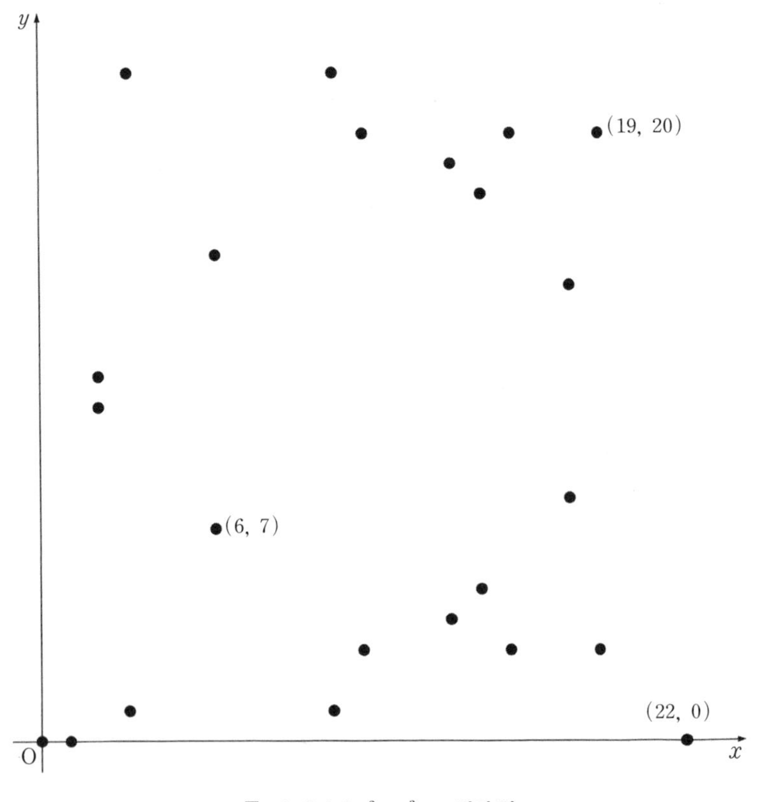


**$\mathbb{F}_{23}$에 대하여 $y^2 = x^3 - x$ 위의 점**

"뭔가 규칙성이 있는…… 건가?"

소녀는 뭐가 우스운지 또 다시 웃음을 퍼트렸다.

"직접 손으로 그려 보면 어떨까? 패턴을 찾을 수 있을지도 몰라."

"해 볼까…… 그럼 선생님, 내일 봬요!"

"그래. 차 조심하고."

"네! ……아, 오늘 밤에 눈이 온대요!"

"고마워."

"그럼 안녕히 계세요."

소녀는 손가락을 팔랑팔랑 흔들었다.

눈이라…….

나는 눈을 생각하고, 별을 생각하고, 무한을 생각했다. 그리고 소녀들을 생각했다.

실제로 나는 망설임 없이 똑똑히 말하고 싶다.
이 책에는 분명히 온갖 새로운 것들이 담겨 있지만,
그뿐 아니라 밖으로 흘러 나오는 샘물 또한 있으며
거기에서 더욱 눈에 띄는 발견이 있으리라는 것을.
_오일러

## 맺음말

맙소사, 데생을 더 잘하려면
공부를 해야겠네요.
마무리를 잘하기 위해서는
얼마나 큰 노력과 인내가 필요한 걸까요.
_에셔

유키 히로시입니다.

『미르카, 수학에 빠지다 2』를 여러분께 보내 드립니다.

이 책은 오일러 탄생 300주년을 기념하여 출간된 전작 『미르카, 수학에 빠지다 1』의 후속편입니다. 등장인물은 전작에 나왔던 '나', 미르카, 테트라 외에 이종사촌 유리가 추가되었습니다. 그리고 그 네 명을 중심으로 수학과 청춘 이야기가 펼쳐집니다.

전작은 수식이 많이 포함되어 있었는데도 많은 독자에게 사랑을 받았습니다. 저뿐만 아니라 출판사에서도 놀랄 만큼 큰 반응이었습니다. 여러분의 응원 덕분에 이렇게 속편을 내게 되었네요. 다시 한 번 감사드립니다.

이 책을 쓰는 동안, 등장인물들이 기쁨이나 놀라움을 느낄 때 저 역시 함께했습니다. 수학이란 대단하죠. 여러분들에게도 그런 느낌이 전해진다면 저는 정말 행복할 것 같습니다.

읽어 주셔서 감사합니다. 훗날 또 어딘가에서 다시 만나기를 바랍니다.

유키 히로시

책 한 권에 우주의 한 조각을 담는

신비로움을 생각하며

수학 걸 웹사이트 www.hyuki.com/girl

## 감수의 글

입학식이 끝나고 교실로 가는 시간이다. 나는 놀림감이 될 만한 자기소개를 하고 싶지 않아 학교 뒤쪽 벚나무길로 들어선다. “제가 좋아하는 과목은 수학입니다. 취미는 수식 전개입니다.”라고 소개할 수는 없지 않은가? 거기서 ‘나’는 미르카를 만난다. 이 책의 주요 흐름은 나와 미르카가 무라키 선생님이 내주는 카드를 둘러싸고 벌이는 추리다.

무라키 선생님이 주는 카드에는 식이 하나 있다. 그 식을 출발점으로 삼아 문제를 만들고 자유롭게 생각해 보는 일은 막막함에서 출발한다. 학교가 끝나고 도서관에서, 모두가 잠든 밤에는 집에서, 그 식을 찬찬히 뜯어보고 이리저리 돌려보고 꼼꼼히 따져 보다가 아주 조그만 틈을 발견한다. 그 틈을 비집고 들어가 카드에 적힌 식의 의미를 파악하고 정체를 벗겨 내는 일, 위엄을 갖고 향기를 발산하며 감동적일 정도로 단순하게 만드는 일. 그 추리를 완성하는 것이 ‘나’와 미르카가 하는 일이다. 카드에는 나열된 수의 특성을 찾거나 홀짝을 이용해서 수의 성질을 추측하는 나름 쉬운 것이 담긴 때도 있지만 대수적 구조인 군, 환, 체의 발견으로 이끄는 것이나 페르마의 정리의 증명으로 이끄는 묵직한 것도 있다.

빼어난 실력을 갖춘 미르카가 간결하고 아름다운 사고의 전개를 보여 준다면 후배인 테트라와 중학생인 유리는 수학을 어려워하는 독자를 대변하는 등장인물이다. 테트라와 유리가 깨닫는 과정을 따라가다 보면 ‘아하!’ 하며 무릎을 치게 된다. 그동안 의미를 명확하게 알지 못한 채 흘려보냈던 식의 의

미가 명료해지는 순간이다. 망원경의 초점 조절 장치를 돌리다가 초점이 딱 맞게 되는 순간과 같은 쾌감이 온다. 그래서 이 책은 수학을 좋아하고 즐기는 사람에게도 권하지만, 수학을 어려워했던, 수학이라면 고개를 절레절레 흔들었던 사람에게도 권하고 싶다. 누구에게나 '수학이 이런 거였어?' 하는 기억이 한 번쯤은 있어도 좋지 않은가? 더구나 10년도 더 전에 한 권만 소개되었던 책이 6권 전권으로 출간된다니 천천히 아껴 가면서 즐겨보기를 권한다.

남호영

# 미르카, 수학에 빠지다 ②

## 우연과 페르마의 정리

초판 1쇄 인쇄일 2022년 4월 14일
초판 1쇄 발행일 2022년 4월 24일

지은이 유키 히로시
옮긴이 김소영
펴낸이 강병철

펴낸곳 이지북
출판등록 1997년 11월 15일 제105-09-06199호
주소 10881 경기도 파주시 회동길 325-20
전화 편집부 (02)324-2347, 경영지원부 (02)325-6047
팩스 편집부 (02)324-2348, 경영지원부 (02)2648-1311
이메일 ezbook@jamobook.com

ISBN 978-89-5707-226-4 (04410)
978-89-5707-224-0 (세트)